Photoshop

图像修复与润饰

(第4版)

凯特琳·艾斯曼 (Katrin Eismann)

[美]　　韦恩·帕尔默(Wayne Palmer)　　著

丹尼斯·邓巴 (Dennis Dunbar)

李梦婷　董子瑷　译

清华大学出版社

北　京

北京市版权局著作权合同登记号 图字：01–2018–8809

本书封面贴有Pearson Education(培生教育出版集团)防伪标签，无标签者不得销售。

版权所有，侵权必究。侵权举报电话：010-62782989 13701121933

图书在版编目(CIP)数据

Photoshop图像修复与润饰：第4版/(美) 凯特琳 • 艾斯曼(Katrin Eismann)，(美)韦恩 • 帕尔默(Wayne Palmer)，(美)丹尼斯•邓巴 (Dennis Dunbar) 著；李梦婷，董子瑗 译. —北京：清华大学出版社，2019.10

书名原文：Photoshop Restoration & Retouching，Fourth Edition

ISBN 978-7-302-53951-3

Ⅰ.①P… Ⅱ.①凯… ②韦… ③丹… ④李… ⑤董… Ⅲ.①图象处理软件—教材 Ⅳ.①TP391.413

中国版本图书馆CIP数据核字(2019)第224329号

责任编辑：王 军
封面设计：孔祥峰
版式设计：思创景点
责任校对：牛艳敏
责任印制：李红英

出版发行：清华大学出版社
    网 址：http://www.tup.com.cn，http://www.wqbook.com
    地 址：北京清华大学学研大厦A座 邮 编：100084
    社 总 机：010-62770175 邮 购：010-62786544
    投稿与读者服务：010-62776969，c-service@tup.tsinghua.edu.cn
    质 量 反 馈：010-62772015，zhiliang@tup.tsinghua.edu.cn
印 装 者：三河市龙大印装有限公司
经 销：全国新华书店
开 本：190mm×260mm 印 张：22.25 字 数：785千字
版 次：2019年12月第1版 印 次：2019年12月第1次印刷
定 价：198.00元

产品编号：081806-01

译者序

最早和 Photoshop 接触，是在中学的计算机课上。但是因为学的内容很浅，也只能算是打过照面。进入大学学习设计专业之后，经常要面临使用 Photoshop 的情况，实践操作居多。而真正想掌握这个软件，只能私下多补课。好在现在接触各种学习资料都很方便，我可以从各个方面了解它。

从手机可以下载办公软件开始，坐在办公桌前处理文件的常规习惯就发生了微妙的改变：一些简单任务可在手机上完成，有时这样的确更有效率。但对于处理高精度图像这样的任务来说，手机屏幕就太小了。即便现在的手机 APP 可以完成大部分的基本日常图像处理任务，但对于商业润图师或是对润图有较高要求的人群，还是离不开 Photoshop 这样的王牌修图软件，它强大的功能和灵活的使用方式，是其他普通的 APP 不能企及的。

Photoshop 经过多代的更迭，随着用户反馈数据的增加，越来越符合人的使用习惯，也就越来越容易上手。Photoshop 中包含多种基本功能，而组合方式可根据每个人的习惯进行定制，在不同的人手里，就会有解决同一个问题的不同方案，这需要读者反复实践练习，在掌握基本功能的前提下积累属于自己的方法。

本书是由清华大学出版社引进的经典 Photoshop 畅销书。今年受清华大学出版社委托翻译本书，感觉要对这本书负责，要让读者看到原汁原味的内容，并能从中收益。全书 1~10 章由我翻译，编辑老师负责审阅全书译稿，汉化截图由我和董子瑗同学一起完成，她是我的朋友，对艺术有执着的热情，是个认真的人。

感谢在本书写作过程中，清华大学出版社编辑、我的家人、我的朋友们及她们的猫咪给予的陪伴、帮助和支持，翻译这本书是一项艰巨而庞大的任务，没有她们的鼓励和支持，我无法完成，在此一并表示感谢。

我们在所有环节中都倾力而为，但难免有疏漏之处，欢迎广大读者给予批评指正，如果你在学习本书的过程中遇到问题，请随时与我们联系。

——李梦婷

致谢

在很多年前撰写一本书似乎是件与世隔绝的事情，但是研究和寻求关于多个主题的专家意见逐渐将这个写作过程从独立变成了合作。多年来，我们从无数 Photoshop 专家、工程师、艺术家、学生，特别是我的读者身上学到了很多知识，他们的提问和评论总是给我带来挑战，使我保持思路清晰和专业的相关性。感谢 Ken Allen、Tom Ashe、Mark Beckelman、Carrie Beene、Russell Brown、Shan Canfield、Jane Conner-ziser、Douglas Dubler、Seán Duggan、Bruce Fraser、Allen Furbeck、Greg Gorman、Mark Hamburg、Gregory Heisler、Art Johnson、Scott Kelby、Julieanne Kost、Schecter Lee、Dan Margulis、Andrew Matusik、Pedro Meyer、Bert Monroy、Myke Ninness、Marc Pawliger、Phil Pool、Andrew Rodney、Jeff Schewe、Kristina Sherk、Eddie Tapp、Chris Tarantino、Leigh-Anne Tompkins、Lee Varis、John Warner、Lloyd Weller、Ben Willmore，以及到最后一分钟还在忍受我们写邮件、打电话、写信提问的 Lorie Zirbes。

感谢使第 4 版变得更有价值的无数贡献者，在附录中列出了这些人士。和你们一起工作非常美妙，感谢你们对于分享图片和专业技巧的慷慨，以及对于交稿期限的理解，非常感谢！

命名这本书为"第 4 版"其实并不精确——这是一本全新的图书。我们回顾了每一个单独的技巧，用更好的图例替代了旧版本，在整本书中加入了更多高级的方法。我们的首要目标是撰写一本让购买了之前版本的读者认为依旧值得花钱的图书。

——Katrin

除了 Katrin 提到的所有贡献者，感谢那些在这场多年的旅程中始终如一的编辑们：Cari Jansen 在船头上开启香槟，做好推进工作；Victor Gavenda 在我们遇到风浪时出现在船上，最后帮助这艘船平稳驶入港口。

——Wayne

"同村协力"这个词时刻提醒我，如果没有他人的分享和指导，我们这个行业就不可能成长与发展。

我要感谢那些帮助我了解图像制作与润饰的人：William James Warren 第一次教会我在暗房里叠片；Charles James 教会我用电脑润饰图像；Daniel Ecof 忍受我的不停提问；Dan Margulis 在颜色修正方面的著作我已经看了 30 年。还要感谢我的朋友和同辈，这项工作的完成离不开他们的支持与激励：Pratik Naik、Sef McCullough、Eric Tolladay 和 Lisa Carney。

——Dennis

作者简介

Katrin Eismann 专注于阐释旅行、静物和肖像摄影。她是国际上备受尊崇的艺术家、讲师，以及 *Photoshop Restoration & Retouching*、*Photoshop Masking & Compositing*、*The Creative Digital Darkroom* 和 *Real World Digital Photography* 书籍的合著者，这些书籍皆已被翻译成多种语言。2005 年，Katrin 入选 Photoshop 名人堂。她的照片出现在众多书籍、杂志以及团体或个人展览中。Katrin 是纽约视觉艺术学院数字摄影系的创始人和主席，任何一个像素都能激发她的灵感。

Katrin 希望有一天摄影不再需要校正色彩、润饰、裁剪、解决过度曝光问题，不再需要任何的增强处理。但与此同时，Katrin 会继续学习和讲授 Photoshop 技术。

Wayne Palmer 对他的摄影事业充满热情。他拥有 Bloomsburg 学院的教育学位，但他对摄影是如此地热爱，导致在暗房里的时间和在教室里几乎一样多。毕业后他为 Guardian Photo 公司效力了 13 年。

他创办了自己的公司 Palmer Multimedia Imaging，从 1994 年起，就提供自定义摄影、摄像和数字照片修复服务。从那以后他一直在使用第 3 版 Photoshop，之前他使用的是 Aldus PhotoStyler。他自诩是 AV 狂热分子。Wayne 喜欢分享他的摄影、数字成像和计算机知识。他在宾夕法尼亚理工大学教育系讲授 Photoshop、Photoshop Elements 和数码摄影。

Dennis Dunbar 是无数电影海报和商业图片背后的 Photoshop 魔法师。Dennis 在世界各地的工作室授课，分享专业策略和他对润饰与合成的专业见解，这些对初学者或高级用户都很有帮助。

序言

我第一次认识 Katrin Eismann 是在芝加哥举行的 Photoshop 会议上。早在 1997 年,她在那里做了一个演讲,主题是有关如何使用 Photoshop 4.0 修复与润饰灰度图像。在我开发新业务时正专注于相关内容,因此,她引起了我的注意。

两年后在奥兰多,Katrin 在另外一次会议上作为代表出席了一个更深入的有关修复图像的讲座。她还计划在纽约市举办的摄影博览会上晚些时候提出类似的项目。我参加了这两个活动,并发邮件询问她是否会在这两个活动上做同样的讲座。她回复我说会有部分重叠内容,但我可以成为她的第二次活动的嘉宾,我当然乐意接受! 在进行了自我介绍后,我便与 Katrin 开启了一段长期的友谊。Katrin 告诉我她正在撰写一本关于照片修复的书籍,如果我有任何好例子,她可以加进去。好吧,我确实做了,她也兑现了诺言,就这样 *Photoshop Restoration & Retouching* 的第 1 版诞生了。

我们始终保持着联系,直到两年后出版商想要更新这本书。Katrin 邀请我作为她的技术编辑。我想说我很荣幸! 2005 年,出版商认为有必要进行另一次更新,这次 Katrin 邀请我作为合著者参与其中,这是非常震撼人心的体验。这个角色让我加入了 Photoshop 的 beta 测试团队,也导致我参与了其他几个预发布应用的测试工作。

对我来说,这一年特别重要的另一个原因是,我和妻子收养了一名中国小女孩,而前往中国需要签证。中国领事馆在纽约。Katrin 曾邀请我参加 Adobe 在纽约举办的一次活动,那次活动上宣布将发布 Photoshop CS2。我觉得这个想法很好,因为我不仅可以参加活动,还可将护照带给中国领事馆取得签证。Katrin 帮我提前取到签证,还给我送了过来,这让我们的友谊更稳固了。

近年来发生了太多改变。Katrin 和我完成了一个又一个项目。摄影和摄像变得如此平常,手机照相的质量甚至可以媲美一台独立相机。Photoshop 迭代更新,姐妹项目 Lightroom 推出,越来越多的人通过上网查询信息导致图书业的风光不再,出版的书籍大量缩水。就个人而言,我研究前一版的时候,我女儿才刚学会走路,而现在她都要上高中了。

没有随着时代改变的是照片修复问题,冲洗的照片仍然有撕裂、浸水、粘在玻璃上、褪色这些问题,以及无论如何人们都希望在照片中的形象最好,还有对精准度的要求。而变化的是,Photoshop 拥有可以使工作效率更高的新工具。

本书这一版本的工作开始于三年多前,但繁忙的日程安排使工作不得不推延。Katrin 终于说她没有时间完成,为了避免失去已经完成的工作,她把项目交给我继续。《大众摄影》杂志的编辑们认为前一版是学习 Photoshop 的最佳书籍(最终被翻译成七种语言)。我非常自豪于被认可和信任,这个版本将保持上一版的美好声誉。Katrin,谢谢你的友谊和信任,让我接管你的"宝贝"。

——Wayne Palmer

前言

你经历过这样的事情吗？你正在一个杂乱的抽屉里翻找，伸手到里面时摸到一张旧照片，它很小，很破，但是一旦你把它拿在手，记忆就会涌现。回想一下，暂停时钟，想想照片中都有谁，在哪儿拍的。大多数人都没有关于摄影的记忆——但这些已经冻结了我们的家庭时刻和社交历史的照片是真实存在的。它是我们的记忆宝藏，值得好好被保存并通过电子邮件分享给家人和朋友，或是发到社交媒体上。目前，最流行的相机是你的智能手机，手机相机在拍摄与分享照片上的便捷性改变了我们所有人的摄影体验。你的手机里没有胶卷，但这并不意味着传统摄像已经消亡，本质意义层面上，拍摄并没有死去。真实的媒介会逝去，它会逐渐消失、降解，并被害虫吃掉。好好保存照片，让它们远离潮湿的地下室或燥热的阁楼。将它们从含有腐蚀性物质的纸板箱中拿出来，放入档案存储夹和盒子中。尽力把它们存储在凉爽干燥的地方（相对湿度20%到50%）。如果你真的想存成数码版，请扫描或将胶片和照片原件数字化，从而创建数码图像。

图像的重要性

我们的照片包含记忆和财富，它们将我们与家人和朋友联系起来。即使它们破裂、变黄或受损也千万不要扔掉，无论是多么破烂或褪色的一张照片，仍然有助于我们记住和了解过去。图像、情感和记忆的结合令人着迷。在这个混合物中，添加 Photoshop 技术可以使褪去的颜色绚丽如初、去除损伤、清理霉斑，使图像清晰明快，宛如初生。熟练使用在本书中见到的 Photoshop 技术可以让你在与时间的搏斗中取得胜利，更重要的是，能够与家人和朋友分享回忆。正如通过阅读本书所见，并非所有出现的图片和例子都是旧存货，许多示例使用的图像来自最新的数码相机或领先的数码照相馆。理想的图像捕捉不需要任何色彩或形状修正（例如，拉直建筑物），但摄影现实经常违背我们的意图。事实上，当 Katrin 拍照时，她通常能在摄影取景器里"看到"Photoshop 界面——这意味着 Photoshop 是你摄影包里很棒的一个工具。本书第 7 章、第 9 章和第 10 章将介绍当代图像润饰技术。

学习的重要性

如果不耐心地反复练习，就无法练好运动、烹饪，或者修复图像。在学习的过程中会有挫败感，也许会愤怒，抱怨"为什么自寻烦恼，这看起来太糟了，我最好马上停下……"。请赶走这些杂念和糟糕的声音（我知道大家都有），调整不满情绪，埋头练习，如同你精通一项爱好、体育或者语言一样，你也能精通 Photoshop 修复与润饰，并享受到其中的乐趣。

没有魔法药丸、速成按钮或增效剂，而必要的则是花时间思考、一点好奇心、对于纠正错误的一点小顽固。你今天处理的每一张图都会为下个作品积累技巧和方法上的经验。

这本书是否适合你？

本书适合图像爱好者，或是专注的兴趣爱好者，或是全职的专业摄影师。读者可以是历史学家、摄影师、图书管理员、教师、多媒体艺术家、设计师、艺术家，或是想要和家人分享一起拍摄的最佳照片的祖父母。本书解决老照片的问题和纠正快照中的错误：曝光问题、色彩平衡不佳、繁复而分散注意力的背景，或那些无法避免的皱纹、痘痘或额外的体重，这些问题让人简直要发疯。如果你没有时间、好奇心和耐心阅读和尝试这些例子，本书就不适合你——正如我鞭策学生那样，要想掌握技能，就必须将这些技巧应用在你自己的图像中。

可以通过以下三种方法学习本书中提出的技巧：

(1) 通过阅读示例并查看图像。

(2) 通过在 peachpit 网站下载提供的图像，跟着书中的指令，重复案例步骤。

(3) 在你自己的图像中采用书中展示的技术并应用。当你工作时，需要调整一些工具或滤镜设置来实现最佳结果，直到能处理自己的图像，才能真正掌握修复与润饰图像。

这不是一本入门图书。为了最大化发挥它的功能，你应该将 Photoshop 的基础知识熟稔于心，知道工具按键的位置和内容，熟悉常见的任务。

本书结构

本书介绍的主要内容如下：

- 改善色调、对比度、曝光和色彩
- 去除灰尘和霉斑，修复损坏
- 专业的肖像、美容和产品润饰

事实上，本书的结构和你开始处理一张图片的结构一样，从简短的 Photoshop 重点开始，检查文件的构成方式以及润饰所需的工具，然后进行色调和色彩校正（润饰一张图首先要关注的内容），接下来的章节解决除尘和损伤修复问题，然后是肖像、产品和建筑润饰，再往下是时尚界和美容业的专业润图师会使用的技术。每一章都以简述开头，并从简明的例子入手，导向更高级的例子。我们不建议你马上跳到更高级的部分，因为我们的教学和章节结构是为建立配套工具和技术服务的，而简例是高级例子的基础。同样，关于色调和色彩校正的章节是肖像和美容修饰的基础。但我们是想让你从封面读到封底吗？当然不是！通过章节页面，可以看到书籍和润饰工作流程的整个结构，找到类似于你正在处理的图像的例子，然后按照自己的方式使用本书。

注意

访问此书网站 peachpit.com，可以下载书中的案例图像。

有关如何访问页面的说明，请参阅"下载图像"部分。这些图片仅供个人学习使用，不可用于商业用途。

众多的专业修图师、教师和摄影师慷慨地分享了图像和示例，其中很多都发布在 Access Bonus Content 页面上。我们确实采用了一些无法获得发布许可文件的图像，所以那些没有在页面上发布。我们尊重国际和美国版权法。请不要给出版社或我们发邮件索取未贴出的图片，我们不能发给你。你也不希望我们进监狱，对吗？如果我们没有发布 Access Bonus Content 页面上的特定图像，则可以使用自己相册或收藏中的类似图像来替代。要确保你能够通过类似的图像来学习这些技术。毕竟，我们相信你终究要解决属于自己图像的问题。最后要说的但也非常重要的是，让我介绍一下两位合著者，Wayne Palmer 和 Dennis Dunbar。Wayne 是 Palmer Multimedia Imaging 的所有者，一位进行数码照片修复工作超过 20 年的独立摄影师。Dennis Dunbar 是无数电影海报以及商业建筑、产品和时尚图像背后的 Photoshop 魔术师。我们希望你能获得像回忆往昔一样的快乐，并在图像处理上达到更高水平。

下载图像

你可以访问本书中提到的可下载图像。

如果想访问图像，可以：

(1) 访问 www.peachpit.com/register。

(2) 登录或创建新账户。

(3) 在 ISBN 字段中输入：9780321701015

(4) 单击 Submit。

你将被带到产品注册页面，然后看到本书。单击 Access Bonus Content 链接转到包含图像下载链接的页面。

也可访问 http://www.tupwk.com.cn/downpage，输入本书的书名，或输入 ISBN（即 97-7-302-53951-3），下载所需的原始图像。

另外，可扫封底二维码下载图像。

译者简介

李梦婷 1991年出生于北京，毕业于清华大学美术学院，现任水木优创文化有限公司艺术总监。

目 录

第 I 部分

工作区及工作流程

第1章

设置、输入和原始数据处理

在你开始一个绝佳的假期之前，我们先想象一下你要做的准备工作和计划。首先要有一个目的地，确保准备好所需的纸质攻略，看好天气，带上必备的防晒、防雨器具，而且在出门享受假期时要安排其他人给植物浇水。

同样，安排好工作环境，规划工作流程，并考虑备份策略，这能让你享受修复与润饰项目的成果，并专注于手头工作。

在此开篇章节中，我们将介绍以下不可或缺的基础内容：

- 工作区与初始设置
- 输入工作流程
- 原始数据处理
- 备份策略

修复和润饰图片不仅是快速单击鼠标那么简单。一个好的图像润图师要明白，他们手上的工作对于客户、一个家庭成员或照片里的某个人来说是非常重要的。在开始一个新的修图项目前，请好好思考一下这些像素点背后代表的真实的人，以及真实的事件——这可比那些数字信息所包含的内容多得多了。从这些褪色、破裂或者损坏的原件中找到遗失的回忆，这才是你该做的。这是个不小的责任，在修复与润饰过程中牢记这一点能帮助你用更多的同理心、更为关怀的态度来对待图像本身。

ORIES · FLATTERING SHAPE · DIGITAL TAILOR · STAIN REMOVAL · HISTOGRAM · QUICK SELECTIO
LAYER GROUPS · NOISE AND GRAIN RESTORATION · GRAYSCALE · PORTRAIT RETOUCHING · ADO
ERA RAW · TEXTURE MATCHING · GEOMETRIC DISTORTION · MOIRE REMOVAL · ARCHITECTU
UCHING · LAYERS · BACKUP STRATEGY · MOLD AND FUNGUS REMOVAL · HDR · SCANNING RESOLUTI
UTY WORKFLOW · MONITOR CALIBRATION · BLENDING MODES · FILM GRAIN · SELECTIVE RETOUCHI
MOUR RETOUCHING · SMART OBJECT · BLUR GALLERY · BRUSH TECHNIQUES · CAMERA NOISE
OSHOP ESSENTIALS · CHANNEL MASKING · CHANNEL SELECTION · CLIENT APPROVAL · SKIN RETOUCHI
ORIES · FLATTERING SHAPE · DIGITAL TAILOR · STAIN REMOVAL · HISTOGRAM · QUICK SELECTIO

1.1　工作区和初始设置

工作环境和使用的工具对修复与润饰工作的愉悦程度和效率具有很大影响。

理论上讲，你可以做高端客户的工作，但如果是在当地复印店里，频繁打断工作的其他人会使你无法集中注意力。

你的润饰工作室或工作区是将要花费很多时间的场所，所以投入时间和金钱让它变得更舒适和尽可能高效是有意义的。你不需要改造自己的家或额外盖一间房子，我们只是建议考虑采取一些能让工作场所变得更好、更高效的做法。

1.1.1　环境与照明

润饰环境应该是一个远离干扰和道路的安静区域。一个带窗户的房间是不错的选择，但我们觉得在地堡里工作可能不是个好主意。请注意，透过窗口照射进来的阳光强度和角度会随着时间而改变，这会影响你对图像的感知。请把墙面涂料和软件背景同时换成中度灰色，这样显示器就不会受到反光影响了。在图 1.1

图 1.1　专业润饰工作区

中，可以看到润饰工作区在房间的角落里。L 形的安排让你不必频繁起身就能完成大部分润饰工作。正如图 1.2 中所见，GTI 的 lightbox(www.gtilite.com) 为查看原件和印刷品色彩提供了一个光线良好的区域。为让你在工作区更专注，请将簿记、文案和社交网站在不同的计算机上分开展示。

1.1.2　家具

我总是惊讶于人们把斥巨资购置的电子设备放在从地下室翻出来的便宜折叠桌上。

更糟的是人们坐在一些摇摇晃晃的椅子上在电脑前工作，几个小时后他们却想知道为什么他们的脖子或背部疼得厉害。Katrin 喜欢带扶手支撑的椅子，正如 Wayne 所指出的，如果你使用带扶手的椅子，扶手必须能够在桌子下面滑动。如果椅子的扶手让你远离桌子，你必须伸手去操作键盘和鼠标。如此几小时后，你会肌肉酸痛。随着人们对健康的日益关注，站立式办公桌越来越受欢迎，而久坐的后果并不好。站立式办公桌可以快速调整高度，如 Varidesk Pro Plus 48。

此外，还需要一张没有尖锐边缘的好桌子，最佳高度在手臂刚好放下的地方，有较低的靠背与扶手支撑的椅子是必不可少的工作设备。试想一下：在几年的时间里，你可能会换很多次电脑，但会多久一次换一张好工作台和专业椅子? 不经常。所以投资在适合你的家具上将在未来几年的健康上获得回报。

说到健康，你应该知道高强度的连续工作对眼睛、后背、手腕还有各种地方都不好，如果注意姿势、多休息补充水分就能避免很多伤痛。有一条重要的提示送给工作者，那就是应该经常休息，眺望远处的物体，若想了解更多让工作区域和工作习惯变得更健康的方法，请访问 www.healthycomputing.com。

图 1.2　在预打印时，以受控光线查看打印件至关重要

正如 Allen Furbeck 告诉我的那样，"润饰这张我的朋友与同事 Tom Ashe 的照片花掉我大约 30 小时。我的大部分时间都用在精心调整几十条曲线上，这需要我保持眼睛的敏感。我需要休息来避免我的眼睛过于疲劳"（图 1.3 和图 1.4）。请参阅第 4 章了解 Allen 如何润饰这张照片，你需要频繁休息来保证工作时视觉的新鲜感。

1.1.3　电脑设备

Adobe 在开发方面做得非常出色，使 Adobe Photoshop CC 兼容 Mac OS X 和 Windows 系统。那么选择使用哪种计算机平台很重要吗? 是的。它应该是你最熟悉的操作系统。每种操作系统有自己的界面和管理文件、内存、软件的方式。Wayne 更喜欢使用 Windows 系统，而 Katrin 和 Dennis 偏爱 Mac OS X。好在 Photoshop 就是 Photoshop，而且 Photoshop 在 Mac 与 Windows 上之间的差异很小，你不用转换技巧就能施展修复与润饰的魔法。我们经常被问到是需要台式电脑还是笔记本电脑来完成高端工作。笔记本电脑提供了强大的处理能力，和台式机一样，你需要投资外置硬盘用作备份和暂存盘。最重要的是，我们建议在笔记本上进行精微色彩调节时使用高端显示器。

在计算机设备上投资需要研究和规划。如果你要建立一个用 Photoshop 进行润饰的工作站，请考虑以下可调整的部分。

● CPU 速度：速度越高，电脑越快。

Photoshop CC 是 64 位软件并需要多核英特尔处理器 (Mac) 或 2GHz 或更快的处理器 (Windows)。同时要关注内部总线速度，内部总线在 CPU 和其他通信组件 (如内存) 之间构成联系，如果它们的速度很慢，即便是最快的 CPU 也无法提高性能。目前的计算机配备了多个核心，对大多数用户来说，并不需要购买超过六核或八核的 CPU。

● RAM：Photoshop 使用 RAM 处理图像信息，如果没有足够的 RAM 可用，Photoshop 则使用硬盘驱动器空间 (也就是暂存盘) 来运行图像。RAM 比硬盘快得多，所以你分配给 Photoshop 的 RAM 越多，它运行得越好。你需要多少 RAM？越多越好! 考虑到你通常会同时打开多个图像，就像添加图层一样，这会增加 RAM 需求。向计算机添加更多 RAM 是提高 Photoshop 性能最简单的方法。Photoshop 与安装在系统中正在运行的其他应用程序共用 RAM。所以如有疑问，请购买更多 RAM！默认情况下，Photoshop 分配 70% 的可用 RAM 到 Photoshop，如果 Photoshop 是唯一打开的软件，则可以将设置更改为 100%。在满

图 1.3　润饰前的照片: Yvonne Lessard(左) 和 Laura Plante 在加拿大魁北克。摄于 1964 年

图 1.4　精心润饰后的照片

足需要的情况再增加 5% 的 RAM 比较稳妥，重新启动 Photoshop 再看看它的表现如何。

+提示 可在运行窗口左下方的状态栏中看到你的计算机效率如何。读数小于 100% 则指示当下执行的内容正被写入暂存盘，而它永远比在内存中工作更慢。

● 硬盘空间：只要你在最高性能的硬盘中选择，这便是一个经典的"更大赌注"命题。在一个更快、更干净（整理过碎片的）硬盘驱动器上读写数据，Photoshop 执行得更快。当 Photoshop 用完内存时，你应该选择使用更快速的驱动器，优先通过 USB 3.0 或 USB 连接 SSD 3.1。理想情况下，使用一个硬盘驱动器用于计算机操作系统和应用程序，至少有一个用于存储图像文件，另一个硬盘驱动器作为暂存盘。

● 暂存盘：暂存盘是 Photoshop 用图像占满 RAM 之后备用的硬盘驱动器，作为临时的硬盘空间。该暂存盘空间不能是充满碎片的杂乱空间。不要将包含操作系统的硬盘设置为暂存盘，而要使用另外的硬盘，这有助于优化 Photoshop 和电脑，提升 Photoshop 的性能（图 1.5）。在使用通常只有一个内部驱动器的笔记本电脑时，一个快速的暂存盘会很有帮助。Photoshop 最多支持四个卷上 64EB 的临时磁盘空间，1EB 大约等于 100 万 TB，这是我们从未达到的数值。

图 1.5 请将暂存盘设置在一个速度快、有大量空间的硬盘上。Katrin 称呼她的暂存盘为 Big Itch

● 显示器：这是系统的可视组件，无论你的 CPU 有多快多棒，如果你对显示器产生的图像不满意，对工作站也不会满意。比起一个或两个 CPU 的升级，一个好的显示器将更长久。屏显颜色的准确性是显示器寿命的唯一限制，通常会在三到五年内衰老。

我们建议使用精准色彩校正的高质量图形显示器连接到笔记本电脑或台式机。之前常使用 iMac 和 MacBook Pro，它们光滑的屏幕并不利于编辑图像的精准色彩，因为过于光滑会产生分散注意力的反射并使其变得更难校准。我们推荐使用 NEC MultiSync PA242W、PA272W 或 PA302W。这些是 24″、27″ 和 30″ 显示器。所有这些都在工厂定制测量，用外置连接线连到显示器，可用最佳方式执行 NEC SpectraView 硬件和软件校准。

无论显示器有多好，如果没有经过校正，图像将

无法显示精确的颜色。幸运的是，你可在操作系统上使用基本的校准软件。在 Windows 上，可使用校准显示颜色（在搜索框中键入"校准显示"。在 Mac 上，使用 Apple 显示校准器（"系统首选项"|"显示"|"颜色"）。这两个程序都离不开使用过程中负责校准显示器的人员的判断。要获得更准确的分析，请购置监视器校准系统，例如 X-Rite i1Display Pro（图 1.6）或 Datacolor Spyder，至少每月一次或在开始一个重要项目之前准确校准显示器。有关颜色管理信息，我们推荐 *Color Management & Quality Output* 一书，这是一本色彩管理和图像印刷权威书籍。

图 1.6 使用 X-Rite i1Display Pro 校准显示器

+提示 想让两台显示器同时在一台电脑上工作，你的电脑需要能够支持双显卡，或者可将当前显卡换成支持双屏显示的。安装新卡并使用显示设置来确定哪个显示器将是主显示器。你可在它们之间来回拖动图像。为减少反射和干扰，可打造一个黑色四分之一英寸的泡沫屏幕遮挡板，请使用魔术贴和黑色 gaffers 磁带（图 1.7），或访问 www.photodon.com 购买显示器罩。

图 1.7 自制的显示器罩减少了反射光线

● 压感板：必备。压感板可让你使用手写笔进行操作，感觉就像用铅笔或画笔一样。越用力，笔触越粗。Wacom 公司是这项技术的领导者，该公司在这些设备

上取得的持续性进步令人印象深刻。Wacom 压感板的尺寸范围从小 (可操作区域 12.6 英寸×8.2 英寸) 到大 (19.2 英寸×12.5 英寸)。最适合摄影师和润图师工作内容的是中号压感板 (可操作区域 15 英寸×9.9 英寸)。

• 备份或归档系统：你应该一直备份工作以及系统设置。当发现需要用到备份时就会觉得此举明智。冗余 (RAID) 或 USB 3.0 或 3.1 驱动器是备份的最佳选择。本章末尾提供有关备份策略的地址。你应该至少有三个图像备份文件：桌面、本地和单独备份。桌面备份是你目前正使用的，也是可以快速访问硬盘驱动器中的文件。本地备份包括桌面硬盘上的所有文件和其他最近 (6 个月内) 使用的文件，以及可能存储在办公室或家中的驱动器里的文件。单独备份是所有文件的全面备份，即线上或移动硬盘，例如，Katrin 将她的移动硬盘存储在她在曼哈顿的办公室。

• 打印机：喷墨打印机的质量一路飙升，而成本却在下降。目前可选的印刷介质包括从高光泽到多种质感的特种纸，它们可使图像锦上添花。在购买打印机前，请确认需要制作的打印件的数量和大小，因为如果在一年里只需要打印几张的话，维护和校准打印机并不值得。

1.2 输入工作流程

你可能认为修复的第一步是拍摄或扫描原始照片或胶片，但在开始之前，最好评估原件并确定手头任务的优先顺序。如果你继承了这个家庭的重要档案文件，例如一盒盒旧的印刷件、底片或幻灯片，而现在想把它们扫描或拍照，并与家人和朋友们共享，这一点尤为重要 (图 1.8 和图 1.9)。

1.2.1 优先考虑你的时间和精力

扫描是一件非常重要却耗时的事，而且公认地无聊。我们理解你找到一盒子旧照片时的那种兴奋 (图 1.10) 以及怀着善意的惊叹，"我要扫描所有这些照片然后发送给家人！"根据我们的经验，你的善意会随着重复的扫描过程变得越来越乏味而蒸发掉。首先要做的应该是分类并将图片排出优先级别。

花点时间归类 A、B 和 C 类图像，A 是"必须输入"的图像：那些最有家庭价值或不会长时间接触的图片。B 是那些其他人会欣赏的图像，C 就是那些想要输入但没必要立刻存储、打印或共享的图像。你可以找到那些适合在"时光倒流星期四" (#TBT) 活动中在 Facebook 发的图片 (图 1.11)！

图 1.8 花费一些时间将盒子里的图片分类

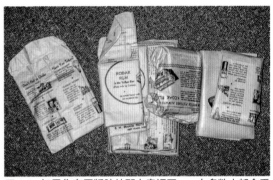

图 1.9 如果你有原版胶片那太幸运了——大多数人都会丢掉胶片

图 1.10 这堆杂乱无章的照片要在扫描前进行分类和优先级排序

图 1.11 分享"时光倒流星期四"的照片有时很有趣，有时让人尴尬

扫描优先级应如下：

● 只能短暂接触的照片。例如，你可能正在拜访一位家庭成员，并对家庭照片的访问权限有限。最好是在柔和、漫射的日光下，使用数码相机或智能手机拍摄照片。

● 小心处理破碎和不完整的脆弱原件。确保数码捕捉这些松散的原件，然后使用 Photoshop 将其拼凑在一起。

● 原件中包含关系亲密的家庭成员，或与家中老一辈谈论的那些家族祖先和历史，可以作为视觉遗产资源。

● 你最珍视的情感相片。

1.2.2　扫描分辨率与打印分辨率

在描述数字信息时，扫描仪和打印机使用的术语不相同，这点令人摸不着头脑。扫描仪分辨率值在 spi 或 ppi 的范围是 1200~6400 点。图像印刷分辨率基于每英寸点数 (dpi)，最常见的喷墨输出分辨率是 240dpi、300dpi 和 360dpi。240dpi 适用于喷墨打印、柔和的水彩哑光纸或其具有更好吸收墨点效果的纸张 (数量取决于使用墨水的类型)，300dpi 或 360dpi 在更硬、更具光泽的 baryta 纸上效果更好，显示的墨点会更少。

如果你的最终输出要用于胶印杂志或书籍，最终文件通常以 133lpi(每英寸线数) 打印，或以 150lpi 来打印 (如果你要马上拿到纸质版)。为获得最佳的胶印效果，最好提交每英寸像素数两倍的文件，例如，一本杂志 266ppi 或一本书 300ppi。

对于不需要大量恢复或润饰的图像，用大于最终成品尺寸的 10% 至 20% 来扫描原件，这样可以拉直

和裁剪。对于受损非常严重并需要大量修复的图像，扫描率为大于最终成品尺寸要求的 50%。对于修复后较高分辨率的文件，请缩小到打印尺寸，这有助于隐藏那些明显的修复或润饰痕迹。最好的扫描不一定是尽量大地去扫描，因为超大的扫描操作起来很麻烦，而且实际上可能过于详细，以至于每一点灰尘或划痕都会被忠实地记录下来，这会在后面增加不必要的工作。

关于扫描或图像捕捉的使用分辨率，请参考表 1.1 指南中的建议和 Photoshop 新建对话框功能。

表 1.1　印刷分辨率

印刷类型	印刷的每英尺像素点数
连续色调	200ppi 或 400ppi
哑光媒介喷墨打印	180ppi 或 240ppi
光面媒介喷墨打印	240ppi、300ppi 或 360ppi
周刊	133lpi——扫描时为 266ppi
高级杂志或者书籍	150lpi——扫描时为 300ppi

确定所需的信息量要输入特定的打印尺寸，请使用"新建"对话框 ("文件"|"新建")，输入以英寸或厘米为单位的宽度和高度值，输入分辨率值 (图 1.12)，然后将测量单位更改为像素以确定所需的像素数目 (图 1.13)

+提示 在确定扫描分辨率时，请注意图像最长边的大小，因为较短的边会自动调整位置。

实际需要何种质量？最简单的答案可能是最高质量 / 最大的文件。但是，你真的需要使用全画幅 42 万像素 (百万像素) 数码相机拍摄原件在社交媒体

上发布吗? 再想想吧。合理估算图像信息数量，然后使用匹配该质量的扫描仪或相机。图 1.14 列出几个以 100% 比例在 Photoshop 中查看同一文件的输入示例。

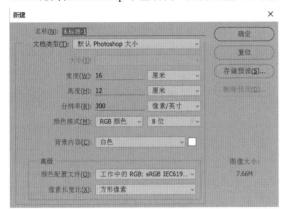

图 1.12 Photoshop 的"新建"对话框工具箱可设置每英寸像素点数与印刷尺寸

当以相同的打印分辨率打印时，每个印刷效果都很好，较低分辨率的文件可用于打印小尺寸的较高分辨率文件。在线扫描和智能手机的印刷尺寸需要小于高端相机和扫描仪文件。

!警告　最终输出的质量极大取决于原件的尺寸和质量。一张很小的、布满划痕的、褪色的印刷品永

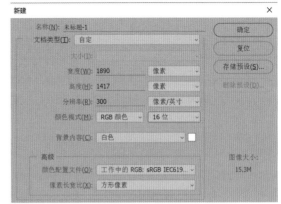

图 1.13 Photoshop 新建对话框工具箱可设置最小扫描像素点数

远无法制成出色的大幅艺术印刷品。实际上，过度扫描纹理或高度损坏的打印件，只会导出包含无用琐碎图像信息的庞大文件——更大并不意味着更好。

对于扫描或拍摄，你需要准备多少设备和空间? 分类和处理大量印刷件需要空间和耐心。合理的选择是，将项目分解为便于管理的步骤——将 X 个印刷件或扫描数输入每个会话中。空间不足或缺少设备将阻碍工作进程，请考虑使用在线输入服务，如本章后面讨论的 Legacybox(legacybox.com) 或 "扫描我的照片" (Scan My Photos，网址为 www.scanmyphotos.com)。

使用 Apple iPhone 6+ (8 MP)拍摄

使用带有自动对焦功能的 Sony RX-100 Mark4 (20.1 MP) 拍摄

Legacybox 扫描

使用全画幅的Sony Alpha a7R2(42.4MP) 和 55mm 镜头拍摄

使用Epson 扫描仪扫描

图 1.14　用各种数码相机、扫描仪和在线服务输入的同一张古董照片

- 何时需要数字文件? 世界公认的是一直都需要。但客户和家人的愿望似乎是修复旧日的文件。如果分配时间的主动权在你手中,请考虑前面提到的在线输入服务。

- 图像有多精细? 这是一个关键的评估点,随着时间的推移,精致的原件只能每况愈下。请小心处理它们,最好准备白色棉手套,并将它们存放在气候和湿度可控的环境中——意思是远离地下室、车库或者阁楼!

- 是否有原件潮湿、发霉、虫害或被啮齿动物损坏? 这是需要尽快解决的关键问题。通常,存放照片的普通纸板箱会损坏打印件,因为它们会释放有毒气体或吸引啮齿动物 (图 1.15)。如果无法扫描照片,请考虑将印刷品放入无酸档案盒中,可通过档案方法 (www.archivalmethods.com) 和 Gaylord 档案馆 (www.gaylord.com) 在线获取。

图 1.15 需要将啮齿动物损坏的印刷件尽快转移到新的、干净的无酸盒子里

1.2.3 消除霉菌、斑点和真菌

避免霉菌、真菌和斑点问题的最佳方法是将照片存放在湿度可控的环境中,相对湿度为 20%~50%。根据 Henry Wilhelm 的著作 *The Permanence and Care of Color Photographs*(可从 www.wilhelm-research.com/book_toc.html 免费下载),对于真菌来说,薄膜和印花的明胶乳液是绝佳的培养皿。更糟的是,真菌也会吸引昆虫,它们非常喜欢啃食你的珍贵照片。强烈的醋味或白色粉状残留物是图像受损严重的迹象。

1.2.4 移除真菌和霉菌

处理胶片时,可通过用棉签和柯达胶片清洁剂轻轻清洁胶片来阻止真菌侵袭。然后扫描胶片并使用克隆图章和修补工具来摆脱这些问题。但很有可能真菌已经造成实质性损坏,清除工作可能无法揭示任何有用的信息。另一方面,只能由专业的相片保存者从印刷品中取出霉菌,因为霉菌或真菌可以深深地扎根进入纸纤维中。不要试图清洗、清洁或处理原件,除非你可以接受一个事实:对原件的任何操作可能造成比霉菌损坏纸张的程度更大的破坏。图 1.16 中的例子里,能看到超级风暴 "桑迪" 造成的各种损伤,它发生在 2012 年 10 月下旬的纽约市区。

1.2.5 处理潮湿或损坏的照片

你可能面临的最严峻的挑战之一是管道破裂、洪水或风暴造成的水损伤。当然,在飓风或暴风雨导致房屋遭受洪水泛滥时,维护全家的安全是首要任务。但如有片刻空闲,请考虑一下来自 Operation Photo

破损

霉斑

图 1.16 损坏的照片

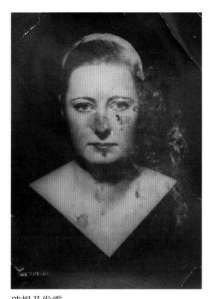

破损及发霉　　　　　　　　　　　破损及发霉

图 1.16　损坏的照片（续）

Rescue 网站的以下一些建议：

(1) 小心地从泥浆和脏水中取出照片。从淹水的相册中取出照片，并将所有堆叠在一起的照片分开，小心不要摩擦或触摸照片表面的湿乳剂。尽快从相册中的塑料套中取出照片。

(2) 如果打印件非常脏，请用干净的冷水轻轻冲洗，粗浅地清除最表层污垢。不要用任何东西擦拭印刷品，包括你的手指。另外，务必经常换水。

(3) 如果有空闲的时间和干燥的空间，请将每张湿照片面朝上放在任何干净的吸墨纸上，例如纸巾。不要使用报纸或印刷纸巾，因为墨水可能会转移到潮湿的照片上。直到照片干燥，每隔一两个小时更换一次吸墨纸。如有可能，尽量在室内干燥照片，因为阳光和风会很快使照片卷曲。

(4) 如果你没时间让损坏的照片干燥，请冲洗它们来去除泥土和碎屑。小心地将湿纸叠在蜡纸之间，并将其密封在有密封条的塑料袋中。如有可能，请冷冻照片以防止损坏。有足够的时间和空间来正确地处理照片时，就可以对照片进行解冻、分离和干燥。

处理水损伤照片的其他提示

尝试在洪水损坏后两天内取得照片，否则它们将开始附着在一起，保存它们的可能性会大大降低。

● 首先从没有底片或负片同时遭受水损伤的照片开始。

● 当相框中的照片浸湿时依旧需要挽救，否则，照片表面会在干燥时粘在玻璃上，此时要将其分开，只能损坏照片乳剂。要从相框中移出照片，请将玻璃和照片放在一起，握住两者，并用清水冲洗，水流会轻轻地将照片与玻璃分开。

● 值得注意的是，一些陈年照片对水损伤非常敏感，可能无法恢复到之前的样子。在咨询专业保护人员之前，不要冷冻旧照片，或者请在干燥后将损坏的祖传照片发送到专业的照片修复机构。

1.2.6　输入选项

平板扫描仪曾经是输入或数字化印刷的首选，但随着数码相机成像质量的提高，拍摄照片、书籍和三维原稿则更受欢迎。但正如此处所述，平板和胶片扫描仪仍然在修复工作流程中占有一席之地。

1. 扫描

我们很难对扫描仪提出一般性建议，因为扫描仪从非常差到非常好的，从便宜到昂贵的都有。许多修复艺术家都使用中级平板扫描仪，它能扫描最多 11 英寸 ×17 英寸的印刷件。请寻找能捕获至少 12 位数据的扫描仪，并重点关注扫描仪的光学分辨率——扫描打印时，每英寸应至少有 2400 像素。我们使用 Epson Perfection V800 照片彩色扫描仪，用于胶片扫描时其分辨率为 6400ppi，用于反射物体和印刷时为 4800ppi。

如果你想扫描旧胶片，可能没有标准答案，请考虑具有透明适配器选项的扫描仪。为适应不同尺寸的胶片，请确保它附带各种胶片支架。如果要在扫描胶片的新图像文件上修改，可以考虑使用单独的胶片扫描仪，或者考虑使用专业的摄影实验室进行更多细节的更清晰、更高位扫描。老实说，大多数摄影师和图片收藏者都会使用数码相机输入有价值的原件，如本章后面所述。

必要的平板扫描工作流程

为满足使用需求，请花些时间熟悉扫描仪附带的扫描软件，以及进行一些测试扫描以确定最佳设置。使用带有 Epson Scan 软件的 Epson Perfection 照片颜色扫描仪时，我们的扫描工作流程如下：

(1) 吹掉或清洁扫描仪床上的灰尘，或使用包含玻璃 / 显示器清洁剂的软布擦拭显示器。切勿将清洁剂直接喷在扫描仪玻璃上，因为液体可能泄漏到扫描仪中。

(2) 查看扫描仪软件首选项，确保将图像扫描到 Adobe RGB 或 ProPhoto 色彩空间中。对于特定的扫描项，通过扫描 IT8 扫描仪测试目标并构建特定于扫描仪的颜色配置文件来创建扫描仪配置文件。

(3) 关闭全部自动锐化功能（通常称为"非锐化蒙版"），因为未过度锐化的图像更容易修复或润饰。

(4) 将原件放在扫描仪床上，使打印件的长边与扫描头对齐（图 1.17）。相对于步进电机的分辨率而言，这种方向可使扫描仪的纯光学分辨率捕捉更全面的原始图像。

(5) 对于最高质量的扫描，请进行高位扫描（在本例中为 48 位与 24 位扫描），这将导出包含更丰富色调信息的高位文件，这在精致的高光和阴影图像区域尤为重要。扫描高位文件将要求你将扫描保存为 TIFF 格式。

图 1.17 使用打印的较长边与扫描仪一头对齐

如果是为在社交媒体上发布或基本家庭电子邮件共享，推荐扫描为 24 位文件并另存为 JPEG 格式文件。

(6) 进行预览扫描时，请确保原件笔直且方向正确。在扫描床上拉直或翻转打印件很轻松（图 1.18），它将节省 Photoshop 处理时间，扫描效果也会更好。

(7) 通过将黑色和白色滑块移动到各自直方图区域的外部，请调整直方图以便保留这两个滑块（图 1.19）。被剪裁的图像高光或阴影区域所对应的图像信息会被强制变为纯白色或黑色，没有什么 Photoshop 魔法可以修复在开始就没能捕获的图像信息。

基本扫描技巧

● 始终使用清洁过的原件扫描仪。比起在之后清理或在数字文件中除尘，使用Rocket鼓风机吹扫灰尘或清洁扫描仪压板玻璃要快得多。

● 当使用平板扫描仪时，请勿关闭盖子，这会对精致的原件施加压力，这很可能会造成对原件的损坏。

● 如果原件太大而无法扫描，请扫描其部分并包含20%的重叠。然后使用Photomerge或带有图层蒙版的图层将各个部分拼接在一起。在分段扫描大型原稿时，请始终以相同方向扫描所有部件，以确保色调和反射率保持一致。

● 避免在扫描过程中应用自动锐化，因为修复或润饰过度锐化的文件更具挑战性。

● 以 RGB 方式扫描古董照片原件，因为其中一个通道会产生优质的黑白图像，便于进一步修复。

● 有个说法："硬件扩展，软件缩小"还是有道理的。最好捕捉更多的图像信息，如果需要更小的文件，请使用Photoshop缩小文件。如想获得最佳图像质量或成果，不建议缩小较小的文件。

● 为确保保留所有高光和阴影细节，我们更倾向用较低的对比度扫描。

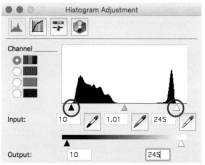

图 1.19 将黑色和白色滑块移动到直方图的起始位置

过自动校正褪色或深褐色印刷品上的色彩 (图 1.20) 以及去除原稿的网格 (图 1.21) 获得了不错的效果。我们将在第 5 章中进行更详细的介绍。请注意，胶片扫描的色彩校正 (其中胶片中的染料耦合剂已经破裂，导致极端或不均匀的偏色) 更具挑战性。

有关改善和校正颜色的技巧，请参阅第 4 章。

图 1.20 在你的扫描仪上测试颜色自动修正的效果

图 1.18 需要校正扫描仪上的打印只需要几秒，而这样扫描质量更高

(8) 在进行最终扫描之前，请检查生成的文件大小。请根据图像需要的修复工作量和最终输出大小确定所需的文件大小。

(9) 进行最终扫描，并在从扫描仪底板上取下原件之前保存文件。根据不同的扫描软件，可能会有应用色彩校正、去除网格或去除灰尘这些选项。我们通

在未开启去网格功能下扫描

图 1.21 去网格功能让处理变快，对处理低分辨率图片也更有利，但可能会模糊掉一些重要细节

开启去网格功能扫描

图 1.21　去网格功能让处理变快，对处理低分辨率图片也更有利，但可能会模糊掉一些重要细节（续）

第三方扫描软件

许多专业人士使用 SilverFast，这是一种第三方扫描软件，可实现精确的扫描控制，并包含非常复杂的红外灰尘和刮擦清除 (iSRD) 功能。iSRD 是一种非常有效的灰尘和碎屑清除器，其中的扫描仪会扫描原件两次——

图 1.22　SilverFast 的 ISRD 以 RGB 和红外线扫描图像，然后比较扫描以清除灰尘和损坏

RGB 和红外——捕获灰尘、损坏和划痕。然后，软件会比较 RGB 和红外扫描，并通过自动克隆和修复算法消除损坏，同时保持图像细节 (图 1.22)。SilverFast 去网格功能非常复杂但效果出色 (图 1.23)。学习 SilverFast 需要奉献精神，阅读 *Scanning Workflows with SilverFast 8*、*SilverFast HDR*、*Adobe Photoshop Lightroom and Adobe Photoshop* 这类 Adobe 优秀 PDF 书籍可实现更好的管理。

成组扫描

同时扫描类似的原稿可减少印刷处理时间，从而减少潜在的损伤。将原稿放在扫描仪上，每个原稿之间距离约半英寸，然后进行一次全面扫描 (图 1.24)。

关闭去网格功能

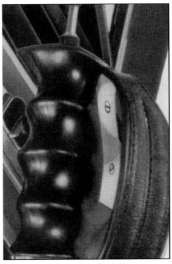
打开去网格功能

图 1.23 SilverFast 的去网格功能可进行更细致的操作

图 1.24 一次扫描类似图像可节省时间，让操作更简洁

让 Photoshop 自动分离图像文件：

(1) 选择"文件"|"自动"|"裁剪和拉直相片"。

(2) 保存文件，并使用家人或客户的名字以及唯一的序号命名每个文件 (图 1.25)。

2. 数码相机

我们发现自己扫描照片的次数越来越少，因为扫描会带来眩光和反射，几乎不可能修饰。许多情况下，古董照片原件通常过大、破碎或凹凸不平，无法使用标准平板扫描仪进行扫描。使用数码相机输入精致和反光的原稿。在图 1.26 中，你可以看到 Operation Photo Rescue 志愿者正在编目输入和恢复在飓风"桑迪"

期间受损的各种印刷件。

图 1.25 Photoshop 可以自动将一组照片分成不同的文件

博物馆和历史馆藏正在使用高分辨率中画幅相机对其敏感的艺术品和档案进行数字化处理。大都会艺术博物馆高级成像经理 Scott Geffert 说："采用客观捕捉技术 (识别曝光、校准、分辨率和其他图像技术)，博物馆使用任何品牌的相机都能确保复制品的质量和一致性。艺术品再现成像实践基于'场景引入'成像技术，最终目标是达到原始场景的精确度，而不是在大多数相机和原始处理软件中内置的更常见'输出引用'或再现赏心悦目的电影质感的场景。场景参考图像非常适合长期存档，可以重新用于任何当前和未来的媒体"。

图 1.26　志愿者在进行照片修复工作

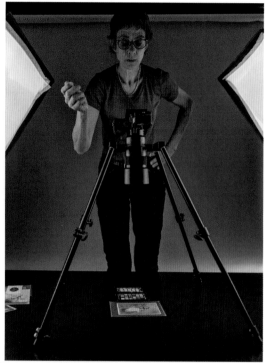

图 1.27　使用采样拷贝支架可轻松复制古董相片

美国 FADGI(联邦机构数字化指南倡议) 和欧洲 Metamorfoze 保存成像指南目前正朝着统一的 ISO 标准发展。在标准化进程中，大都会艺术博物馆处于领先地位。

基于带有水平延伸臂的三脚架、拷贝支架或 Katrin 使用的 Quadra-Pod 拷贝采样支架，创建可靠的输入工作流程，如图 1.27 所示。

35mm 数码相机是一种极佳的拷贝解决方案，全画幅相机售价仅 1500 美元，还有更好的两千多万像素的传感器镜头，这两种类型的相机都可以捕捉惊人的细节和图像质量。图 1.28 展示了一个复杂的拷贝支架设置，要确保摄像机与目标处于水平和校准状态。

根据所需的图像尺寸，你可以使用智能手机、傻瓜相机或 35 毫米相机拍摄原稿。对于社交媒体发布，智能手机肯定是足够的。对于小于 8 英寸×10 英寸的印刷件，良好的傻瓜相机可提供大量信息。想要做最好的修复工作，要使用带更好镜头的更高品质相机来捕捉信息。事实上，本书中的许多例子都是用数码相机而不是扫描仪来进行数字化的。

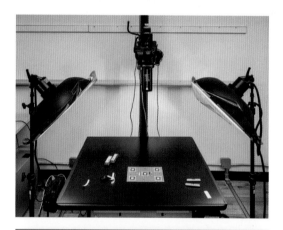

图 1.28　具有 GoldenThread 校准目标功能的专业拷贝支架

要确保数字拷贝工作的结果接近一致，请执行以下操作：

- 使用柔和的漫射光源或两个与原件成 45 度角的光源。
- 确保灯光均匀照亮原件。使用测光表测量打印件四个角和中心的光线，并相应地调整光线。
- 使用拷贝支架 (看起来像旧放大器的立柱，带三脚架头，可以让相机直接指向下方) 或四条腿的法医复印架，Katrin 就是这样使用的。
- 通过在相机背面放置一个小气泡水平仪并将相机角度调整到水平，确保相机与原件平行。
- 每个镜头中包含已知参考，例如柯达 21 步进式光楔或 X-Rite 颜色检查器的边缘 (图 1.29)。

图 1.29 在图像中放置标准颜色参考，例如 X-Rite 颜色检查器

- 将相机设置为低 ISO(例如 100 或 200)，以原始文件格式拍摄，并相应地设置相机白平衡。实际上，几乎任何白平衡设置都比自动模式要好，因为使用固定的白平衡将使数字拷贝更一致，并且更容易进行色彩校正。
- 如有条件，请使用微距镜头或 50mm 或更高焦距镜头。
- 测试镜头，看看哪个镜头最清晰，大多数情况下，是 f/11 左右。以 f/16 或 f/22 拍摄很少有优势，因为这些 f-stop 不能确保图像更清晰——事实上，它们可能会让图像不如 f / 8 或 f / 11 清晰。
- 要减少相机抖动，请使用有线或蓝牙快门线，从计算机操作相机的连拍，退一万步讲，可以使用相机的自拍功能拍摄照片。如果使用更大、更重的数码单反相机，请查看能否使用防抖功能来帮助减少相机振动。将相机用作扫描仪之前，对细节多一点关注将事半功倍。完成大量的拷贝工作最后却看到图像模糊，光线不均匀或非常歪斜会让人很恼火。

+ 提示 有关使用相机作为扫描仪输入印刷件和胶片的更多信息，请访问 www.dpbestflow.org/camera/camera-scanning 并阅读 Mark Segal 关于相机扫描的文章 luminous-landscape.com/articleImages/Camera Scanning. pdf。

3. 外包

不可否认，扫描或拷贝工作不是我们最喜欢的消遣方式。如果时间允许，收集并将原件发送到 Scan My Photos、Legacybox 公司或本地扫描服务可能是一个不错的选择。

扫描服务

我们向 Legacybox 提交了各种原件——包括黑白和彩色印刷品，以及幻灯片和锡片 (历史照片，这些照片在薄薄的锡片上被捕获)——并在大约六周内收到了原件和数字文件 (图 1.30)。请注意，我们邮寄了盒子并以普通客户的身份支付了服务费用，没有受到任何区别对待。与我们自己的扫描过程相比 (图 1.31)，我们认为 Legacybox 过程耗时太长，扫描对比度太高而且文件太小——每次照片扫描 JPEG 文件都是约 2~3 MB，可打印为 300ppi 的 5 英寸 ×7 英寸打印件 (图 1.32)。中画幅胶片扫描 JPEG 的格式为 5~6 MB，以 300ppi 打印 8 英寸 ×10 英寸的照片。

图 1.30 使用 Legacybox 非常简单

本地服务

服务部门或专业摄影实验室可以提供复印、扫描和打印服务，特别是当你刚刚开始并需要错开购置设备的费用时，这会是个很好的选择。与服务部门合作还可以让你使用可能仅在短期内需要的高端设备和服务。请问问当地的相机店或照相馆是否提供扫描或打印服务。我在密歇根州休伦港拍了一张带框的照片，然后扫描并复制了为家人制作的照片 (图 1.33)。当我拿起成品时，店主自豪地拿出了本书的第 1 版——多开心啊！

图 1.31　自己扫描可以控制色调和文件大小

图 1.33　在当地的照相馆工作是一个节省设备开支的好办法

图 1.32　Legacybox 扫描可用来制作小型打印件或用于社交媒体共享

1.3　原始数据处理

无数的在线教程和许多书籍都致力于使用 Adobe Camera Raw(ACR) 和 Adobe Photoshop Lightroom 来处理 JPEG、TIFF 和 RAW 格式文件。对于深层和可信的信息，我们依靠 Martin Evening、Julieanne Kost、Peter Krogh 和 Rob Sylvan 提供的最佳实践和全面的工作流程建议。需要注意，对于原始数据文件处理部分我们只能用几页说明，我们会分享用于处理扫描仪文件和原始数据文件的基本技能和工具，以便将最佳文件带入 Photoshop 进行额外的修复或润饰。ACR 和 Lightroom 是补充 Photoshop 的最强大工具: 包括图层、蒙版、滤镜和精确的选择。使用带有 ACR 或 Lightroom 的 Adobe Bridge 来整理文件和文件夹，应用主要的全局图像校正功能，例如拉直、裁剪、色调、颜色和对比度；应用局部校正，如灰尘或瑕疵清除；或者用渐变使图像区域变暗。ACR 或 Lightroom 相对于 Photoshop 的最大优点是它们是"参数化图像编辑器"，这意味着它们可以保存你在 XMP(可扩展元数据平台) 文件中应用于图像的更改，而不必改变实际的图像文件。然而，Photoshop 是一个像素编辑器。使用 Photoshop 时，真正处理渲染文件并更改实际图像信息。参数化图像编辑 (PIE) 的优点是可以更快速地进行更改，或即使退出应用程序很久，依旧能够撤消更改。

我们知道越来越多的人使用 ACR 和 Lightroom 进行图像处理，但当涉及像素级修复或润饰时，Photoshop 仍然是山中之王。

当使用扫描仪文件或相机文件时，我们开始在 ACR 或 Lightroom 中进行图像处理以校正和校正颜色、对比度和色调，如以下的分步教程中所述。

我们知道 Katrin 完全是一个 Lightroom 爱好者，许多修复艺术家和设计师使用 Adobe Bridge 来管理他们的文件，因此我们选择使用 Bridge 和 ACR 向你展示原始数据处理。Lightroom 的图像处理引擎与 ACR 完全相同，尽管界面不同，我们确信精明的 Lightroom 用户能跟得上。

1.3.1　处理扫描仪文件

处理扫描仪文件的主要目标是创建一个色调和颜色校正文件，然后你可将其带入 Photoshop 进行其他修复。在 ACR 中可同时处理一个或多个文件，或者，如果扫描非常相似，则可选择所有图像，并且应用于活动文件的更改将自动应用于所有选定文件。

⬇ **ch1_scan_1.jpg**
ch1_scan_2.jpg
ch1_scan_3.jpg

(1) 在 Bridge 中，选择所有三个文件，然后选择"文件"|"在 Camera Raw 中打开"或按 Cmd+R / Ctrl+R。

(2) 从最顶层的图像开始，使用"拉直"工具沿图像的下边缘绘制 (图 1.34)，从线的最左侧拖动到最右侧以拉直图像。

✚ 提示 ACR 可能将图像中的大面积不重要区域丢弃，例如图像边框或安装图像的纸板。因此，我们建议在应用颜色或色调校正之前在 ACR 中拉直和裁剪图像。

(3) 使用裁剪功能优化裁剪，然后单击"抓手"工具以接受裁剪。

(4) 对其余图像重复步骤 (2) 和 (3)，以细化每个图像的裁剪。

图 1.34　在应用全局处理之前拉直并裁剪图像

(5) 现在每个图像都是正的和裁剪过的，现在是时候应用颜色和色调校正了。在缩略图中，选择所有三个图像。单击最顶部的图像，然后按住 Shift 键单击底部图像。注意顶部图像周围有蓝线，这表示它处于选中状态，而其他图像则突出显示。应用于选中图像的任何更改将同时应用于所有选中图像。

(6) 要中和棕色偏色，请选择白平衡工具，然后单击你认为应该是白色的区域。在这个例子中，左边女人的蝴蝶结和男人的衬衫是最初作为白色的好选择。在蝴蝶结或衬衫上单击一次以移除偏色 (图 1.35)。

(7) 看一下直方图。请注意，主要信息位于中心，并且没有真正的阴影或高光信息，这是旧的、褪色的、低对比度图像的典型问题。处理旧照片时，你会注意到阴影区域变浅，较亮区域变暗，这造成了原始图像对比度的巨大损失。

(8) 单击"自动"菜单 (图 1.36)，ACR 将设置暗点和亮点并调整曝光 (图 1.37)。

(9) 某些情况下，ACR 可能会为历史照片添加过多记号，因此我们建议稍微向左移动"曝光"滑块，并通过在"对比度"字段中键入 0(零) 来清除对比度校正。

(10) 根据原版和主观审美意趣，将"对比度"滑块降低，以消除不必要的棕色 / 棕褐色调。

★ **注意**　使用单色调图像时，调整"对比度"滑块会产生类似的结果。处理彩色图像，尤其是包含肤色的图像时，请使用自然饱和度功能来优化图像饱和度，因为它可以自动防止肤色变化。

(11) 现在在颜色、对比度和色调方面，所有三个图像都是可接受的，请花点时间检查每个图像并裁

图 1.35 **使用白平衡工具中和色差**

图 1.36 **通过单击"自动"启动图像更正通常会带来很好的结果，并且可以节省时间**

剪，然后根据需要对"基本"选项卡参数进行微调 (图 1.38)。

(12) 想要了解我们对于保存 ACR 处理文件的建议，请继续以下部分，或单击"完成"以自动将更改写入 XMP 元数据并退出 ACR。

1. 在 ACR 中保存和重命名文件

在 ACR 中更正扫描并将文件带回 Bridge 后，可打开该 TIFF 或 JPEG 文件并执行更精细的修复工作。但我们不建议这样做，因为处理已保存到 WIP (正在进行的工作) 文件夹中的复制文件会更好。

在 ACR 中处理图像后，单击"保存图像" (位于 ACR 界面的左下角) 以使用新名称来保存文件的单

独版本——在原始扫描名称后自动添加 WIP。从格式菜单中选择 TIFF。对于不太重要的项目，我们使用 Adobe RGB(1998) 保存 TIFF 颜色空间和 8 位 / 通道作为位深度，但是对于最关键的项目，我们使用 ProPhoto RGB 和 16 位 / 通道作为颜色空间设置 (图 1.39)。

2. 同步 ACR 设置

使用 ACR 越多，就越发现一张处理过的图像看起来比其他图片更棒。想要同步或在 ACR 中将 ACR 设置从一个图像应用到其他图像，请按照下列步骤操作：

(1) 在 ACR 缩略图中，单击处理得最棒的图像。然后按 Cmd+A / Ctrl+A 选择所有图像。

图 1.37 小心调整"曝光"等设置，来达到渲染古色古香图片原始样貌的最佳效果

图 1.38 修剪和微调每张需要处理的图片

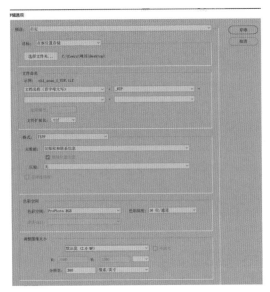

图 1.39 为创建要在 Photoshop 中恢复的新文件，请以 TIFF 格式另存为新文件

(2) 在 ACR 幻灯片的右上角，从"胶片显示"面板菜单中选择"同步设置"。

(3) 在"同步"对话框中，从子菜单中选择一个子集，或者选择或取消选择要应用于其他图像的选项(图 1.40)。在此处显示的示例中，Katrin 选择取消裁剪，因为每个图像都需要不同的裁剪。

(4) 你可能需要查看图像应用的每个更改，并

根据实际需要在 ACR 中进行细化处理。

(5) 单击"确定"按钮以更新其他图像，然后单击"保存并重命名文件"或单击"完成"以返回到 Bridge。这对于提高图像工作流程效率、同步 ACR 设置和处理非常有用。

3. 同步 Bridge 中的 ACR 设置

ACR 永远不会更改文件，它会将调整写入 XMP 相关文件，可利用该文件快速将 ACR 调整应用于大量图像，甚至不必打开 ACR !

📥 ch1_tintype_01.jpg
　ch1_tintype_02.jpg
　ch1_tintype_03.jpg
　ch1_tintype_04.jpg
　ch1_tintype_05.jpg
　ch1_tintype_06.jpg

(1) 选择一个与其他图像类似的代表图像，然后使用 ACR 进行调整 (图 1.41)。单击完成退出 ACR。

(2) 在 Bridge 中，按住 Ctrl 键单击 / 右击调整后的图像，然后选择"开发设置" | "复制设置" (图 1.42)。

(3) 选择相似的图像，按住 Ctrl 键单击 / 右击，然后选择"开发设置" | "粘贴设置" (图 1.43) 以显示"粘贴 Camera Raw 设置"对话框，该对话框与"同步"对话框完全相同。选择或取消选择设置，然后单

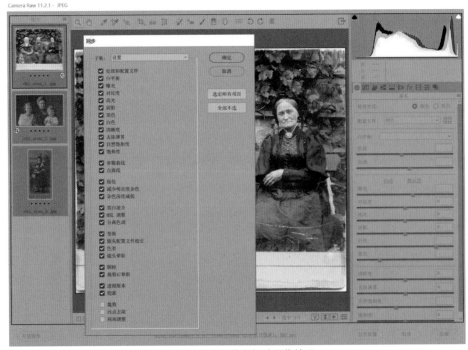

图 1.40 在 ACR 调整中同步化处理两个或多个图像以加速图像处理

击"确定"按钮。眨眼间,图像将被粘贴的设置调整。如有必要,可进一步细化图像,请将其选择并在ACR中打开并进行处理,如下面的步骤所示。

(4) 在我们的例子中,照片中的两名年轻男子有些过亮。在 Bridge 中,选择该图像,按 Cmd+R / Ctrl+R 打开 ACR,降低曝光校正并拉直图像(图1.44)。为加快工作流程,可采用同步、复制和粘贴设置的方法。如果你需要使文件返回原始状态,请在 Bridge 中按住 Ctrl 键单击 / 右击调整后的图像,然后选择"开发设置" | "清除设置"。

图 1.41 使用 ACR 处理代表性图像

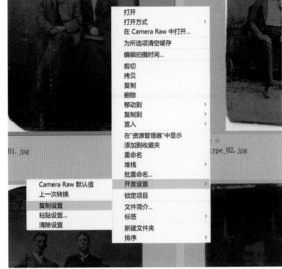

图 1.42 复制设定好的设置

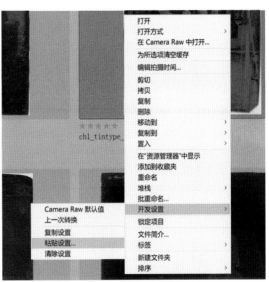

图 1.43 选择相似的图像然后粘贴该设置

图 1.44 粘贴设置后，依据特定图像微调设置

1.3.2　处理数码相机文件

当你记录下原始相机文件时，处理数码相机文件是最能反映你的拍摄意图的时刻，请客观或主观地使用已知参考，根据自己的标准调整图像。在下一节中，我们将处理一些数字拷贝文件以及一个肖像，以介绍 ACR 中的其他功能。

1. 数字拷贝工作

当进行数字拷贝工作时，我们建议你这样做，将已知的颜色参考加入其中，如图 1.45 所示，Katrin 包括 X-Rite 颜色检查器的灰度部分。无论是在室外工作（图 1.46）还是在工作室工作（图 1.47），镜头中包含的 X-Rite 颜色检查器都提供了一个已知的参考，可用它来构建相机配置文件，或与 ACR 的白平衡工具一起使用，使图像进入公认的平衡状态。

🔽 ch1_copywork.dng

让我们练习使用以下示例中的颜色参考（图 1.48）。

图 1.45 包含已知标准的拷贝文件

图 1.46 X-Rite 颜色检查器 Passport Photo 应使用与拍摄对象相同的光进行照明，但出于白平衡目的，它甚至不需要对焦

图 1.47 使用 X-Rite 颜色检查器记录工作室灯光色温

（1）在 ACR 中打开 copywork.dng 文件，然后选择白平衡工具。单击右侧的第二个方块（图 1.49）。重要的是使用第二个方块，因为这是"亮部细节"样本，由 Adobe Photoshop 和 ACR 的共同创始人 Thomas Knoll 基于准确的白平衡发明的。

（2）选择"拉直"工具，沿图像的下边缘拖动。然后使用裁剪工具将裁剪部分置于框架中。此时你可裁剪掉 X-Rite 颜色检查器，但很多修复艺术家都会通过保留它来衡量打印输出的质量。单击"抓手"工具以接受裁剪（图 1.50）。

图 1.48 ACR 调整前后对比

图 1.49　使用第二个白色方块调整白平衡

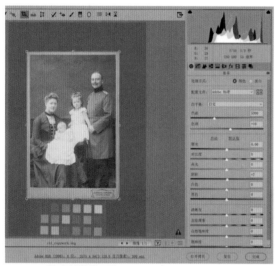

图 1.50　拉直并裁剪图像

（3）单击"自动"。

为优化图像处理，我们将仔细研究如何调整"基本"选项卡的设置。请看图像，会注意到它有点平，没有丰富的阴影。现在看直方图，请注意，最左边的区域——黑色和阴影——不包含有意义的图像信息量（图 1.51）。如果没有更暗的阴影或丰富的黑色，图像似乎浮出表面并且缺乏通常被称为对比度或有冲击力的视觉核心。考虑到这是一个充满爱的家庭场景的旧照片（我们知道它很有爱，因为这张照片是 Katrin 的祖母作为一个年轻女孩和伟大的祖父一起出现的），阴影不需要变成纯黑色，但是更深、更丰富的阴影色调将改善整体形象。

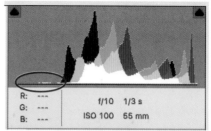

图 1.51　研究直方图以了解图像色调

（4）要加深阴影和较暗区域，请将"阴影"滑块向左拖动，由于此示例非常平，我们将"阴影"滑块一直移动到 -100。

（5）单击"黑色"区域，然后按 Shift 并单击向下箭头键以 10 点为增量更改值。在这个例子中，单击六次之后，图像看起来更好了。

（6）要查看进度的比较，请单击 Q 键或单击"拆分视图"图标（图 1.52）。继续单击 Q 以循环浏览其他视图选项。

图 1.52　通过单击 Q 键比对前后效果

（7）孩子们的白色连衣裙的亮部需要降低，这样才能找回一些细节。请单击高光区域，然后按 Shift 并单击向下箭头键三次以将"高光"向下移动到 -79（图 1.53）。

图像看起来已经更好了。要添加更多细节或对比度，可在"基本"选项卡中调整"对比度"值，或使用专用的"色调曲线"选项卡，我们建议用这个。有趣的是，这两个曲线控制是彼此独立的，意思是你可以调整一个而不影响另一个。

（8）在"色调曲线"窗口中，你可以使用"点"选项卡并从"曲线"菜单中选择"中间对比度"，如果需要更多控制，请单击"参数"选项卡。在"参数"选项

图 1.53 降低高光值以保留更多白衣服上的细节

图 1.54 使用参数曲线细化图像

卡中，使用"暗调"和"阴影"滑块使阴影区域变暗，然后小心地增加高光以创建修改的 S 曲线。在此图像中，重要的是要保持儿童服装的细节，而不是将较亮区域强制变为纸般的白色 (图 1.54)。

(9) 要查看曲线调整所实现的效果，请在 ACR、Lightroom 或 Photoshop 中按 Cmd+Option+P/Ctrl+Alt+P。曲线功能非常强大，很多书籍、课程、研讨会和讲座都致力于曲线的研究。后续章节中将使用曲线。

(10) 查看编辑降噪设置是否有效。在这个例子中，即使将明亮度设置为 100 也不会产生有意义的结果——我们的经验法则是"如果控件没有改善图像，那就是在破坏它"。因此，窗口将其明亮度和颜色归零，然后转到"HSL 调整"窗口。

(11) 要减少整体的棕褐色偏色，请单击"饱和度"选项卡，然后单击工具栏中的"目标调整"工具，而不是猜测哪些颜色会构成偏色。选择饱和度或按 Cmd+Option+Shift+S/Ctrl+Alt+Shift+S(图 1.55)。在工作室背景下，向下或向左拖动以减少棕褐色，我们会留下一丝颜色，如图 1.56 所示。

对于此图像示例，我们将跳过分离色调部分，因为添加色调是一种创造性的阐释，最好在修复工作完成后添加。

(12) 在"镜头校正"选项卡中，选择"配置文件"选项卡，并确保选中"启用配置文件校正" (图 1.57)。选中"删除色差"。"手动"选项卡更正非常有用，但最适用于建筑、风景或几何图像，对于包含人物或没有明确线性参考的图像，可以跳过它们。

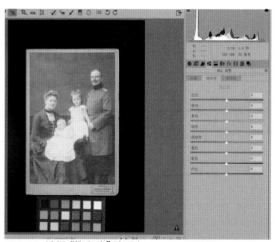

图 1.55 访问"饱和度"选项卡

图 1.56 降低棕褐色偏色的饱和度

此时，图像看起来非常好，你可以单击"完成"返回 Bridge，从而保存本图像的 ACR 设置，或使用"保存图像"保存接下来要关闭的 TIFF 格式文件。我们将继续分享有关使用 ACR 的信息和提示，以及我们处理当代肖像时的情况。

＋提示 反复按 Cmd+Option+P/Ctrl+Alt+P 在图像上出现的单个 ACR 面板中预览效果。

ACR效果

"效果"选项卡包含去雾、颗粒和裁剪后晕影的控件——这都是明智而实用的控件。去雾消除了空气中和透视的雾度，增添了一丝对比，不建议想保持原始人物特色的古董照片使用。颗粒和渐晕也很有用，但最好在修复或润饰工作完成后应用。第 5 章中将介绍如何添加颗粒，第 7 章将介绍渐晕。

相机校准

Camera Calibration 选项卡提供了极灵活的控制功能。它分为以下三个部分：

● Process 决定使用哪个 Adobe Camera Raw 文件引擎用来创建图像，最靠前的是最佳选择（图 1.58）。

● Camera Profile 确定初始颜色和色调渲染。它类似于在你购买一卷胶卷的日子里，根据最适合你的拍摄对象和照明条件，选择具有或多或少对比度和饱和度的彩色底片或幻灯片文件。在创建自定义配置文件时，它们会显示在 Camera Profile 列表的底部。

图 1.57 **检查是否应用了镜头校正**

★ 注意 不同的文件格式、相机机身和扫描仪将在 Camera Calibration 选项卡的 Name 菜单中显示不同的相机配置文件。

● Shadow 和 Primary 滑块允许你精确调整摄像机配置文件并在颜色上进行创造性的改变。

试一试 用 X-Rite 颜色检查器 Passport Photo 拍照，构建你自己的相机颜色配置文件，将文件保存为 DNG 格式，并使用免费的颜色检查器 Passport Photo 软件构建相机和照明专用的配置文件（图 1.59）。这个过程很简单，如果你正在拍摄相似照明条件中的多张图像，建议使用这个功能。

图 1.58 **每个相机配置文件创建一个有微妙不同点的基本图像渲染**

图 1.59 很容易就能创建相机配置文件

试一试 在 Camera Caliberation 选项卡中，查看不同的相机配置文件，查看它们对图像的影响。对于较老的图像，较低的对比度渲染 (如 Adobe 标准) 可能更合适；而对于横向或建筑作品，诸如 Camera Clear 或 Camera Deep 等更强大的渲染可能效果更好。

预设

"预设"选项卡用于创建和保存以后要使用的设置或重用的设置。例如，如果你经常应用相同的锐化或灰度转换，预设可以节省时间。要创建和保存 ACR 设置，可执行以下步骤：

(1) 在 ACR 中，将所需的更改应用于代表性的图像，例如风景、肖像或具体的静物 (图 1.60)。

(2) 单击任意选项卡右上角的 "Camera Raw 数据设置"菜单，然后选择"存储设置"。

(3) 清楚地命名预设。例如，使用 NR 或 "降噪"作为所有降噪预设名称的开头。

(4) 从"预设"菜单中选择创建预设所需的设置，或者在"存储设置"对话框中对设置进行选择和取消选择。

(5) 单击"保存"按钮。ACR 会将设置保存为预设，存在对应的 "Camera Raw 数据设置"文件夹中。

(6) 要使用预设，请从 "Camera Raw 数据设置"菜单中选择"应用该预设"，或者更简单地在"预设"选项卡中单击预设名称 (图 1.61)。

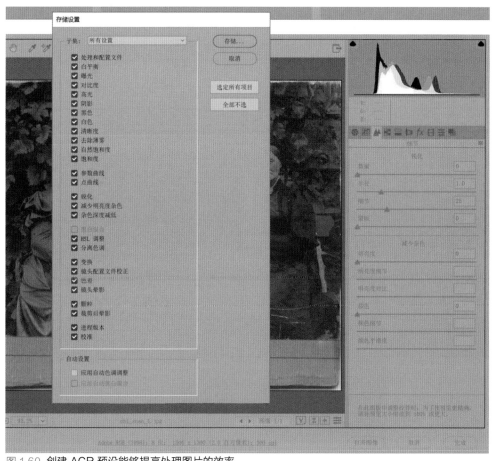

图 1.60 创建 ACR 预设能够提高处理图片的效率

快照

最后一个调整图像的选项卡就是"快照(Snapshots)"。在这里可以保存正在进行的工作，类似于保存了一个文件版本，但实际上没有将全分辨率文件保存到硬盘驱动器上。我们通常创建一个快照来记录整个处理后和应用本地化修正之前文件的外观。对于研究处理步骤来说，快照与文件元数据一起保存来说，快照与文件元数据一起保存是很好的办法 (图 1.62)。

2. 处理工作室肖像

在 ACR 中处理肖像可以对全局色调、对比度、颜色和锐化程度进行调整。此外，还可以利用本地调整工具——(包括去除污点、消除红眼、调整画笔、渐变滤镜和径向滤镜工具)，来应用本地化提升与修正效果。我们将在第 8 章中介绍如何使用工具来去除污点、消除红眼和调整画笔。下一节将深入研究渐变和径向滤镜功能。

处理肖像可让你实现许多创造性想法。无论你想要自然或是前卫、彩色或是黑白，变换丰富的深色调与绚丽的色彩，或淡淡的柔和色彩，在 Flickr 或 SmugMug 上浏览时尚或高中生肖像都可以让你来一场头脑风暴。许多摄影师和服务供应商销售 ACR 和

图 1.61 将 ACR 预设应用到图像

图 1.62 使用快照功能创建版本注释，每个版本注释都可以导出或进行调整

Lightroom 预设，这些预设可用来创建风格化的摄影外观，但如果你对滑块和设置足够了解，也可以创建专属于自己的自定义外观和预设，这会让你的图像出类拔萃。

在以下教程中，我们将解决一些你尚未遇到的 ACR 控件问题，也会展示如何添加创意效果，例如从原始到自然，再到创意的处理过程 (图 1.63)。

ch1_portrait.dng

(1) 单击直方图中的阴影或高光剪切警告图标，以查看是否存在曝光不足和曝光过度区域 (图 1.64)。如图所示，她的额头上似乎有过度曝光的区域。但在调整曝光之前，让我们看看如果想要快速轻松地改善图像，该如何调整白平衡并选择更合适的相机配置文件。

原图

基本处理

图 1.63 使用 Adobe Camera Raw 数据文件探索基本到高级的图像处理

修复与润饰后

选择性减淡

创意色调

图 1.64 通过阴影与高光剪切警示来检查曝光情况

(2) 这张照片是在混合光线下拍摄的，因为 Katrin 在视频拍摄期间用工作室频闪和柔光灯拍摄肖像，这需要用到针对摄像机的连续光源。当遇到不好处理的白平衡时，可在 "白平衡" 菜单 ("基本" 选项卡) 中选择 "自动"，软件会分析图像，通常情况下可以确定合理的颜色 (图 1.65)。

(3) 整体颜色仍然有点偏冷。使用白平衡工具单击她的门牙，使图像处于良好的中间色范围 (图 1.66)。

▶ 试一试　尝试同时调整蓝色 / 黄色和绿色 / 洋红滑块来微调白平衡。

(4) 选择不同的相机配置文件能轻松让图片变得更时尚。深度和肖像模式在这张照片上的效果看起来都很好，你可以根据喜好使用。我们两者都爱，但略微倾向于肖像模式渲染 (图 1.67)。

图 1.65　自动白平衡通常是一个很好的出发点

图 1.66　细化更微妙的白平衡使模特的肤色变暖

(5) 现在整体图像赏心悦目，让我们返回"基本"选项卡改善曝光和色调。在处理肖像时，最受欢迎的做法是让气氛轻松，使人看起来活泼。具体做法是让"曝光"略微增加 (+0.25)，"阴影"稍微打开 (+15)，肖像开始发光，此时最能体现模特的积极能量 (图 1.68)。

(6) 选择"色调曲线"选项卡，选择"点"选项卡，然后从"曲线"菜单中选择"中对比度"，为图像添加令人愉悦的色调对比度 (图 1.69)。

输入锐化

在处理原始数据文件的过程中，需要一些微妙而可控的锐化。输入锐化 (也称为基础锐化) 用于抵消传感器抗混叠滤波器或镜头可能带来的任何柔和度。

使用锐化程度的多少取决于相机和镜头的组合，以及图像含有多少细节和色调变化 / 频率。高频图像包含大量细节和丰富的色调差异 (例如精美手表内部的图像)。低频图像不那么复杂 (雾中风景就是一个很好的例子)。稍微锐化高频图像会提升效果，而更柔和、视觉上更简洁的图像则不需要那么多锐化。肖像通常是高频和低频结合，眼睛、嘴唇和头发是高频，皮肤则是低频区域。

我们的示例图像是用 Sony Alpha a7R II 无眩光镜数码相机拍摄的，没有传感器上的抗混叠滤波器，Katrin 使用了非常锐利的镜头，所以这个文件不需

图 1.67　检查哪种相机配置效果更好

图 1.68　配置曝光与阴影

要大量的 ACR 锐化。如图 1.70 所示，我们将"数量"设置为 76，将"半径"设置为 0.9，将"细节"设置为 14，将"蒙版"设置为 80，通过四个滑块控制锐化效果：

• "数量"决定了锐化的强度，范围为 0 到 150，说实话，超过 80 的情况很少出现。我们可以尝试更强的锐化，并使用接下来的三个滑块更好地控制。

• 数字锐化的意思是增强边缘对比度，"半径"滑块控制锐化效果发生的位置和对象边缘的距离。对于高频信息图像，半径设置为 0.75 或更低效果最佳，而低频图像可使用较高的数值来设置。

• "细节"会将光晕控制应用于"半径"设置以增强边缘轮廓。较低的值应用较少的晕圈控制，较高的值则应用较多。通常，我们会在"半径"和"细节"滑块之间来回跳跃，以改善锐化效果。

• "蒙版"是一种额外的抑制控制功能，可用来保护细节较少的区域 (如皮肤、天空和平滑表面)，而创建高对比度边缘蒙版可使边缘变得锋利。按 Option/Alt 可在动态构建时查看蒙版。白色区域将变得锐利，黑色区域不受任何锐化影响 (图 1.71)。

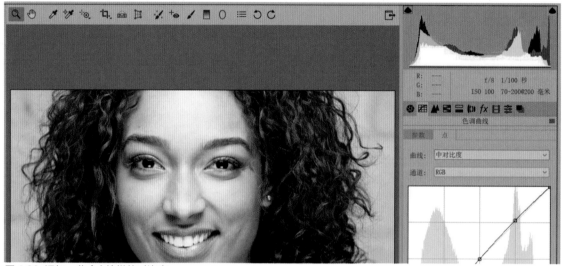

图 1.69　添加一些令人愉悦的对比度

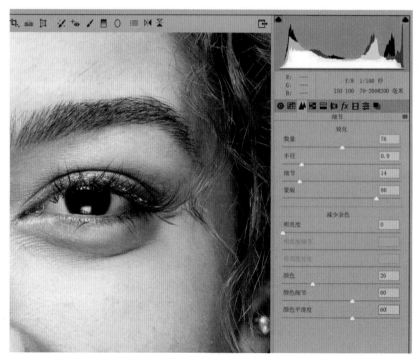

图 1.70　输入时的锐化程度需要非常微妙

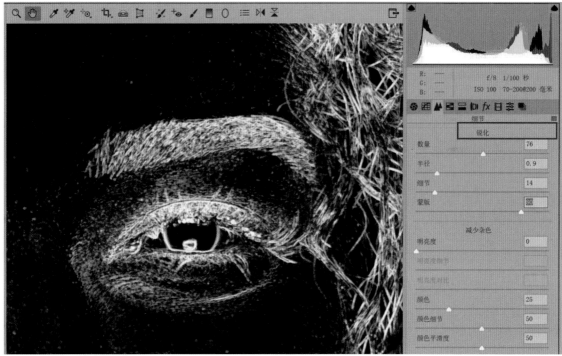

图 1.71　黑色区域未被锐化

提示　调整每个锐化滑块时按 Option/Alt 可以查看调整的具体影响。对于将在 Photoshop 中进一步修饰的人像来说，输入锐化的程度越轻越好，因为润饰未被过度锐化的皮肤和面部特征会更容易。眼睛、嘴唇和其他重要特征的最终锐化是修饰过程的一部分，如第 8 章和第 9 章所示。

局部校正和增强

此处的示例肖像采用自然渲染效果，我们可以用局部图像增强工具来继续改善图像、采用创意效果，或在 Photoshop 中打开它以进行更精细的修饰。为了继续我们的探索，让我们留在 ACR 进行一些清理工作和创意强化处理。我们建议在你进入 ACR 的创意部分之前记录快照，对于正在处理的文件来说，这是对目前进度的注释。此时创建图像快照是回归图像原始状态的好方法，换句话说，有时我们的创意探索不太成功，那就可以通过单击"快照"选项卡中的 Basic Processing 返回"良好"状态。

(1) 选择"快照"选项卡。单击"新建快照"图标 (它看起来像一张纸)。将新快照命名为 Basic Processing，然后单击"确定"按钮。

(2) 使用裁剪工具裁去外部边缘并调整到恰当的居中位置 (图 1.72)。

(3) 将"污点去除"工具的类型设置为"修复"，一个小的 (3 到 5 像素) 画笔大小；羽化值设置为 37；不透明度设置为 100 (图 1.73)，去掉几个污点或皮肤上的瑕疵。

(4) 使用具有 +0.40 曝光和 +15 清晰度的调节刷扫过她的眼睛，使其更亮更清晰 (图 1.74)。单击"抓手"工具以接受更改。

(5) 制作第二个快照，并将其命名为基本修饰。将图像边缘的亮度降低，也就是使用渐晕功能，让观众将视觉焦点放在图像的中心，而不是图像边缘，与此同时，女人的脸部获得了更大的视觉重要性。

(6) 选择径向滤镜，在按下 Option/Alt 键的同时，从她的鼻子中间向外拖动，在她的脸上拉出一个椭圆形状 (图 1.75)。将曝光减少到至少 -1.00，如果发现图像的中心变暗，而不是外部，可滚动到控件的底部并选择外部。

专业润图师使用变亮 (减淡) 和变暗 (加深) 功能来平滑肌肤，平衡肤色，并创造令人愉悦的轮廓。对于高端专业修饰，可使用 Photoshop 图层的减淡和加深技术，但为了快速处理，可使用 ACR 调整画笔工具。

(7) 设置调整画笔的曝光 +1.10，并确保羽化值为

75。请在她眼睛下方的黑眼圈、她的鼻梁周围、她的微笑线上及她的下唇下面一点点使用画笔 (图 1.76)。

(8) 要查看画笔效果的位置，请选择"蒙版" (如图 1.77 中的圆圈所示)。要删除不需要的画笔笔划，请按 Option/Alt。这会将"调整画笔"工具更改为"橡皮擦"工具。

(9) 制作第三张快照，将其命名为 Dodge，并准备好尝试黑白转换和精致的色调调整。

创意效果

在 ACR 中处理图像的美妙之处在于，任何改变都可以被改进或删除，这使我们能够长时间进行实验。

图 1.72 **重新裁剪构图**

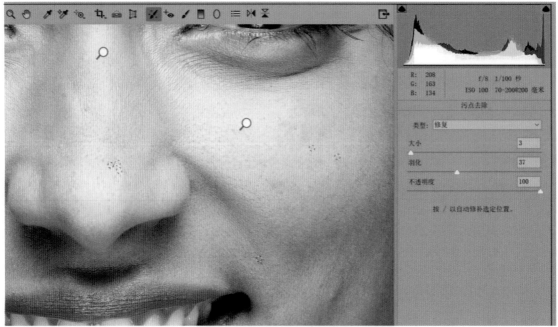

图 1.73 **使用污点去除工具去除明显的污点、瑕疵、痣和杂散毛发**

图 1.74 通过使用曝光和清晰度涂刷使眼睛的效果增强

图 1.75 使用径向渐变使图像的边缘变暗

为了完成 Camera Raw 数据文件处理，让我们进行一些创意上的尝试，先将图像转换为黑白图像，然后添加微妙的色调。

(10) 选择 "HSL / 灰度" 选项卡，然后选择 "转换为灰度"。

图 1.76 在眼睛和嘴唇下部选择性地减淡或加深有助于塑造脸部轮廓

图 1.77 根据需要擦除不要的画笔痕迹

(11) 不要去猜测哪种颜色会变亮或变暗，而是单击"目标调整"工具并选择"灰度混合"，或按 Cmd+Option+Shift+G / Ctrl+Alt+Shift+G。

(12) 将目标调整工具放在她的前额上，并通过小心地向上拖动来强调她的脸部，就像在拍摄照片一样（图 1.78）。

(13) 为了更好地构图，请单击现有的径向滤镜，将曝光降低到 -1.55，将锐化程度降低到 -60（图 1.79）。调整黑白图像可以增加深度，通常通过向更亮和更暗的区域添加相反的颜色来完善色调。例如，可以让高光区变暖，并让阴影变冷。要应用色调，可以使用"分离色调"选项卡，但"色调曲线"选项卡可以更精准地控制色调发生的位置。

图 1.78 使用"目标调整"工具优化黑白色调

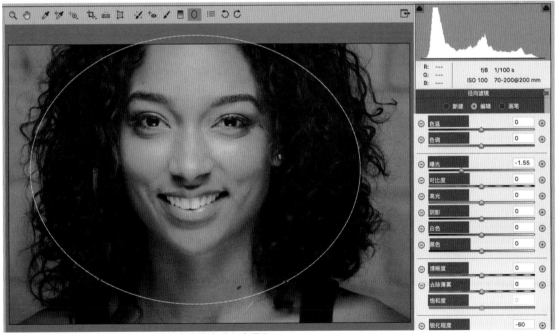

图 1.79 使用径向渐变进行实验，使图像边缘变暗和变柔和

（14）在"曲线"选项卡中，单击"点"选项卡，然后从"通道"菜单中选择"红色"，单击中点并稍微向上拖动。为避免把阴影区域调暗，请通过在四分之三色调交叉处添加曲线上的附加点来添加锁定点（图 1.80）。

（15）选择"蓝色"通道，单击四分之三色调，稍微向上拖动，并通过在曲线上添加另一个点来锁定中间调（图 1.81），以避免较浅的色调变为蓝色。

（16）单击 Q 来循环进行前后的比较（图 1.82）。请保存你喜欢的创意和色调调整效果预设。

图 1.80　使用红色曲线让高光变暖

图 1.81　使用蓝色曲线让阴影变冷

　　总之，使用 ACR 或 Lightroom 可以通过调整全局颜色、色调、对比度，以及一些润饰，让很多图像变得精妙绝伦，或者可以与 Photoshop 一起合作，用细致的仿制 / 修复、滤镜和图层功能，来制作一些完美的图像。

1.4　备份策略

　　这不是硬盘是否会罢工的问题，这是一个硬盘何时罢工的问题。当硬盘出现故障或丢失、被盗或损坏时，如果你有备份策略，就会意识到此举非常明智，如果不这样做你一定会感到痛苦和沮丧。明白了吧。最好的策略是建立冗余，我们从摄影师和工作流专家 Peter Krogh 那里得到启发，他开发了 3-2-1 方法：

- 三个相同的副本
- 两个不同的硬盘驱动器或介质
- 一个单独存储器或在线副本

图 1.82 使用 Q 键对比前后效果

随着硬盘价格的下降和基于云的备份速度的提高，创建备份系统是明智之举。可靠的备份系统是基于软件的，它能消除人为错误。在 Mac 上，Katrin 使用 Carbon Copy Cloner，在 PC 上可以使用 SyncBack。将软件设置为硬盘自动镜像，例如在特定时间，每 24 小时一次。对于非现场副本，请使用第三个真正存在的额外硬盘：放在工作场所、邻居家中甚至在银行保险箱中——无论在哪儿，每周去一次，用更新的硬盘进行替换。

★ 注意 CD 和 DVD 不再是最前沿技术，因为它们会分解，如今市面上的大多数计算机都不支持使用 CD 或 DVD。

如果你有快速可靠的 Internet 连接，请使用基于云的系统，如 Google Drive 或亚马逊云端硬盘。基于云的专业服务 (如 Backblaze、CrashPlan 和 Carbonite) 会自动备份你的文件和应用程序并安全地储存它们，

以便在发生灾难时进行恢复。如果使用的是 Mac，请确保打开 Time Machine。如果是在 Windows 上，请养成使用 Windows 备份和系统还原功能的习惯，用于备份文件和应用程序。操作软件的世界变化很快，所以请研究最新的软件和服务，想要睡得安稳，就得保证你的重要照片和文件做了冗余备份。

1.5 结语

计算机、书本或课程无法教给你的一件事就是热爱练习，学习和试验成为一名优秀的修复艺术家或润图师所需的技能和技巧。这需要的不仅仅是清除灰尘或掩盖皱纹。修复能让你找回一些随着时间的推移而逐渐消失的珍贵记忆。修复与润饰是一个梦幻般的爱好，也是一个具有挑战性的职业，让我们深入了解它们，开始工作吧。

第2章

Photoshop 和 Photoshop Elements 要点

　　把一个完全相同的 Photoshop 难题交给同一间屋子里的三个人，并给他们三十分钟的时间，Katrin 打赌说，他们每个人都会用不同的方式来解决这个问题。Photoshop 本身可以提供众多的解决方法，有的能带给你一些想法上的启发，有的就没那么顺利，这取决于你对于软件的探索欲望和实战积累的经验多少。那么，凭借什么将普通用户和高手区分开呢? 大多数情况下，要看积累的经验多少和能把最终成果表达出来的能力。对于高手来说，Photoshop 这个工具轻若无物，在他们润饰或者修补照片的时候，工作界面几乎是消失的。而对于新手，Photoshop 可能会给他们带来数不清的难题，例如迷失在工具、命令和控制栏里。就算他们最后能把图片处理好，也会比实际需要的时间再久一点。学习怎样才能更快地在 Photoshop 里操作从而成为一个更好的润图专家，因为这可以让你更专注于图片本身，而不是软件。

　　在本章，你将学习以下相关内容:

- 首选项、颜色设置和工作区
- 工具、快捷键、画笔和导航器提示
- 图层、蒙版和混合模式
- 将 Photoshop 转化为其中的元素

修复与润饰图片并不仅仅是快速单击鼠标那么简单。一个好的润图师要明白，他们手上的工作对于一个客户、一个家庭成员或照片里的某个人来说是非常重要的。在开始一个新的润图项目前，请好好思考一下这些像素点背后代表的真实的人，以及真实的事件——这可比那些数字信息所包含的内容多得多了。从这些褪色、破裂或者损坏的原件中找到遗失的回忆，这才是该做的。这是一个不小的责任，在润图过程中牢记这一点能帮助你用更多的同理心、更为关怀的态度来对待图像本身。

2.1 首选项与颜色设置

通过调整 Photoshop 的首选项设置，可以调整程序的界面、性能和其他许多设置，以便适应工作流程并最大化发挥计算机的工作效力。下面几页为你提供了一些关于首选项设置的建议，你也可按自己的实际需要来调整设置。对于这些最新的、可信赖的性能建议，我们要对 Jeff Tranberry 表达尊重和感谢，作为 Adobe 的首席客户服务体验师，他在 Photoshop 公司为产品开发和数字成像团队效力多年：https://helpx.adobe.com/photoshop/kb/

optimize-photoshop-cc-performance.html。

2.1.1 首选项

可通过设置程序首选项和颜色设置来提高 Photoshop 的效率。在一台苹果电脑中，你可以在 Photoshop CC |"首选项编辑"|"颜色设置"中找到这些设置。在 Windows 系统中，则在"编辑"|"首选项编辑"|"颜色设置"找到这些设置。

在下一节中，我们将把更多注意力放在如何更好地发挥 Photoshop 有关的图片重建、修复和润色功能上，而不是浪费在查看每个首选项条目和设置选项上。

通常，在工作区域没有文档打开时，在"开始"选项中可以最快地找到最近编辑过的文件。取消选中"导出剪贴板"选项可避免在不同应用之间跳转时 (偶尔会出现这种情况) 为复制大型图像文件而耗费大量时间和内存。

界面: 根据颜色主题、界面文本大小以及通道和菜单显示颜色来设置 Photoshop 的整体外观。许多人会选择浅灰色主题，因为它会和处理的图片之间形成较为柔和的对比，这能让你在调整色彩饱和度与色调改变上做得更精准 (图 2.1)。其他人则使用中灰色主

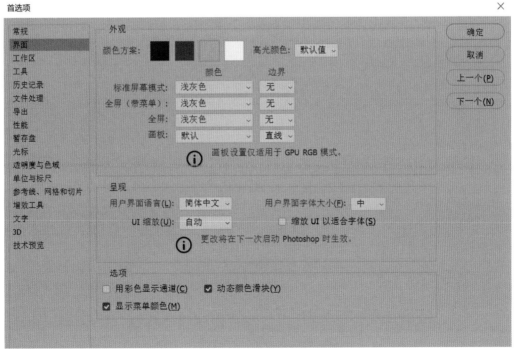

图 2.1 调整 Photoshop 的界面首选项，例如颜色主题和文本设置

题来观察图片细节或处理有问题的区域，例如高光溢出的问题。高端美容产品广告润图师 Carrie Beene 说："我习惯用深灰色界面，因为黑色太明显了，浅色的又太亮，不能让我精准地校正颜色"（图 2.2）。我们推荐使用中灰色或深灰色主题，因为黑色版本会有眩光，特别是在光面的显示器上工作时，浅色的又太亮。

历史记录：默认情况下是关闭的，它可以记录处理图片的时间和设置轨迹。编辑日志中只记录文件的打开和关闭时间。此外，你需要选择是将这些步骤保存在一个单独的文本文档中，或是包含全部信息的原文件中，还是两种都要。如果科学领域的客户要求保留全部图像处理操作过程，Katrin 会用到"历史记录"功能。

性能：内存和暂存盘设置在第 1 章中介绍过。历史记录功能允许撤消多个步骤，任何一个润图师都知道在工作中那些迅速的单击和频繁的画笔切换步骤累积起来是一个不小的数字，这就是我们推荐将历史记录数量调到 100 的原因，可以将这一项调到 1000，但不建议这么做，那会占用过多的暂存盘容量，以及创

建太过笨重的记录文件。高级润图师 Timothy Sexton 说："我把历史记录这项调到 20 步，因为当我发现 20 步以外的错误时，我就已经走偏得太远了，所以没必要设置为 20 以上。在"历史记录"面板中，我不使用线性记录功能，这样我就不会因为一次切换而损失掉所有内容了"。Carrie Beene 也将历史记录设置为 20 步，她说："使用图层功能可以让我撤消任何超过 20 步的事情。此外，在 20 步中根本没必要看历史记录，我不喜欢这样做"。

存储时专业润图师 Chris Taratino 说："我一直把历史记录设置在 100 步，高速缓存级别设置为 2，高速缓存拼贴大小设置为 1024k"。在 Photoshop 中，"历史记录选项"可设置为"自动创建第一幅快照"、"存储时自动创建新快照"或"允许非线性历史记录"等（图 2.3）。

光标：调整绘图和其他操作光标的默认外观。为了达到最高精度，可将绘图光标设置到最大画笔尺寸，选择十字准线。对于其他光标，可根据实际需要选择图标或十字准线。

图 2.2　纽约市的润图师 Carrie Beene 偏爱深灰色界面

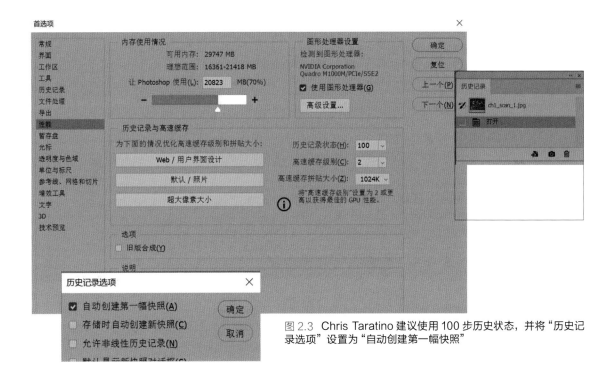

图2.3　Chris Taratino 建议使用 100 步历史状态，并将"历史记录选项"设置为"自动创建第一幅快照"

➕ 提示 可通过单击 Caps Lock 键将任何工具（例如吸管或裁剪工具）更改为精确的十字准线。再次单击该键可使工具返回其先前的外观。

2.1.2　颜色设置

颜色空间决定了色域的大小（即 Photoshop 将使用的颜色数量）。可以将颜色空间看作是蜡笔盒——sRGB 是最小的蜡笔盒，适用于网页显示；而 Adobe RGB 和 ProPhoto RGB 则有数千种颜色的蜡笔，最适合用于需要打印的文件。ProPhoto RGB 最适合高位深度文件，Adobe RGB 适合处理用于胶印的 8 位文件。要访问颜色设置，请选择"编辑"|"颜色设置"。

正如 Dennis 所说，"我为各种各样的客户工作，而在颜色空间方面，灵活性非常重要。因此，虽然我的默认颜色空间是 Adobe RGB，但我经常在客户喜欢的任何颜色空间中工作。大部分时间是 Adobe RGB，然后是 sRGB，并且在极少数情况下是 ProPhoto。真实世界的颜色非常贴合 Adobe RGB 的色域，在那里面我不太可能遇到色域或条带问题"。Wayne 使用不太理想的照片和扫描，他说："在我的工作中，我处理的是很多褪色而且处理得不当的图像。所以，在比打印件提供的颜色空间更大的颜色空间中工作对我来说不太实用，所以我坚持使用 Adobe RGB"。关于颜色空间引起了许多讨论，我们来看看高端商业和时尚润图师使用的颜色空间。Carrie Beene 说："正如我的客户所愿，我在 ColorMatch 或 Adobe RGB 里工作。这些颜色空间位于道路中间：不太大，也不太小，可以很方便地在保证不出现问题的条件下将文件转换成 CMYK"。Timothy Sexton 说，"我使用的是 Adobe RGB，CMYK 设置为美国 Web Coated SWOP v2。Adobe RGB 是一个非常强大的颜色空间，在转换为客户端所需的 CMYK 配置文件时，我从未遇到过任何问题"（图 2.4）。Katrin 和 Chris Taratino 使用了一样的颜色设置，正如 Chris 所说，"我只在 ProPhoto 颜色空间中使用 16 位文件工作。由于 ACR 和 Lightroom 可导出到 ProPhoto，我更喜欢使用这些应用程序支持的内容"。有关 Photoshop 色彩管理的其他信息，请访问 https://helpx.adobe.com/photoshop/topics/color-management.html。

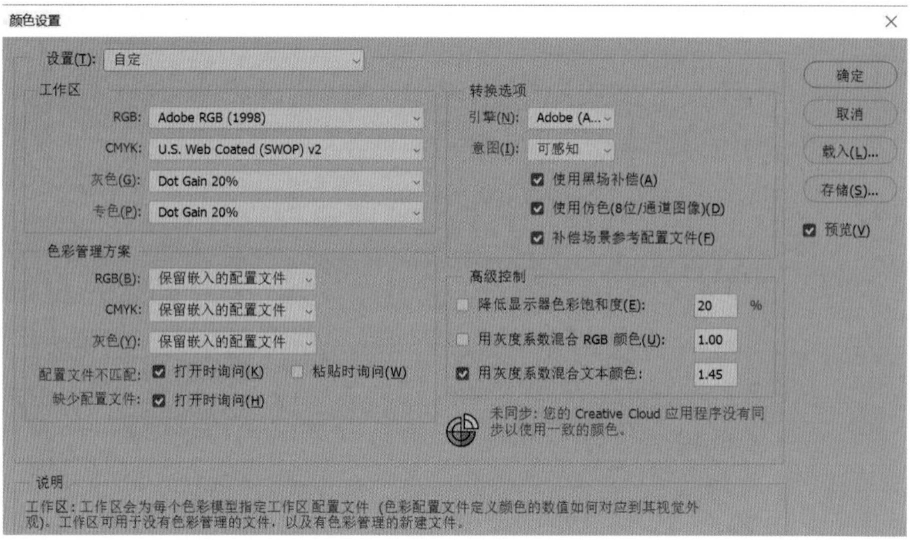

图 2.4 调整"颜色设置"选项,以贴合你的工作流程

历史记录:不仅是多步撤消

在最基本的级别上,历史状态功能允许你在"首选项"|"性能"|"历史记录状态"中设置的步骤中前后移动。例如,将历史记录状态设置为 50,软件将跟踪每个打开的 Photoshop 文档的 50 次更改,例如每次单击使用仿制图章、修复画笔工具、添加图层、使用滤镜等。一旦进行第 51 次更改,第一次更改的记录(不是效果)将从"历史记录"面板中消失。可以通过单击"历史记录"面板中的历史状态或按 Cmd+Option+Z/Ctrl+Alt+Z 一次返回一步来后退,按 Cmd+Shift+Z/Ctrl+Shift+Z 前进。当达到设定的历史状态数时,当然也可以继续工作,但以前的更改将在"历史记录"面板中被新步骤替换。我们可将历史面板想象成传送带,每个铲斗装着一个变更操作,传送带与历史状态选项中设置的状态数一样长。

使用"历史记录"面板进行多个撤消操作非常实用,但如果向后退几步然后使用新的画笔描边,那么新画笔描边之后的所有步骤都会丢失。为提供更大的灵活性,可在"历史记录"面板菜单中启用非线性历史记录,这样就可以在应用新画笔或效果时,依旧能够向后退步,并能保留之前的历史步骤。

在"历史记录"面板的底部,可以找到"从当前状态创建新文档"图标,该图标允许创建可用的新文档;还有"创建新快照"图标,单击该图标可即刻创建文档的记录(快照)。

"历史记录"面板在工具栏中有一组搭档:"历史记录画笔"和"历史记录艺术画笔"工具;通过单击历史记录状态或快照左侧的小方块,然后使用它们绘画来从历史记录状态进行绘制。通过试验历史绘画和混合模式,可以创建独特的效果。历史记录画笔是一个很棒的工具,但它不是万能的,历史画笔无法处理改变图像分辨率的那些东西,包括裁剪、改变图像尺寸、画布尺、颜色模式和字节级深度变化,以及旋转(除了正好旋转 90 度或 180 度的方形图像)。

最重要的是,请理解在文件已关闭时历史和快照会丢失。历史记录是一个很棒的功能,如它允许撤回不满意的 Photoshop 决策,以及记录所有你和 Photoshop 之间的历史记录内容。所以下次你犯了一个错误,例如保存文件的版本没有图层,不要惊慌,也不要关闭文件,可以打开"历史记录"面板,单击"合并图层"之前的命令,然后保存文件。历史记录会来救场!

2.1.3　工作区和导航器

设置 Photoshop 界面类似于安排厨房或工作台。在这两种情况下,工具都需要放在合理的位置。Photoshop 的工作区会记住应该显示哪些面板、它们如何分组以及它们的摆放位置。工作区还可以包括键盘快捷键、菜单或自定义工具栏。为节省时间,少些挫败感,可以利用保存和调用自定义工作区的功能。每次退出 Photoshop 时,面板位置都会被记录,面板也会在再次启动 Photoshop 时位于相同的位置。如果你像我们一样,为了完成工作,到深夜还在拖动面板,那么在但第二天早上重返工作岗位时，面板最后出现的位置可能不是所需的最佳位置。

1. 自定义工作区

设置和保存自定义工作区是非常值得的。例如，Katrin 主要使用的工作区包括图层、通道、路径、调整、信息和"直方图"面板。Timothy Sexton 为无数杂志封面润饰了数百张名人肖像，他的工作区分布在两台显示器上(图 2.5)，所有会用到的工具和面板都触手可及。

要创建自定义工作区：

(1) 根据需要来定位面板位置，和将面板分组。

(2) 选择"窗口"|"工作区"|"新建工作区"，或从应用程序栏的"工作区切换器"中选择"新建工作区"。

(3) 为工作区命名并单击"保存"。创建其他工作区后，可从"窗口"|"工作区"菜单进行访问，或从应用程序栏中的"工作区切换器"中进行选择。要删除工作区，请选择"窗口"|"工作区"|"删除工作区"。要重置工作区，请选择"窗口"|"工作区"|"重置"。重置操作会将活动工作区恢复为最初保存的方式。

在 Photoshop 中没有打开的图像时，"开始"工作区会出现。

Photoshop 包含一组默认工作区，是为特定的工作类型创建的，内容包括动作、绘画和摄影。在创建自己的工作区时，选择一个默认工作区会是很好的起点。我们邀请了一些高端润饰商朋友来与你分享他们的 Photoshop 工作区设置。正如 Chris Taratino 解释的那样，"我曾经使用双显示器设置，但是我的主显示器现在宽 30 英寸。每侧都有面板，图像位于屏幕中央(图 2.6)。我经常收起面板使用整个屏幕，并将面板设置为在鼠标悬停时弹出。像所有的润图师一样，我使用的是 Wacom 手绘板，但为了旋转控制功能，我也使用 Art Pen。我每天都用的第三个工具是 Leap Motion Controller(www.leapmotion.com/)，它跟踪我的手部运动。它不直接与 Photoshop 交互，但在 BetterTouchTool (www.boastr.net) 的帮助下，我可以为动作分配手势，而 Leap Motion 会将其分配给动画(图 2.7)。例如，我喜欢将两个图像窗口同时打开，并设置为不同的缩放比例，以便我工作时更新。随着手指旋转，我的图像会在一个新窗口中打开，工作区可以被分成我可能需要的任何样子，它可以自动调整缩放，我的主窗口再次被选中，随时准备开始工作。由于 Leap 功能，我可以更好地利用我的站立式办公桌，就算远离显示器，还是可以够到键盘"。

▶ **试一试**　花一点时间来安排面板类似于在传统工作室中设置工作区：画笔放那边，相机设备就在这边。根据你使用它们的频率来确定面板位置，更重要的是，将图层、通道和信息面板放在触手可及的位置上。

图 2.5　许多润图师使用两个显示器—— 一个用于处理图像，一个用于放置 Photoshop 面板

图 2.6 30 英寸显示器
为图像和 Photoshop
面板提供了充裕的空间

图 2.7 使用运动控制，
Leap Motion 控制器
可实现精确的界面和
图像变焦控制

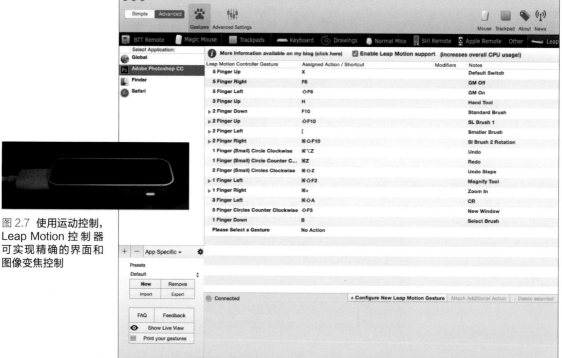

工作区视图

你的显示器就是你的工作台。保持条理和整洁将节省时间和减少挫败感。学习使用显示器的每一块区域可使小型显示器看起来更大，并使大型显示器看起来更加广阔。

● 通过菜单栏或全屏模式的全屏模式工作，充分利用显示器空间。单击 F 循环查看模式，或选择视图"|"全屏模式"。

● 考虑使用双显示器系统，第二个显示器适用于许多 Photoshop 面板 Adobe Bridge 或 Lightroom。第二台显示器可以是便宜或二手的，因为你不会在上面进行任何关键的颜色校正或润饰。

● 尝试使用操作系统的显示设置来更改显示分辨率。如果你能够以更高的分辨率舒适地阅读菜单，你的工作区将可以被大大扩展。

2.1.4　自定义菜单命令

　　Photoshop 提供了多种浏览文件的方法，多种快捷键来选择工具和打开菜单。你需要了解所有内容吗？当然不是。因为一共有超过 600 个！你要学习如何激活你每天都会使用到的工具吗？当然。为了节省时间，请掌握你每天使用大于等于三次的工具或命令的键盘快捷键。此外，如果你每天访问滤镜或命令序列超过三次，那么学习如何创建操作或自定义键盘命令会更方便。选择"编辑" |"键盘快捷键"或"编辑" |"菜单"查看任何已建立的键盘快捷方式或创建自己的自定义快捷方式。由于 Adobe 几乎用尽了所有可能的键盘组合，你可能需要创建自己的键盘组合（图 2.8）。但别担心，你随时可以将键盘快捷键更改回默认设置。大多命令键已分配，因此，你需要确定已建立的快捷方式或所需的命令键是否比之前的更好。请记住，在 Photoshop 中设置分配给另一个命令的快捷方式将从原始命令中删除快捷方式。

试一试　找到你使用的菜单命令，并使用"编辑" |"键盘快捷键"为其指定快捷方式。

提示　要将自定义快捷键保存为新设置，单击"键盘快捷键和菜单"对话框中的"根据当前的快捷键组创建一组新的快捷键"图标（图 2.8）。

面板技巧

- 使用单个显示器时，展开的面板越少越好。

- 单击 Tab 键，一次隐藏或显示所有面板，同时包括"工具"面板和选项栏。

- 按 Shift+Tab 组合键隐藏所有面板，同时将"工具"面板留在屏幕上。

- 从组中拉出不必要的嵌套面板，把它们关掉。例如，"样式"面板很少用于修复或润饰工作。如果你将其分开并关掉，它就不会和其他锁定面板一起弹出。

- 确认工作流程面板的理想位置，这样可以节省隐藏和显示面板的时间。请使用有合理的名称来保存工作区。使用应用程序栏中的工作区切换器可在工作区之间切换。

- 在 Windows 驱动的触控设备上，面板修改键（"窗口" |"工作区" |"键盘快捷键和菜单"）允许你访问常用的修改键：Shift、Ctrl 和 Alt。

2.1.5　自定义工具栏 /"工具"面板

　　Photoshop 被摄影师用作成像工具，面向形、移动和网页设计师，也面向插画师、法医和医学影像专业人士。每个用户都会有他们日常用到的工具，其他的那些他们从未接触过。你可以自定义工具栏（有时在帮助文件中称为"工具"面板），以便仅显示最重要的工具，并按照以下步骤将你经常使用的工具重新排序或重新组合：

　　(1) 选择"编辑" |"工具栏"，或在"缩放"工具下方的三个点 (...) 中选择"编辑工具栏"，以打开"自定义工具栏"对话框。

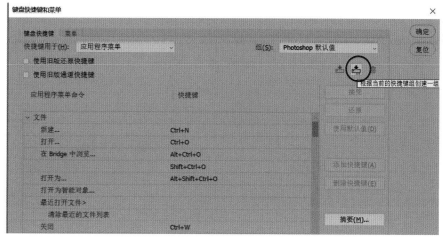

图 2.8　自定义常用的菜单命令，并根据当前快捷方式创建新设置

(2) 将用不到的工具拖到 "附加工具" 列 (图 2.9)。

(3) 通过将工具或工具组拖到工具栏的适当位置来重新安排它们。例如，你最常用的工具可放在更靠近工具栏顶部的分组中。

(4) 将编辑后的工具栏保存为预设，然后单击"完成" 以享用你的个性化工具栏。要访问其他工具，请长按 "工具" 面板中的 "编辑工具栏" 图标，然后选择该工具 (图 2.10)。要将 "工具" 面板恢复为 Photoshop 默认值，请选择 "编辑" | "工具栏"，然后单击 "恢复默认值"。

2.1.6　高效的图像导航器

现在请花点时间学习以下 Photoshop 快捷键和导航技巧。启动 Photoshop，并打开一张至少 10~20MB 的图像。我们建议使用 10~20MB 文件进行练习的原因是，当你处理的图像大于显示器可以显示的图像时，你将充分享受到导航器的便捷性。要成为一名高效的润图师或修复艺术家，学习快速浏览、放大和缩小图像至关重要。重要润饰应在 100% 或 200% 视图下完成，如图 2.11 所示，这意味着你只能看到整个文件

的一部分。放大和缩小文件可以让你查看润饰区域如何与整个图像融为一体。

1. 导航器和查看快捷方式
使用以下任一技术确定图像的视图大小。

要以 100% 查看图像及其详细信息，请执行以下操作之一：

● 双击工具栏中的缩放工具 (放大镜)。

● 按 Cmd+Option+0/Ctrl+Alt+0。注意：这是数字 0，而不是字母 O。

● 按 Cmd+1/Ctrl+1，如 "视图" | "100%" 菜单中所列。

● 按住空格键和 Ctrl 键单击，或按住空格键右击，并选择 100%。

● 在文件左下角的缩放百分比窗口中输入 100，然后按 Return / Enter 键。

可执行以下步骤缩小并查看整个图像：

● 双击 "抓手" 工具。

● 按 Cmd+0/Ctrl+0。重申一次，这是数字 0，而不是字母 O。

● 按住空格键和 Ctrl 键单击，或按住空格键右击，并从上下文菜单中选择 "适合屏幕"。

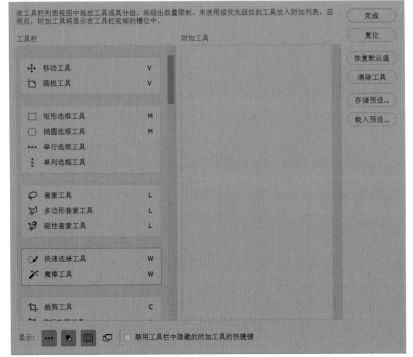

图 2.9　自定义常用的菜单命令

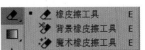

图 2.10　要使工具栏更易于管理，请删除或移走不需要的工具

要使用任何可放大和缩小的活动工具，可执行以下操作：

● **放大**。按空格键 +Cmd / 空格键 +Ctrl，并按住图像上的任意位置；或者按 Z 键选择缩放工具然后按住图像。

● **缩小**。按空格键 +Option / 空格键 +Alt，并按下图像上的任意位置；或者按 Z 键，单击图像，然后按 Option/Alt 键缩小到所需的视图放大率。

★ 注意　在选项栏中选择激活"缩放"和"细微缩放"工具后，你还可通过向右或向左拖动来流畅地放大和缩小。

要以预设增量更改缩放级别，可执行以下操作：

● **放大**。Cmd + + / Ctrl+ +

● **缩小**。Cmd +- / Ctrl+-

✚ 提示　要同时放大或缩小多个图像，请使用 Shift 键添加缩放工具。这也适用于之前列出的通过快捷方式访问缩放工具的技巧。

★ 注意　如果流动缩放不起作用，请确保在"首选项"|"工具"中选择了"动画缩放"选项，同时你的图形卡也支持这些操作。

要平移图像，可执行以下操作：

● 在 Windows 和 Macintosh 上，按空格键可将任何工具（"类型"工具除外）转换为"抓手"工具，用它可以平移图像。此功能仅在图像大于显示器可显示的图像时生效。此外，还可使用"导航器"面板执行操作。

要同时导航并对比多个打开的文件，可执行以下操作：

(1) 选择"窗口"|"排列"，然后选择"水平平铺"或"垂直平铺"（图 2.12）。

(2) 单击一个文件的文档选项卡，然后放大你感兴趣的区域或详细信息。

(3) 选择"窗口"|"排列"|"全部匹配"，所有文件将跳转到完全相同的位置并进行缩放（图 2.13）。

(4) 要一次滚动所有图像，请按 Shift 空格键并拖动。光标将变成"抓手"工具，你可滚动浏览所有打开的文档（图 2.14）。

如果你有外接键盘，则只用键盘就能查看远超出文档窗口范围的图像。在检查图像是否有灰尘或划痕或检查高分辨率肖像时，此功能非常有用。查看每个细节，从缩放到 100% 的视图开始，在高分辨率显示器上工作时，缩放为 200%。可使用这些快捷方式在同一个屏幕上同时调整宽度或高度：

● 按 Home 键跳转到左上角。

● 按 End 键跳转到右下角。

● 按 Page Down 键向下移动一个屏幕高度。

● 按 Page Up 键向上移动一个屏幕高度。

● 按 Cmd+Page Down/Ctrl+Page Down 向右移动一个屏幕宽度。

● 按 Cmd+Page Up/Ctrl+Page Up 向左移动一个屏幕宽度。

图 2.11　**记住如何有效地放大和缩小图像**

2. 使用旋转视图可以更轻松地进行编辑

旋转视图工具是一个奇妙的功能，可在一定角度工作，以便更轻松地进行详细的修复、绘画或修饰工作。Omni Photography 的所有者 Phil Pool 为他的飞行员客户提供独特服务，让他们在空中也能看到自己驾驶的飞机。这是通过将坐在地面上的蒙版版本合成为航拍照片来完成的。Phil 使用钢笔工具进行初始选择。他发现从屏幕的顶部到底部处理起来更方便，因此他使用"旋转视图"工具将平面置于最简单的位置以创建路径 (图 2.15)。他可以使用工具的键盘快捷键来回切换以保持旋转平面，从而不断进行垂直选择。处理图像的细节时，以 100% 缩放级别的全屏模式工作，并使用"旋转视图"工具根据需要调整图像角度：

(1) 按 F 键进入全屏模式，将缩放级别更改为 100%。

(2) 按 R 键选择"旋转视图"工具 (使用"抓手"工具分组)。

(3) 通过拖动来旋转图像。

(4) 单击选项栏中的"重置视图"，将旋转角度设置回 0。

如果所有这些导航器提示开始变得混乱，请记住，你不需要坐下来记住它们。只需要了解你经常使用的那些 (包括最常用的工具以及如何隐藏和显示面板)，就可以马上像高手一样工作。

2.2　工具、快捷键和画笔

单击键盘上的相应字母可激活"工具"面板中的特定工具。大多数情况下，要单击的字母是工具名称的第一个字母，例如 B 代表画笔工具，M 代表矩形选框工具。但首字母规则有例外，例如污点修复画笔工具的 J 和移动工具的 V。图 2.16 列出了用于访问每个工具的命令字母。要查看工具提示，了解更多细节，请将鼠标放在工具上，此时会出现一

图 2.12　平铺多个图像便于快速排列

个工具提示，列出工具的名称及其键盘快捷键，如图 2.17 所示。默认情况下，工具提示是启用状态。

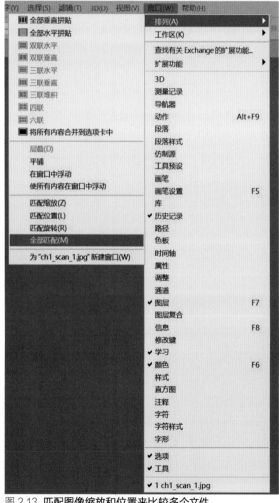

图 2.13　匹配图像缩放和位置来比较多个文件

图 2.14 要比较多个图像，请按 Shift+ 空格键滚动浏览所有打开的图像

之前

之后

图 2.15 使用"旋转视图"工具打开修复对象或查看数字插图的角落

　　如果没有看到工具提示，请按 Cmd+K/Ctrl+K 调出"首选项"对话框，然后在"工具"类别中选择"显示工具提示"。如图 2.18 所示，某些工具是成组的。例如，减淡工具、加深工具和海绵工具在"工具"面板中共享一个位置。在按工具的快捷键时按 Shift 键循环浏览工具，直到找到所需的那个。表 2.1 列出了修复与润饰所需的所有嵌套快捷方式。

➕提示 请同时按 Shift 键并使用工具的键盘快捷键来切换工具组中的工具。例如，Shift+W 在快速选择 / 魔术棒工具选择和切换。注意，必须在"首选项" | "工具"中选择"使用 Shift 切换工具"选项才能生效。

表 2.1 **分组工具**

工具	快捷方式
移动	按 Shift+V 键循环显示"移动"工具和"画板"工具
选择	按 Shift+M 键循环显示"矩形选框"和"椭圆选框"工具
套索	按 Shift+L 键循环显示"套索""多边形套索"和"磁力套索"工具
快速选择	按 Shift+W 键循环显示"快速选择"和"魔术棒"工具
取样器	按 Shift+I 键循环显示"吸管""3D 材质吸管""颜色取样器""标尺""注释"和"计数"工具
修复	按 Shift+J 键循环显示"污点修复画笔""修复画笔""修补""内容感知移动"和"红眼"工具
画笔	按 Shift+B 键循环显示"画笔""铅笔""颜色替换"和"混合器画笔"工具
仿制图章	按 Shift+S 键循环显示"仿制图章"和"图案图章"工具
历史记录画笔	按 Shift+Y 键循环显示"历史记录画笔"和"历史记录艺术画笔"工具
橡皮擦	按 Shift+E 键循环显示"橡皮擦""背景橡皮擦"和"魔术橡皮擦"工具
渐变	按 Shift+G 键循环显示"渐变""油漆桶"和"3D 材质放置"工具
模糊	"模糊""锐化"和"涂抹"工具没有快捷方式
减淡	按 Shift+O 键循环显示"减淡""加深"和"海绵"工具
钢笔	按 Shift+P 键循环显示"钢笔"和"自由钢笔"工具
路径选择	按 Shift+A 键循环显示"路径选择"和"直接选择"工具

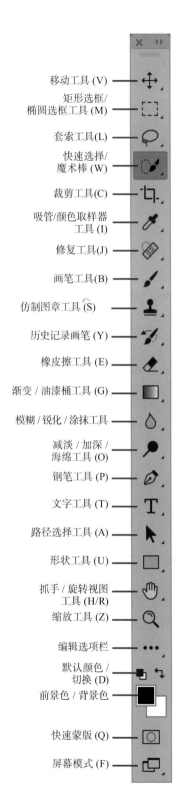

移动工具 (V)

矩形选框/
椭圆选框工具 (M)

套索工具 (L)

快速选择/
魔术棒 (W)

裁剪工具 (C)

吸管/颜色取样器
工具 (I)

修复工具 (J)

画笔工具 (B)

仿制图章工具 (S)

历史记录画笔 (Y)

橡皮擦工具 (E)

渐变 / 油漆桶工具 (G)

模糊 / 锐化 / 涂抹工具

减淡 / 加深 /
海绵工具 (O)

钢笔工具 (P)

文字工具 (T)

路径选择工具 (A)

形状工具 (U)

抓手 / 旋转视图
工具 (H/R)

缩放工具 (Z)

编辑选项栏

默认颜色 /
切换 (D)

前景色 / 背景色

快速蒙版 (Q)

屏幕模式 (F)

图 2.16 **了解最常用工具的快捷键**

图 2.17 **查看工具提示**

图 2.18 **分组工具在相同的"工具"面板插槽中**

★ **注意**　如果你想通过反复单击工具的快捷键（不按 Shift 键）来循环浏览工具组中的工具，请按 Cmd+K/Ctrl+K 并取消选择使用 Shift 键切换工具。

2.2.1　快捷键

Photoshop 在 Macintosh 和 Windows 平台上的使用意图都是相同的。在本书中，我们会同时使用两种命令，Macintosh 命令在前，Windows 命令在后。例如，撤消最后一步的命令是 Cmd+Z/Ctrl+Z。通常，Macintosh 的 Command(Cmd) 键等同于 Windows 的 Control(Ctrl) 键，而且你会发现 Mac Option 键映射到 Windows Alt 键。如果在 Windows 上用鼠标右击，则在 Mac 上使用 Control。

Photoshop 为双手使用而开发：一个在键盘上，一个在鼠标上。通过使用等效键盘来访问工具或命令以及浏览文件所节省的时间能让你成为更高效的润图师。此外，用键盘而不是鼠标可以减少重复单击鼠标的总次数，从而减少肌肉疼痛、身体损耗和重复劳动。

通过键盘快捷键访问工具、更改设置和控制面板，就可以更专注于图像本身。例如，假设你正在润饰文件并需要用到"仿制图章"工具，要减小画笔大小，增加硬度，并将画笔不透明度更改为 50%。

手动方法包括选择仿制图章工具，打开画笔面板，找到（猜测一下）正确的画笔大小和硬度，将不透明度值改为 50。

快捷方法则是单击字母 S。要减小画笔大小，请按 [（左括号）键。要增加画笔的硬度，请按住 Shift 并按] 键。然后按 5 键设置不透明度。

要获得相同结果，这种方法会更快！而实际操作比写出来要快多了。

可访问 https://helpx.adobe.com/photoshop/using/default-keyboard-shortcuts.html 下载键盘快捷键参考文档。

2.2.2　画笔工具组

使用绘图工具（如"画笔""仿制图章""历史记录画笔"或"橡皮擦"工具）时，更改工具的不透明度可以实现更精细的润饰。你可通过在选项栏中输入所需的值来更改工具的不透明度，未必使用"不透明度"设置。

选项栏详情如下。

- 输入 1 到 9 之间的数字，工具的不透明度设置将更改为相应的值。如果输入 1，那么不透明度变为 10%。输入 9，它会变为 90%。输入 0 则不透明度为 100%。

- 可通过快速输入精确百分比来设置更精细的值。例如，输入 1 和 5 会将不透明度设置为 15%。要更改绘图工具的流程，即"绘制"过程的速度，请按 Shift 键并输入数字。使用曝光工具（减淡、加深、海绵）或模糊工具（模糊、锐化、涂抹）时，不透明度设置由选项栏中的曝光和强度百分比表示。值得庆幸的是，在设置中单击的命令是相同的。要通过键盘更改画笔大小或硬度，可在任何绘制、曝光或模糊工具中使用以下快捷键。

- 左括号 ([) 减小画笔尺寸并保持硬度和间距设置。
- 右括号 (]) 增加画笔尺寸并保持硬度和间距设置。
- Shift+ 左括号 ([) 降低画笔硬度并保持尺寸和间距。
- Shift+ 右括号 (]) 提高画笔硬度并保持尺寸和间距。

在进行绘制、使用曝光或模糊工具时，如想要以交互方式更改画笔尺寸或硬度，请尝试以下操作：

- 按 Ctrl+Option(Mac) 或 Alt+ 鼠标右击 (Windows) 并向左或向右拖动来减小或增大画笔大小（图 2.19），向上或向下拖动以降低或提高画笔硬度（图 2.20）。正如 Julieanne Kost 解释的那样，"就算比单击左或右括号键复杂点，我还是更喜欢用这些快捷方式，因为许多国际键盘没有括号"。

图 2.19　交互式地控制画笔的尺寸在修复与润饰工作中非常实用

2.2.3　画笔和工具的上下文控件

每个 Photoshop 工具都包含通过按住 Ctrl 键单击 / 右击图像来访问的上下文菜单。这些菜单可让你对每个工具进行全面掌控。Shift+Ctrl+ 单击 / Shift+ 右击会显示各种上下文菜单。某些情况下，上下文菜单会随着当时的工具或文件的状态而更改。图 2.21

和图 2.22 列举了示例。

在使用绘制、曝光和锐化工具时，按住 Ctrl 键单击 / 右击以显示"画笔预设"面板并选择画笔预设，或编辑画笔大小或硬度 (图 2.23)。按 Shift+Ctrl 键并单击 / 按 Shift 键右击，以调出工具的混合模式的上下文菜单 (图 2.24)。混合模式控制颜色与设置如何应用在

工具与绘制像素的交互上，你会在接下来的章节中看到它们的广泛使用。

修复工具的上下文菜单与绘图工具不同。在污点修复画笔工具激活的前提下，按住 Ctrl 键单击 / 右击可访问该工具的特定画笔设置菜单 (图 2.25)。按 Shift+Ctrl+ 单击 / Shift+ 右击可选择混合模式 (图 2.26)。

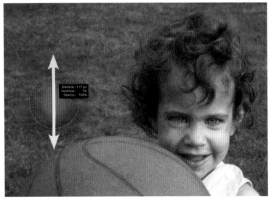

图 2.20 控制画笔的硬度大小

图 2.23 快速打开画笔面板——按 Ctrl 键单击 / 右击来打开画笔预设选择器

图 2.21 包含活动选择方式的上下文菜单

图 2.24 在上下文菜单中快速掠过以选择画笔混合模式

图 2.22 不包含活动选择方式的上下文菜单

图 2.25 污点修复画笔工具的上下文菜单

图 2.26 **修复工具的混合模式的上下文菜单**

▶ 试一试 不要在这里浏览每个工具的菜单，建议通过打开一个图像来浏览每个工具的上下文菜单。还可尝试同时使用 Shift 键以查看活动工具显示的其他上下文控件。

✚ 提示 Julieanne Kost 给出以下提示：按住 Ctrl 键单击／右击选项栏中的工具图标（官方称为工具预设选取器），然后选择"重置工具"或"重置所有工具"将工具选项设置为默认状态。此快捷方式能很好地解释工具为什么无法按你设想的方式工作——也许你在上次使用时更改了工具的混合模式或使用了羽化但忘记将其设置回来。请注意，此快捷方式不会重置工具的可见性或分组，只会重置选项。

2.3 图层、蒙版和混合模式

对于润饰来说，图层是 Photoshop 中最重要的功能，在本书中，你将使用"图层"面板并使用九种不同类型的图层。

"背景"图层：此处是原始图像信息，也就是扫描或拍摄时捕获的所有像素。应该像处理原始相机文件和印刷或胶片原稿一样仔细对待"背景"图层。永远不要在"背景"图层上直接执行润饰操作。它应该像你扫描或拍摄它的那一天一样保持原始状态（图 2.27）。要坚持这一点吗？答案是肯定的。"背景"图层是你的参考，你的向导，你的前因后果。别动它。想要保持"背景"图层的完整性，请复制它（不推荐，因为这会使文件的大小加倍）或使用"另存为"备份原始文件，然后进行颜色校正、润饰或修复——或者有更好的选择，那就是使用无损图层进行工作。

复制图层：在"图层"面板中，选择要复制的图层。

选择"图层"|"复制"，或将图层拖动到"图层"面板底部的"新建图层"图标上。这样就可以完美地创建一个精确的副本，你可以在不影响原始数据的情况下进行处理和润饰。按 Cmd+J/Ctrl+J 复制图层。如上所述，复制"背景"图层会使文件大小翻倍，因此我们不建议使用它，除非它是无损处理的唯一方法。

图 2.27 **"背景"图层应该永远保持原始状态，不要在上面做任何更改**

拷贝图层：很多时候你不想或不需要复制整个"背景"图层，因为你只需要一部分层来处理。在这些情况下，选择要处理的图像部分，然后选择"图层"|"新建"|"通过拷贝的图层"或按 Cmd+J/Ctrl+J。Photoshop 将选区复制并粘贴到自己的图层上，可使新建图层信息与原始数据完美对齐（图 2.28）。

调整图层：调整图层可让你应用全局性可选色调及颜色校正（图 2.29）。我们将在第 3 章和第 4 章中广泛使用该功能来改善图像色调及颜色，在第 5 章和第 6 章中修复损坏的图像，在第 8 章和第 9 章中将其用于专业肖像和美容修饰工作流中。

空白图层：Photoshop 包含带有网格图案的空白下图层的像素数据（图 2.30）。你可以使用空白层对所需的润饰或修复（图 2.31）进行速记。

图 2.29　图像调整图层是 Katrin 最喜爱的功能之一，可用于提升色彩、色调修正和效果

图 2.28　图像中拷贝的部分位于新图层上，会一并加在图像的大小中，可专门用来处理图像的某些元素

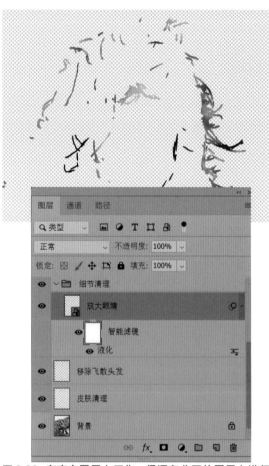

图 2.30　在空白图层上工作，保证在分开的图层上进行润饰、清理及修复工作

　　将这些空白层看作一张透明衬纸，在上面进行绘制、拷贝、修复和模糊操作而不会影响底空白层，因为你可以在上面进行无损处理，最重要的是，可以用它来删除全部或一部分修复或润饰处理，这样就可以再次尝试以获得更好的结果。

图 2.31　在空白图层上进行快速标记

图 2.32　中性层可用来在不影响皮肤质感的情况下，通过减淡、加深来校正色调

中性层： 当与特定的图层混合模式结合使用时，Photoshop 无法"看到"白色、灰色或黑色的混合模式中性色。我们将使用中性层在整个修复和润饰过程中应用微妙和戏剧性的色调改进 (图 2.32) 及锐化效果。

填充图层： 填充图层使你可以将纯色、渐变或图案填充添加为单独的图层 (图 2.33)。当你对图像进行着色和调色时，与混合模式、图层不透明度相结合的纯色填充图层会变得非常有用。

合并图层： 随着图层数量的增加，活动的工作层 (WIP) 通常更容易处理，那就是使用你正在润饰的所有可见图层创建的展平图层 (图 2.34)。要使用图像信息创建新的合并图层，可在"图层"面板中选择最顶层，然后按 Cmd+Option+Shift+E / Ctrl+Alt+Shift+E。

智能对象： 保留原始文件中的参考数据而不是渲染像素，可以保持操作的灵活性和图像质量。

图 2.33　使用填充图层来试验色彩、渐变或者图案效果

● 从 ACR 或 Lightroom 导入原始相机图像时使用智能对象功能以保持原始处理的灵活性。

● 在进行图像调整之前选择"图层"|"智能对象"|"转换为智能对象"或转换图层或部分图层时

(例如，更换最匹配该照片的头部图像时)，智能对象层允许在保持图像质量的前提下反复进行转换 (图 2.35)。

● 选择 "滤镜" | "转换为智能滤镜" 以使用 Photoshop 滤镜，可以根据需要使用设置和蒙版进行优化，以完善图像 (图 2.36)。

图层的好处在于它们 (除了 "背景" 图层) 支持图层蒙版、混合模式、不透明度和填充更改以及高级混合选项，这些都是你将在本书中用到的修复与润饰图片的功能。

2.3.1　图层命名和导航器

在图层上可以进行润饰。很多时候，润饰项目会用掉 5 层 10 层 20 层或更多的层才能完成。当你尝

试查找需要处理的图层时，依靠通用 Photoshop 名称 (例如第 1 层或第 1 层拷贝) 来识别图层会让你感到头疼和挫败。在构建润饰时，只需要花一点时间命名图层，就可以快速轻松地识别和激活正确的图层。

此外，可通过按 Ctrl 键单击 / 右击移动工具来访问图层。出现的上下文菜单使你可以立刻选中鼠标指针所在的包含不透明像素的可见图层。如图 2.37 所示，在你指针所停留的精确位置上，上下文菜单会显示包含像素信息的图层名称。最重要的是，通过选择所需的图层名称可以激活图层，即使当时 "图层" 面板未打开也同样如此。

图 2.34　合并后的图层很好地表明了润饰工作的进程

图 2.35　将图层转换为智能对象可以让你在不改变图像质量的前提下重复改变图层的尺寸

要命名图层，请双击"图层"面板中的现有名称，然后键入新名称。命名一个图层只需要花费极短的时间，但它将为你省去无数烦恼。

➕ 提示 要在"图层"面板中上下移动图层，请使用命令键 Cmd+[/ Ctrl+[向下移动图层，使用 Cmd+] / Ctrl+] 向上移动图层。

2.3.2　使用图层组

在 Photoshop 中，你最多可以创建包括图层样式在内的 8000 个图层，这需要一种更有效的组织和管理图层的方法。图 2.38 所示的图层组是可以放置相关图层的文件夹。单击组名称左侧的扩展箭头可以展开或折叠组。可通过拖动图层在组内移动图层。通过在"图层"面板中向上或向下拖动图层组，可在图层堆栈中四处移动图层组。

图 2.36　智能滤镜可让你根据实际需要随时调整和微调滤镜设置

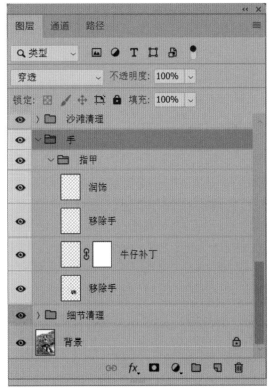

图 2.38　在润饰时创建图层比根据颜色确定图层组容易多了

创建图层组有两种方法：

- 从"图层"面板菜单中选择"新建组"，为图层组命名，然后将所需图层拖到该组中。
- 在"图层"面板中，通过按住 Shift 键并单击你想要添加到图层组里的图层来选择相邻图层，或按住

图 2.37　命名图层对于进行一项复杂的修复与润饰项目来说是必要的

Cmd 键单击 / 按住 Ctrl 键单击, 选择彼此不相邻的图层。从"图层"面板菜单中选择"从图层建立组"(或按 Cmd+G/Ctrl+G), 将所选图层放入新图层组中。要将图层添加到图层组, 只需要将其拖入组中。

删除图层组可采用以下有三种方法。

● 将图层组拖动到"图层"面板底部的垃圾箱图标上。这将不显示警告对话框, 直接删除整个图层组。

● 从"图层"面板菜单中选择"删除组"。然后, 在图 2.39 的对话框中, 你可以选择取消操作, 也可以删除图层组或删除图层组及组中包含的内容。

图 2.39　你可删除组和组里的内容, 或者只是删除组

● 按 Cmd 键拖动 / 按 Ctrl 键拖动将图层组拖到垃圾桶中以删除图层组而不删除该组包含的内容。组中的图层会按照它们在组中出现的顺序保留在文档中。也可选择组并选择"图层"|"取消组合图层"以删除组并保留内容。可将颜色图层编码, 以快速识别图层关系, 而锁定图层可防止意外编辑图像数据、透明度设置和图层位置。

要对图层进行颜色编码, 可执行如下操作。

(1) 在"图层"面板中选择图层。

(2) 按住 Ctrl 键单击 / 右击图层, 然后从上下文菜单中选择一种颜色。对图层和图层组进行组织、命名或颜色编码只需要片刻, 但在寻找图层上可以为你节省很多时间。对于高效的工作流程来说, 为图层和图层组创建和使用一致的名称必不可少。

如果你与伙伴、团队合作或正在进行生产工作流程的一部分, 使用图层名称将必不可少。想象一下, 你正在进行一个复杂的润饰项目, 由于某种原因, 你不能来现场完成修饰工作。如果图层命名准确, 团队中的其他人将能打开文件, 找到需要继续处理的图层, 并完成项目。但是, 如果图层散落得到处都是、未单独命名或不在图层组中, 则其他人需要花上一些时间才能确定从哪里开始, 甚至可能会破坏或删除非常重要的图层。最后再次强调一下, 请为图层命名!

2.3.3　展平和丢弃图层

我们建议你做一个使用带有大硬盘和大量内存的

保守的 Photoshop 润图师。在确定某一层绝对错误或没用之前, 不要扔掉该层。请保留所有处理文件时产生的图层, 因为你永远不知道图层中的蒙版或信息是否会在项目后期或客户改变主意时用上。通过单击"图层"面板左侧视图列中的眼球图标, 你可以随时隐藏图层。图像仅在执行"另存为"后展平, 并且这是将文件发送到打印机或将文件转换为页面布局程序之前需要执行的最后一步。

2.4　使用 Photoshop Elements

Photoshop Elements 被认为是 Photoshop 的小兄弟, 主要面向业余爱好者。与 Photoshop 相比, 具有较少的功能和更简洁的界面。Photoshop Elements 用户可能想知道他们能否完成本书中演示的示例。简单地说, 可以。Photoshop Elements 提供与 Photoshop 相同的基本工具, 但存在一些限制。现在让我们谈谈相似和不同之处。

2.4.1　Photoshop Elements 背景

Photoshop Elements 专为那些不需要 Adobe Photoshop 广泛的网页、印前、设计和视频功能, 并希望快速改进图像的用户而设计。每个 Photoshop Elements 版本都会添加新功能, 让我们使用 Photoshop Elements 进行润饰和恢复图像时与使用 Photoshop 越来越相似。

在美国, 你可在大型办公用品商店买到 Photoshop Elements, 它可以在线作为独立应用程序使用, 或与视频编辑器 Adobe Premiere Elements 捆绑在一起。使用 Photoshop Elements 和 Adobe Premiere Elements, 许多用户将拥有照片或视频编辑所需的所有工具。作为多年粉丝, Wayne 一直使用 Photoshop Elements。Photoshop Elements 附带照片编辑器 (Photo Editor), 可用于图像编辑; 还具有类似 Bridge 和 Lightroom 功能的管理器 (Organizer), 包括排序、分类、图像和在视频里添加关键字等功能。它还包括一个搜索引擎。与 Lightroom 一样, 它使用目录来组织文件和评级, 跟踪更改以及执行许多无损编辑任务, 例如色调和颜色校正。此外, 不必进入 Elements Editor 即可完成打印、创建幻灯片或在社交媒体上共享成果等 (图 2.40)。如果使用 Photoshop Elements

后感觉需要 Lightroom 的附加功能，可将 Photoshop Elements 目录升级为 Lightroom 目录。

★ **注意** 　要 将 Photoshop Elements 目 录 导 入 Lightroom，可 启 动 Lightroom 并 选 择 " 文 件 " | " 升 级 Photoshop Elements 目录 "。请注意，较早版本的 Photoshop Elements 中创建的目录可能无法升级，你首 先需要将它们升级到较新版本的 Photoshop Elements。

2.4.2　Photoshop Elements 演练

　　当你启动 Photoshop Elements 时，会出现一个欢 迎屏幕，你可以从中启动照片编辑器、管理器或视频 编辑器 (图 2.41)。要打开最近打开的文件或从 "欢迎" 屏幕启动新文件，只需要单击照片编辑器旁边的三角 形即可。

图 2.40　Photoshop Elements 包含管理器，可用来追踪文件、分类、排序，也可用来执行少量编辑，种类和 Lightroom 里 的很相似

图 2.41　可从 Photoshop Elements 的欢迎界面打 开照片编辑器、管理器以 及 Adobe Premiere 视频 编辑器

★ **注意**　即使尚未安装 Adobe Premiere Elements 视频编辑器，依旧可以选择它。单击视频编辑器选项会启动一个窗口，其中包含安装或下载试用版的选项。

✚ **提示**　你可在 Photoshop Elements 中进行设置，跳过欢迎屏幕启动所选应用程序。单击欢迎屏幕上的齿轮图标，选择一个应用程序，然后单击"完成"(图 2.42)。一旦启动了照片编辑器，Photoshop Elements 就会提供带有快速、导向和专家选项的界面，如图 2.43 所示。

图 2.42　要在运行 Photoshop Elements 时一直打开照片编辑器，请在欢迎界面的开始设置中进行更改

1."快速"模式

顾名思义，"快速"模式提供了一组简化的编辑和快速修复工具。文档窗口的左侧面板提供基本工具，包括快速选择、红眼消除、美白牙齿、污点修复画笔和裁剪工具。右侧是用于快速调整曝光度、光照、颜色等的选项。要查看其设置，请单击任何选项旁边的三角形。例如，颜色中包含饱和度、色调和自然饱和度设置，单击缩略图可将设置应用于图像(图 2.43 和图 2.44)。

2."导向"模式

"导向"模式提供以下类别的分步教程：基础知识、颜色、黑白、趣味编辑、特殊编辑和 Photomerge(创建全景图像)。每个类别都有几个主题，能够帮助用户完成任务(图 2.45)。

单击类别中的编辑主题即可体验编辑图像的完整演练过程。

3."专家"模式

"专家"模式看起来有点像 Photoshop。初始界面看起来很基础，但在打开"信息"等面板时，你会看到隐藏在简单界面下的 Photoshop 核心(图 2.46)。

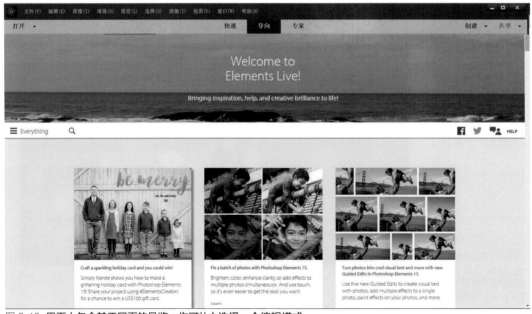

图 2.43　界面中包含基于网页的导览，你可从中选择一个编辑模式

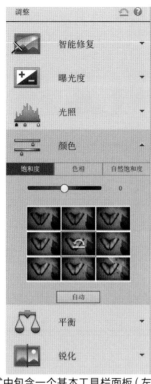

2.4.3 比较 Photoshop Elements 和 Photoshop

在专家模式中，Photoshop 和 Photoshop Elements 十分相似。Photoshop Elements 具有许多相同的工具和功能。包含标签窗口和调整图层，包含许多相同的滤镜和类似的面板；它支持蒙版，甚至使用许多与 Photoshop 相同的键盘快捷键。

图像显示在选项卡式文档窗口中，是可移除的，就像在 Photoshop 中一样。在 Photoshop Elements 中，可自定义工作区外观，也可以显示或隐藏面板。

单击右下角的"更多"按钮（图 2.47）。如果选择"自定义工作区"，将从基本工作区切换到自定义工作区，能让通常处于锁定状态的控制板浮动使用，从而按你的喜好安排工作区。

图 2.44 "快速"模式中包含一个基本工具栏面板（左）和调整面板（右），提供对使用者非常友好的修正工具及实时预览工具

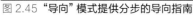
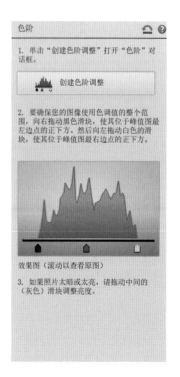

图 2.45 "导向"模式提供分步的导向指南

图 2.46　在打开多个面板后,"专家" 模式看起来和 Photoshop 十分相似

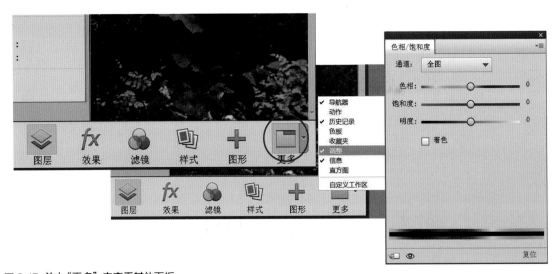

图 2.47　单击 "更多" 来查看其他面板

★ **注意**　Photoshop Elements 没有保存自定义工作区的功能,因此程序崩溃或重置首选项会将工作区恢复为默认布局。

你会发现实际的工作区域比在 Photoshop 中要小,界面底部有附加按钮 (图 2.48)。单击 "照片箱" 以显示打开的文件。单击 "工具选项" 以访问当前所选工具的设置,这些设置通常与 Photoshop 选项栏中引用的设置相匹配。此处的其他按钮包含快速访问管理器、旋转文件选项,以及用于排列多个打开文件的选项。

➕ **提示**　要获得更大的工作区域,请单击底部面板中的相应按钮隐藏照片箱或工具选项面板。

★ **注意**　Photoshop Elements 支持实现 Photoshop 动作 ("窗口" | "动作")。动作是用来记录一系列命令或任务的,也可在其他图像上实现。你无法在 Photoshop Elements 中创建动作,要从 "动作" 面板菜单中选择 "加载动作",将 Photoshop 动作导入 Photoshop Elements。只要执行的是可在 Photoshop Elements 中找到的功能,Photoshop 动作就会起作用。

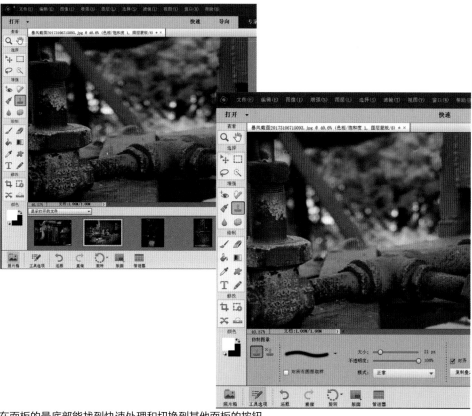

图 2.48 在面板的最底部能找到快速处理和切换到其他面板的按钮

处理 Camera Raw 数据文件

Photoshop Elements 还附带 Camera Raw 数据文件编辑器 (图2.49)。它类似于较轻版本的Adobe Camera Raw(ACR) 数据文件并可进行基本调整。通过单击"全选" 按钮，可同时或单独打开和编辑多个图像。

图 2.49 Photoshop Elements 中包含 Camera Raw 数据文件处理过程的缩略视图。多个文件可以被同时编辑

要编辑 Camera Raw 数据图像，可执行以下操作：

● 选择文件 |"在 Camera Raw 中打开"；或者在管理器中右击图像，然后选择使用 Photoshop Elements 编辑器编辑"，Camera Raw 对话框会打开。

有经验的 Photoshop 用户在使用 Photoshop Elements 时可能会注意到缺少一些标准 Photoshop 功能，如"通道"和"路径"面板，"修补"和"钢笔"工具以及"内容感知移动"和"变形"选项。有时缺少的功能位于不同菜单，例如，锐化滤镜包含在"增

强"菜单中，通过选择"图像" |"调整大小"可找到"画布大小"和"图像大小"命令。某些命令的名称略有不同。曲线不能独立调整（破坏性编辑）。要应用曲线，请选择"增强" |"调整颜色" |"调整颜色曲线"。尽管缺乏 Photoshop 中的全套工具选项，Photoshop Elements 仍然是一个功能强大的编辑器，可以承担艰巨的修复任务。图 2.50 中的图像有一个非常大的污点，我们可以使用一些与在 Photoshop 中相同的工具进行清除，并使用图层进行恢复以维持工作流的无损性。

表 2.2 比较了在 Photoshop Elements 和 Photoshop 中的功能。

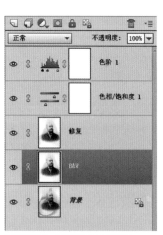

图 2.50 Photoshop Elements 提供几乎和 Photoshop 同等数量的无损工作流选项，包括图层、调整图层和蒙版

表 2.2　Photoshop Elements 与 Photoshop 功能比较

Photoshop Elements 中包含的功能	Photoshop 附加的功能
图层和图层组	图层排序，进一步锁定和填充选项
仿制图章工具	仿制源面板
污点修复画笔和修复画笔工具	修补工具
内容识别填充	内容感知移动
可单独调整的曲线和黑白转换	曲线、黑白和色彩平衡调整图层（增强菜单）
蒙版和调整图层	快速蒙版和颜色范围选择
仅限实行的动作命令	批处理和脚本自动化
简略版 ACR	全 ACR 控件和相机源文件滤镜
混合模式	通道访问
滤镜库和校正相机失真	液化和消失点滤镜
通过放置命令限制智能对象	智能滤镜和智能对象
颜色模式位图、灰色、索引或 RGB	CMYK 或色彩空间模式
8 位和有限的 16 位图像处理	8、16 和 32 位图像处理

（续表）

Photoshop Elements 中包含的功能	Photoshop 附加的功能
调整图层的基本选择	曲线、色彩平衡、黑白、曝光和抖动调整图层
仅限 s-RGB 和 Adobe RGB 的颜色工作区	自定义颜色工作区和校样预览
套索工具，快速选择工具	全部钢笔和路径访问
作为独立滤镜的自动去雾	去雾作为相机源文件的一部分
基本缩放、倾斜、旋转、自由变换和变形控制	扭曲和操控变形
自定义画笔和图案	粗糙画笔和精细画笔面板，自定义快捷方式、界面和工作区

Photoshop Elements 具有 Photoshop 不具备的一些功能。例如，红眼去除工具 (自动修正) 等同于宠物红眼消除 (宠物眼)，这可以用于消除在用闪光灯拍摄的动物图像中经常看到的幽灵般的绿色反射。宠物眼是消除红眼工具下的一个选项 (图 2.51)。Photoshop

Elements 包含许多与 Photoshop 相同的工具，从技术上讲它是 Photoshop 的一种变体，但去掉了其中一些功能。这为打开这些隐藏功能的插件的二级市场打开了大门。有一个这样的插件叫做 Elements +。

图 2.51 Photoshop Elements 中包含两种无法在 Photoshop 中找到的视网膜反射校正功能：红眼去除工具和宠物眼

可通过在"效果"(Effect)选项卡中添加菜单项和附加面板来访问隐藏功能,如"曲线""色彩平衡"和"快速蒙版"。虽然它没有将Photoshop Elements转换为完整版的Photoshop,但它确实让程序变得更通用了(图2.52)。

Photoshop Elements有很多来自免费应用程序的竞争,其中一个叫做Pixlr(www.pixlr.com/editor),可在浏览器中运行。另一个是Gimp(www.gimp.org),这是个开源程序。

也许最大的竞争对手是Adobe本身,因为无论是在Photoshop Elements界面内还是在Photoshop Elements网站上,经常会出现切换到Photoshop的请求。使用"调整颜色曲线"功能后,会出现切换到Photoshop的界面的请求。Photoshop Elements网站对功能进行并排比较,并提及两者之间的微小价格差异,从而推动了切换到创意云图像的计划。除了灵活的切换功能,使用Photoshop Elements的好处还有很多,包括更简洁的界面,删去了不必要的Photoshop功能。

本书中的许多技巧都可在Photoshop Elements中完成。如果提供的方法用到了仅在Photoshop中能找到的工具,请灵活变通,替代旧有的方法。可下载的动作和第三方插件可提供帮助。

图 2.52 Elements+将多项 Photoshop 功能添加到 Photoshop Elements 中,例如,允许你使用曲线调整图层

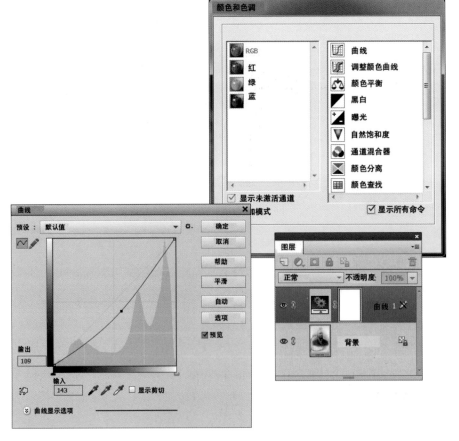

2.5　结语

计算机、书本或课程无法教给你的,就是想要成为一个出色的润图师所需的练习、学习和对于技巧的试验热情。润饰不仅是去除灰尘或遮盖皱纹,它使你能够恢复那些随着时间的推移而逐渐消失的珍贵记忆。修复与润饰是一个雅好,也是一个具有挑战性的职业,让我们深入了解,开始工作吧。

第Ⅱ部分

色调、曝光与颜色

第3章

曝 光 修 正

时代变了。现在，我们可以在相机和手机的液晶屏上看到摄影的即时效果。但对那些太亮、太暗或太久远的照片，我们还是感到失望，因为相机无法测量我们认为重要的东西，或者闪光灯没有充分照明。所有这些问题都可以归到错误的曝光上去。虽然现代相机有精密的测光计和曝光控制，但强烈的背光或弄巧成拙的相机设置会欺骗这些现代科技，使曝光发生错误。

校正数码相片中的曝光有些难度，但用已打印的照片或文件校正曝光可以测试一个人的 Photoshop 水平。比较久远的图像会受到损坏，像是在强烈的阳光下暴晒或存储不当等问题。由于大多数彩色照片的寿命短暂，这些因素可能破坏你的美好记忆。当图片褪色时，丰富的黑色或纯粹的白色可能消失，并且经常会发生奇怪的色彩变化。

在本章中，你将会用到灰度和彩色图像：

- 使用"色阶"和"曲线"调整功能来提高图像对比度。
- 使用混合模式作为调整图层的替代方案。
- 在可选区域进行色调改善。
- 使用智能对象和智能滤镜功能进行无损编辑。

3.1 评估图像色调并预览最终图像

花点时间来评估图像的色调是非常重要的。你应在工作开始时识别出图像的色调特征，预估一下在你完成编辑后图像理想的样子。这种被称为"视觉预览"的技术是由黑白摄影师 Ansel Adams 和 Edward Weston 开发的：通过想象最终的图像来创造一个工作目标。例如，在 Photoshop 中打开一幅颜色较深的图像。你的视觉预览应该是"我想让图像更亮些"。记住视觉目标有助于集中注意力，而不是被 Photoshop 提供的多种选项分散注意力。

图像的色调特点可以是浅色、深色或普通色，也可分别称为高键、低键或中键。主体物和原始场景中的光线数量决定了图像的色调特点。如果不确定面对的图像应该属于哪种色调类型，请选择"窗口"|"直方图"以打开"直方图"面板。

直方图是图像中像素的图形表示，从黑色(左侧)到白色(右侧)进行表现。图像中特定级别的像素数量越多，直方图在该点处越高。掌握这点后，你可以在任何图像的直方图中分辨出大部分像素信息的位置。

编辑色调时，识别你正在处理的图片的色调类型将很有帮助，那会让你的色调校正避免变得极端(图3.1)。例如，你正在处理直方图偏向右侧的高调图像，那么，如果为了使直方图看起来更平衡，把图像变暗是没有任何意义的。通过熟悉色调值表示的内容——图像的阴影、中间调或高光——你就会知道，如果想要使图像变亮或变暗，需要调整直方图的哪些区域。

自定义"直方图"面板

对于彩色图像，有很多种方法可展示 RGB 和 CMYK 图像的像素分布，可在"直方图"面板中进行设置。

首先，从"直方图"面板菜单中选择"扩展视图"或"全通道视图"，然后从"通道"菜单中选择以下选项之一：

● RGB 或 CMYK 显示所有通道的合成。
● 分离 R、G 或 B(或 C、M、Y 或 K) 通道。
● "亮度"显示复合通道的亮度。
● "颜色"显示叠加的所有颜色通道。

"色阶"或"曲线"对话框以及"调整"面板中的直方图仅限于 RGB 或 CMYK 复合，或者单个 R、G 或 B 通道以及单个 C、M、Y 或 K 通道。

注意：本书后面有时使用 CMY 模式，即少一个字母 K。

3.1.1 使用测量工具评估色调

在受控观察环境中评估校准显示器上的图像(有关设置工作室的建议，请参阅第 2 章)在润饰时至关重要。如果不确定你的显示器或图像的视觉评估情况，可依靠吸管和颜色取样器工具，以及信息和"直方图"面板来评估和测量图像，在处理图像时提供色调信息并跟踪变化。吸管是一种数字密度计，可用于测量图像中特定位置的色调与颜色值。"颜色取样器"工具在"工具"面板中嵌套在"吸管"工具下，可用于添加固定测量点，如 3.1.2 节所述。在编辑色调、对比度和颜色时，密切关注"信息"面板。

选择"吸管"工具，并在选项栏上的"取样大小"菜单(图 3.2)中选择"3×3 平均"，在该菜单中可设置颜色取样工具的取样大小(以像素为单位)。像素信息显示在"信息"面板中。如果看不到面板，请按 F8 键。在"信息"面板的面板选项中，设置第一个读数以反映实际颜色，设置第二个读数以适应你自己的喜好或反映你的最终输出。要在"信息"面板中设置读数，请单击吸管旁边的小三角形并拖动到所需读数。或从菜单中选择"面板选项"，然后选择所需的设置。例如，如果你要进行胶印，请为"模式"菜单中的第二个颜色读数选择 CMYK 颜色。熟悉区域系统的摄影师更喜欢使用灰度 (K) 来读取黑色色调输出值(图 3.3)。

+提示 在以 100% 或更大的比例查看图像时，从"样本大小"菜单中选择"点样本"，以确保所选样本是正确的像素。

3.1.2 使用颜色取样器跟踪色调变化

颜色取样器是可锁定的探头 (最多存在四个)，你可以在图像编辑过程中将其粘贴到图像上。每张图像最多可放置四个取样器。每个颜色取样器在"信息"面板中都有一个数字和一个对应的区域。只要颜色取样器工具处于活动状态，即可随时移动任何一个。可以使用这四种颜色的取样器测量和跟踪选择的阴影、中间调、高光和第四个色调。图 3.4 中放置了三个颜色取样器来跟踪图像高光、阴影和中间调。但是，颜色取样器可以做到更多：当你主动调整色调值时，颜色取样器会提供前后值的读数。在"信息"面板 (图3.5) 中，斜杠前面的数字是原始值，后面是编辑后的值。在任何调整图层操作单击"确定"按钮后，操作前 / 后的读数将恢复为单个读数。选择其他工具时，颜色取样器会自动消失，再次激活吸管或颜色取样器时则会重新出现。

图 3.1 这是低键、中键、高键的示例图像，并显示了相应的直方图

自定义"信息"面板

要使"信息"面板更便于阅读,请将辅助读数设置为显示灰度值。这给出一个从 0 到 100 的单一范围,并将一些数字杂波从面板中消除。

图 3.2 从图像中局部取样

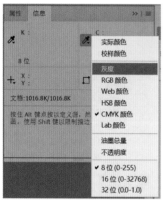

图 3.3 单击位于第二个吸管读数旁的小三角形,选择"灰度",以简化出现的"信息"面板

图 3.4 使用颜色取样器追踪图像的色调值

★ **注意** 有多种方法可以删除颜色取样器。

● 激活颜色取样器工具后,按住 Option/Alt 键并将光标移到颜色取样器上,当你看到剪刀图标时,单击删除颜色取样器。

● 当光标位于颜色取样器上方时单击鼠标右键,然后从上下文菜单中选择"删除"。

● 只需要将颜色取样器拖到图像外。

● 要一次性删除所有内容,请单击选项栏中的"清除"。

3.1.3 "直方图"面板

"直方图"面板 (图 3.6) 对于已探索过相机或手机的回放功能或使用过扫描软件的数码摄影师来说应该很熟悉。简而言之,"直方图"面板是一个条形图,显示了图像中像素的色调值,范围从暗到亮。"直方图"面板有多个显示选项,分别显示 RGB 值、通道、亮度和颜色。此外,可将面板设置为测量整个图像、选定图层或调整混合图层。其他选项包括两种尺寸的面板和一个展开的视图,可分别显示黑色或彩色的单个通道。

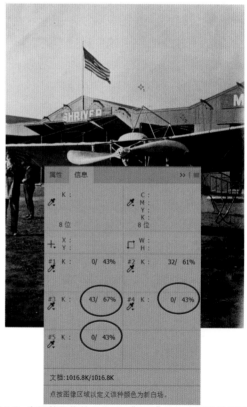

图 3.5 在调整图像的曝光后,"信息"面板会同时显示原始和最新的数值

我们建议使用扩展视图(图3.7)。精简视图仅显示100个色调,不足以进行精确的色调编辑。即使在16位文件中工作,"直方图"面板仍然只显示256个值,可能听起来有限制。但如果想要在"直方图"面板中展示出真正的高位,需要容纳65 536级别的亮度,界面必须变大256倍才行。"直方图"面板也可扩展为以多种方式展示每个频道的信息(图3.8)。

图3.6 **默认情况下"直方图"面板的缩略图**

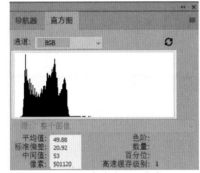

图3.7 **直方图的展开视图比缩略图更准确**

➕ 提示 "直方图"面板显示缓存的色调值。对图像进行更改后,单击"直方图"面板右上角的圆形箭头以强制Photoshop更新缓存中的值并刷新显示。

"直方图"面板会在进行调整时实时更新。图3.9展示了一幅较暗的图像,该图像的"直方图"面板,以及未编辑的曲线调整图层的"属性"面板(直方图显示在曲线后面)。图3.10显示了使图像变亮的结果。在进行调整时,"直方图"面板显示了前后数据,浅灰色显示原始数据,黑色显示调整后的数据。请注意,"属性"面板中的直方图保持不变。"直方图"面板有三个可以创建图表的来源。为将所有图层包括进去,请务必选择整个图像或调整复合图层。与其他面板一样,可根据需求和可用的屏幕空间进行定制。

➕ 提示 "色阶"和"曲线"对话框以及调整面板里有直方图,但最好参考"直方图"面板,因为它会在进行调整时进行实时更新。

➕ 提示 使用"直方图"面板中的"RGB通道"选项可获得简单的单色读数。

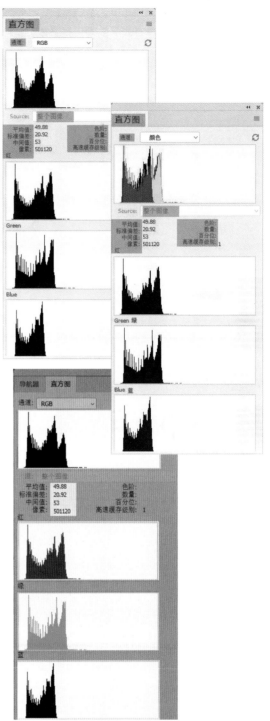

图3.8 **当"直方图"面板在展开视图时,展示颜色通道信息的选项有很多**

3.1.4 调整图层的重要性

无论使用"色阶""曲线",还是使用其他任何可行的图像调整功能,你最好使用调整图层,这是Photoshop中最好用的功能之一。可在"图像"|"调整"

子菜单中找到相应的调整，但这些调整会永久改变像素。调整图层可让你对图像进行无损更改。你可根据需要进行多次更改，可优化色调和调整颜色，可通过选择展平图像来应用改动，期间不必要改基础图层的原始数据。为避免产生永久性改动，请调整最上方图层并对像素信息进行运算调整，使它成为一

个可用来实验、改进、重做并从色调和颜色调整中学习的好工具。调整图层的列表很长，但最常用于色调和颜色校正的是色阶、曲线、自然饱和度、色相 / 饱和度、色彩平衡、黑白和照片滤镜。

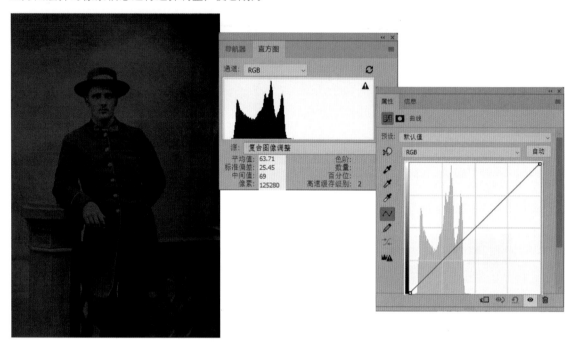

图 3.9　曲线调整图层中的"直方图"面板与调整前的"直方图"面板是一致的

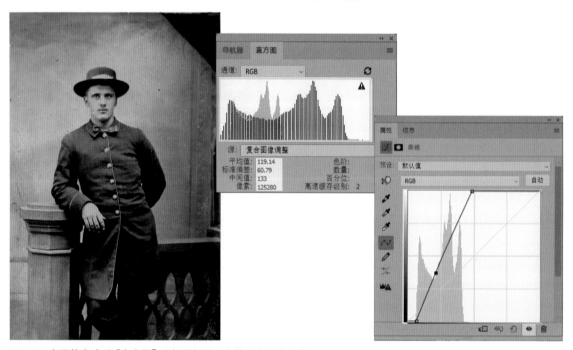

图 3.10　在调整完成后，"直方图"面板更新显示之前和之后的图表

提示 也可以无损地在"图像"|"调整"子菜单中使用调整命令。这需要将实现图层转换为智能对象，如第5章所述。优点是多个调整可被应用及分组为单个图层。缺点是所有这些调整都只能在单层蒙版下生效。

图 3.11 展示了一张非常暗的锡版照片，我们可在"色阶"对话框中看到直方图（通过选择"图像调整

色阶"进行访问）。图 3.12 展示了在关闭对话框之前使用色阶进行调整后的改进图像。图 3.13 显示了重新打开"色阶"对话框后的直方图。请注意，直方图呈现出带有间隙的梳子外观。这些间隙可能导致图像中明显的条带效应。再做任何调整都不会将直方图或图像返回到原始状态。相比之下，图 3.14 展示了在调整使用色阶时直方图的结果。其中直方图保留原始状态

图 3.11 这张锡版照片的直方图只显示图像暗部的信息

图 3.12 仅移动白色和灰色滑块就有可能带来显著的效果提升

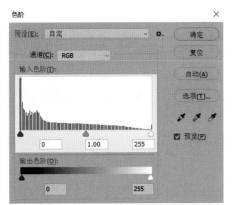

图 3.13 当"色阶"对话框被重新打开时，最新的直方图体现了潜在的问题

图 3.14 通过使用无损调整图层，可在不改变原始数据信息的前提下对图像进行更改

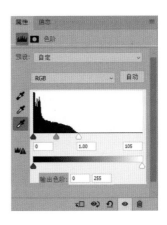

图层上 (因为图像中的实际像素没有被更改), 并可继续无限制地进行无损修改。这就是"直方图"面板很重要的原因 ——随着图层的调整, 直方图不会更新。

★ 注意　我们不建议使用"亮度"/"对比度"命令或调整图层, 即使该命令已经在传统形式的基础上进行了改进。色阶和曲线可以提供更便捷的控制, 并可以使用更复杂的计算方法来应用色调变化。我们也不建议使用"曝光"功能, 即使这听起来很合理。"曝光"功能应主要用于调整 32 位高清图像。

使用调整图层所带来的好处包括:

● 它们使你可在不改变数据量或降低源图像质量的情况下进行色调校正, 直到你展平图像为止。

● 可以调整它的不透明度。通过降低调整图层的不透明度, 可降低色调或色彩校正的强度。

● 支持混合模式。混合模式以数字方式更改上下层图层的交互方式。它们对修复工作很有利, 可使你快速改善图像色调。

● 与分辨率无关, 可使你在不同大小和缩放的图像之间拖动使用。

● 包含图层蒙版, 可以使用选区或绘制功能隐藏和显示色调校正。

● 在对图像的部分或较小区域进行局部色调、对比度和颜色调整时, 它们尤其有用。

● 如果你不喜欢这个调整, 只需要将有问题的调整图层抛入"图层"面板垃圾箱并重新开始即可。

● 它们对文件大小的影响非常小。

● 它们同样可以很好地在 8 位和 16 位文件中运行。

✚ 提示　如果你要使用的调整功能不可用作调整图层, 则可以通过首先将图像图层转换为智能对象来进行无损操作。如果不想这么做, 在应用破坏性编辑之前, 请将图层备份。

3.2　使用色阶功能把握色调

使用"色阶"调整功能可以对图像的三个色调区域 (阴影、中间调和高光) 产生影响。你可使用输入滑块或放置黑色点和白色点吸管来放置或重置黑色点和白色点。处理黑白图像时, 灰色吸管不可用, 因为它用于在彩色图像中找到中性点。通常, 只需要设置新的白色点和黑色点并移动中间调伽玛滑块 (左侧变亮或右侧变暗), 就可以立即让图像在页面中变得突出。

可通过以下两种方式访问"色阶"控件。

● 选择"图像调整"|"色阶"以打开"色阶"对话框, 如图 3.15 所示。但是这种方法会改变图像中的实际像

素——它具有破坏性——因此我们不建议这么做, 除非先将图层转换为智能对象。

● 打开"图层"面板并添加"色阶"调整图层, 通过该图层可以访问"属性"(Properties) 面板 (图 3.16)。此方法使图像中的基础像素保持不变——它是无损处理的。

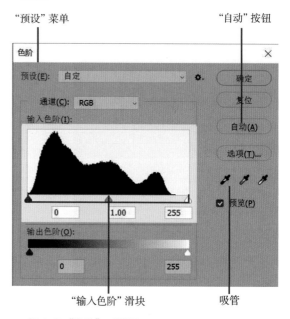

图 3.15　"色阶"对话框

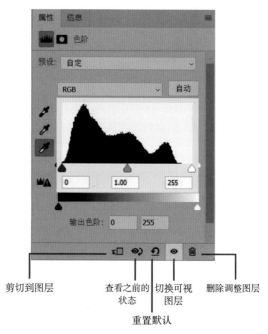

图 3.16　当色阶被用作调整图层时,"属性"面板提供这些额外的功能

用来增强图像色调最重要的色阶控件就是这些，本章将更详细地讨论所有内容：

● **预设**。从"预设"菜单中选择一组标准的调整设置，或使用该菜单调用已保存的设置。

● **"自动"按钮**。使用"自动"按钮可提示 Photoshop 应用四种类型的自动更正中的一种，如第 4 章所述。可单击面板菜单图标并选择"自动选项"，或按 Option/Alt 按钮并单击"自动"按钮。这些操作中的任何一个都会打开"自动颜色校正选项"对话框，然后可从中选择一种算法。与 RGB 相比，图像如果是灰度级的，就没有可供选择的算法。

● **吸管**。使用吸管为黑白和彩色图像设置白色点和黑色点，并使用中性灰色吸管在彩色图像中定义中性色调。

● **"输入色阶"滑块**。通过将高光与黑色滑块移到直方图中包含开始变亮或变暗的区域，从而确定黑色点和白色点。

作为调整图层的色阶提供了以下附加选项。

● "剪切到图层"将调整应用于下方的图层。

● 查看以前的状态。

● 重置为默认值。

● 关闭图层的可见性。

● 删除调整图层。

3.2.1 使用黑白色点滑块处理图像

图 3.17 展示了随时光流逝而严重褪色的图像。本应是白色的区域变得灰暗，阴影不再是浓黑色，这会降低对比度，让印刷品不再亮眼且平面化，如直方图中的窄色调值所示。使用以下技术可以使阴影变暗，使亮部变亮，并回到更宽的色调范围里。校正后的图像 (图 3.18) 已处理到位。

打开图像后，单击"图层"面板底部的"创建新的填充或调整图层"图标 (有时称为"奥利奥饼干"或"阴阳"图标)(图 3.19)。从调整图层列表中选择"色阶"。

+ 提示 创建调整图层更快捷的方法是在"调整"面板上单击需要调整的图标。将鼠标悬停在图标上，调整名称就会显示在面板的左上角 (图 3.20)。我们刚添加的"色阶 1"调整图层位于"背景"图层上方，可用来无损地更改图像 (图 3.21)。图 3.22 显示了"色阶"调整直方图内图像的窄色调范围。

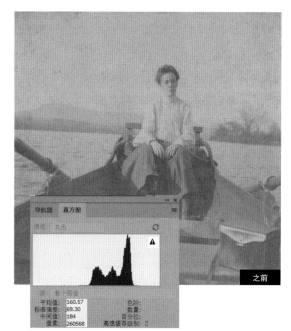

图 3.17 **严重褪色的图像**

图 3.18 **校正后的图像**

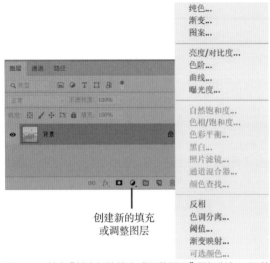

图 3.19　单击"创建新的填充或调整图层"图标以打开调整图层选项

图 3.20　"调整"面板中提供快速创建调整图层的选项

图 3.21　"调整"图层脱离于"背景"图层，可进行无损更改

★ 注意　当你处理扫描印刷件时，直方图可能会在图表的任何一端出现尖峰，指示本不属于图像的曝光信息。这可能是由扫描进去的印件边框，甚至可能是相册页面的一部分造成的。

(1) 拖动直方图中的黑色三角形，直到它位于图形的左侧边缘下方，如图 3.23 所示。

(2) 拖动白色三角形，直到它位于图形的右侧边缘下方，如图 3.24 所示。调整图像的色调范围通常会使先前可能未察觉到的损坏显示出来。关于修复这些显露出的图像损坏的操作，我们会在后续章节中讨论。

✚ 提示　调整图像的色调也可能会改变颜色和 / 或提高饱和度。关于混合模式将在本章后面讨论。将"色阶"调整图层的混合模式更改为"明度"，会让图像中的颜色更加自然。单色图像的其他选项包括使用带有黑白调整图层的色调选项，或使用带有色相 / 饱和度调整图层的"着色"选项，或可选择与原图相似的色调。

图 3.22　在调整前，色阶直方图和"直方图"面板看起来一样

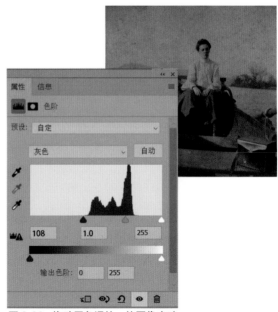

图 3.23　拖动黑色滑块，使图像变暗

图 3.24 拖动白色滑块，使图像变亮

! 警告　如果把白色或黑色滑块拖离直方图的白色或黑色区域太远，可能会将图像的重要信息剪切为纯白色或纯黑色。请通过评估图像和图像直方图来查看图像信息的位置，注意不要剪切应保留的色调值。同样，使用调整图层可避免剪切操作永久化。

3.2.2　使用中间调滑块

处理褪色图像时，使用黑白点滑块添加对比度会是一个很好的出发点。如果图像在处理后变得太暗，请将中间调滑块向左调整以使图像变亮；如果图像太亮，请将中间调滑块向右移动。图 3.25 中所示的照片由于存储不当，失去了全部对比度，而图 3.26 展示了调整所有三个滑块后的改善后的图像。

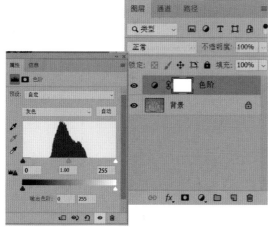

图 3.27 直方图中体现了色调变平之后的效果

图 3.25 图像失去了全部对比度

图 3.26 改善后的图像

⬇ **ch3_schoolboys.jpg**

(1) 如上例所示，创建一个"色阶"调整图层（图 3.27）并将黑白滑块拖动到直方图信息区域的边缘（图 3.28）。

图 3.28 在调整黑色和白色滑块后，图像效果得到提升，但有点太亮了

（2）图像大大改善，但现在有点太亮，此时可使用更多辅助功能。请向右滑动中间调滑块以使中间调变暗（图 3.29）。

3.2.3　使用色阶吸管

当处理那些不了解原始色调或颜色信息的照片时，可以使用视觉记忆来改善色调。图 3.30 展示了一张缺少对比度的经典照片。通过使用色阶吸管重新定义白色点和黑色点，就可以快速改善该图像，如图 3.31 所示。使用吸管设置新的白色点或黑色点的难点之一是很容易选到一个并非实际最亮或最暗的点，从而导致某些色调信息被剪裁掉。剪裁掉白色点在印刷时会体现得尤其明显。

（1）打开"信息"面板，将其中一个读数设置为"灰度"。

（2）创建"色阶"调整图层，显示狭窄的直方图表格（图 3.32）。

（3）请选择白色吸管并将其移到图像上。通过观察读数，找到图像中最亮的点。桌布没有细节，对应显示的 K 值为 26%。单击读数中显示的最亮部分（应该是桌布），如图 3.33 所示。

图 3.30 缺少对比度的照片

图 3.31 改善后的图像

图 3.29 将中间调调整到低于亮部色阶的程度将提升图像效果

图 3.32 直方图展体现了狭窄的色调范围

图 3.33 在过度曝光的白色桌布上设置白色点

(4) 选择黑色吸管并寻找图像中最暗的区域。黑色的鞋可能是个好选择,但这会让鞋子变成黑色,并剪裁掉其他一些有细节的阴影区域。桌子下的阴影区域是设置黑色点的好地方 (图 3.34)。

提示 要找到会被滑块修剪掉的区域,请在移动任一滑块的同时按住 Option/Alt 键,或从面板菜单中选择 "显示黑白场的剪切"。

图 3.34 在桌子下面的阴影处设置黑色点,从而使这幅图像出现了对比度

3.3 曲线和对比度

熟悉色阶后,添加到 Photoshop 指令库中的下一个工具是曲线调整 (图 3.35 和图 3.36)。曲线的优势在于它们可为你提供最多 16 个用来改变图像色调值的点,而色阶只能有 3 个 (高光、中间调和阴影)。

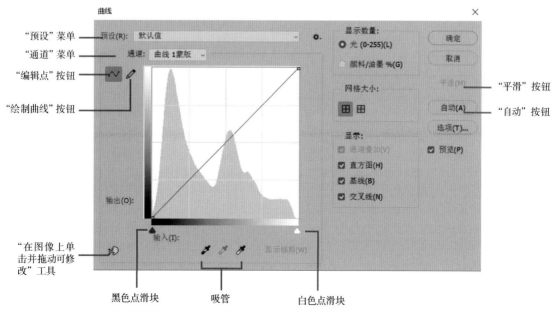

图 3.35 作为基本调整的曲线功能有个更大的界面,但选项组合较少

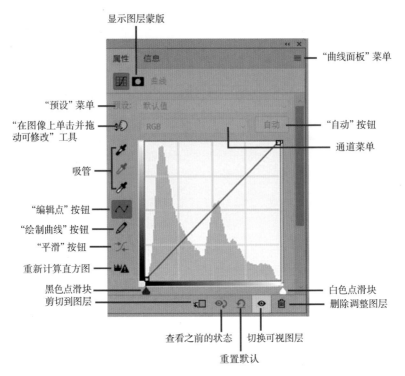

显示图层蒙版

"曲线面板"菜单

"预设"菜单

"在图像上单击并拖动可修改"工具

"自动"按钮

通道菜单

吸管

"编辑点"按钮

"绘制曲线"按钮

"平滑"按钮

重新计算直方图

黑色点滑块

白色点滑块

剪切到图层

删除调整图层

查看之前的状态

切换可视图层

重置默认

图 3.36 作为调整图层时，曲线具有全部相同的功能

- **预设**。使用下拉菜单中的预设来更改多项标准设置或调用已保存的设置。
- **通道**。访问各个通道，主要用于色彩校正。
- **自动**。使用"自动"按钮提示 Photoshop 应用四种类型的自动更正中的一种，如第 4 章所述。你可通过单击菜单图标并从算法列表中选择，或者选择 Option / Alt 来选择 Photoshop 使用的设置。单击"自动"按钮以显示相同菜单。如果图像属于灰度而不是 RGB，算法就没有选项。
- **吸管**。使用吸管为黑白和彩色图像设置白色点和黑色点，并使用中间灰吸管来定义彩色图像中的中性色调。
- **"在图像上单击并拖动可修改"工具**。使用此工具选择色调调整区域。
- **编辑点**。用于在曲线上添加点来进行修改。
- **绘制曲线**。用于手动绘制曲线。
- **平滑**。用于完善曲线。
- **黑色点和白色点**。用于设置黑 / 白色点。

如果使用"曲线"作为调整图层，则可在"曲线属性"面板中获取以下这些附加控件：

- **显示图层蒙版**。
- **重新计算直方图**。用于制作更精准的直方图。
- **剪切到图层**。仅将调整应用于下方的图层。

- **查看之前的状态**。在进行调整之前按住来查看图像。
- **重置默认**。取消所有更改。
- **切换可视图层**。
- **删除调整图层**。
- **"曲线面板"菜单**。

可根据实际需要自定义曲线数据的显示方式。在曲线"属性"面板中，从面板菜单中选择"曲线显示选项"以打开对话框 (图 3.37)(始终可在"曲线"对话框中看到这些选项)。

默认情况下，"曲线"图表显示一系列色调值 (0~255)，但你可以选择显示一系列颜料 / 墨水百分比 (0~100)。从 Katrin 的经验看，有过印前体验的人更喜欢用墨水百分比，而摄影师则更喜欢色调值范围——在色阶中会用到的相同数据。0~255 范围会将高光放置在曲线的肩部 (上部)，阴影放在曲线的脚趾 (下部)。请注意，在两者之间进行选择不仅可以反转黑白顺序，还可更改范围数值。你还可选择将图形网格大小从四分之一改为更详细的网格，增量应为 10%，在你需要进行次要色调校正时将非常有用。

提示 按住 Option/Alt 并单击图形中的任意位置可在四分之一网格和 10% 增量网格之间切换。

3.3.1 改善曲线对比度

就像色阶有几种提高对比的方法一样，曲线也有，还有一些工具可以让曲线成为纠正色调和色彩最强大的方法之一。下面探讨一下曲线提供的一些选项。

1."在图像上单击并拖动可修改"工具

一开始，曲线看起来非常令人生畏，这就是许多用户从色阶开始处理的原因。曲线中的"在图像上单击并拖动可修改"工具是调整图像的一种捷径。让我们了解这些工具是如何运作的，从而得到使用曲线的信心。首先选择工具，然后单击要更改色调的区域，这会在曲线上放置一个点。向上拖动以使该区域变亮或向下拖动以使该区域变暗。让我们来看一幅图像，当使用相机的光度计对从场景中获得的光进行平均处理时，这幅图像的色调范围会变平 (图 3.38 和图 3.39)。

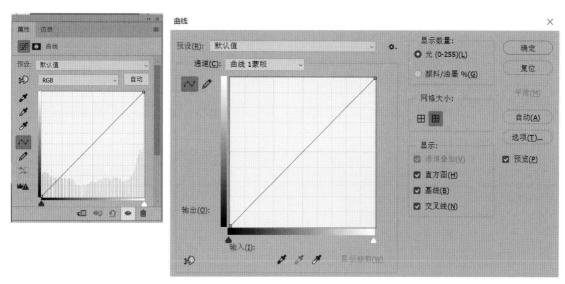

图 3.37 更改曲线面板和曲线对话框的展示方式，将网格设置提升 10%

图 3.38 一张色调平面化的图像

图 3.39 使用"在图像上单击并拖动可修改"工具快速重建褪色光线的美妙面貌

请按照以下步骤使用"在图像上单击并拖动可修改"工具以快速改善图像。

(1) 创建"曲线"调整图层，然后选择"在图像上单击并拖动可修改"工具。

(2) 找到图片中最亮的点，即曲线改变点，并将鼠标指针放在上面。向上拖动可使图像变亮 (图 3.40)。可以让曲线超出图表的顶端，而图表中接触色调范围顶部的线所处的位置没有信息，否则，图像很可能会变得太亮。请注意，曲线上一定要有一个点。

图 3.40　使用"在图像上单击并拖动可修改"工具向上拖动（圆圈所示）来增加亮度

(3) 找到图像中最暗的区域，请在距离亮点放置的位置不远的黑色波浪区域里寻找。向下拖动，直到得到一个理想的对比度 (图 3.41)。但是拖得太多会让阴影区域变为全黑。

2. 用曲线增添细节

曲线的长处是可以对色调信息进行多点控制。使用曲线功能时，可以通过应用经典的 S 曲线 (这是在上一个练习中创建的曲线) 快速增强图像对比度，或者可以花更多时间使用界面和起伏点来显示选定的色调细节，我们会如此处理下一幅图像。

图 3.41　使用"在图像上单击并拖动可修改"工具向下拖动让图像变暗

创建经典的 S 曲线是创建对比度的常用方法。现在让我们通过放置和调整曲线上的点来尝试它。图 3.42 显示了另一张已经老化的祖传照片。直方图中显示的数据量很少，可得知图像是平面化的。男士衬衫的高光与外套的阴影之间的色调差异较小，因此该图像需要使用非常陡峭的 S 曲线。设置白色点和黑色点 (如"色阶")，然后在曲线上放置多个点，可以调整中间调来提升对比度，如图 3.43 所示。

(1) 创建"曲线"调整图层，然后打开"曲线显示选项"对话框 (图 3.44)。选中"光"选项。这将使直方图使用与色阶相同的方式来展示信息，左侧为黑色，右边是白色。

(2) 处理此类平面原件时，首先沿曲线顶部移动高光点，在底部移动阴影点以加深阴影和使高光变浅 (图 3.45)。

(3) 已经有了明显改善，再增加几个点可以继续提升对比度效果。从黑色点向上放置第三个点，然后在白色点下部放置第四个点。将每个新点微移到图形中心以体现剩下的微妙对比度 (图 3.46)。

+提示　可以通过先选择点，然后使用键盘上的方向键轻推曲线上的点。

图 3.42 一张旧的祖传照片

图 3.44 在"曲线显示选项"对话框中设置图像中每个点的光亮数目

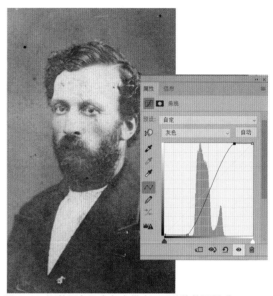

图 3.45 调整黑色和白色点带来了显著的效果提升

图 3.43 调整中间调来提升对比度

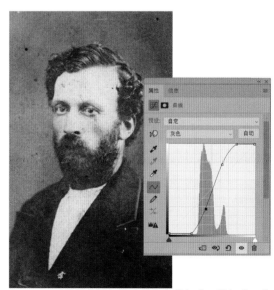

图 3.46 对曲线上添加的点进行轻微调整，以提高图像对比度

在使用"曲线"调整对比度和色调值时，请关注"信息"和"直方图"面板。你不会想要强行将暗区从

当前变成纯黑色。相反，你希望在高光中保留一些细节，因此不要将亮区强制调为 0%。只有镜面高光才会用到"完全白"这个值，例如镀铬保险杠上的反射。

！警告 使用曲线来增加对比度时，总需要进行权衡。在一个区域中添加对比度会使色调信息远离另一个区域。进行彻底调整可能导致曲线的平坦区域出现分色（色调急速变化）。

试一试 色调校正的两个主要工具是"色阶"和"曲线"。现在你已经掌握了调整图像色调的基础知识，请尝试两种方法：使用色阶和曲线来改善这张褪色严重的旧照片（图 3.47 和图 3.48）。

图 3.47 旧照片

图 3.48 改善后的照片

3.4　使用混合模式

除"背景"图层外，每个 Photoshop 图层（包括调整图层）都支持混合模式，这些模式会影响图层与其下方图层的交互方式。此处理建立在逐个通道的基础上，因此混合模式在某些情况下可同时变亮和变暗。对于润饰工作，混合模式简化了色调校正、灰尘清理和去除瑕疵的过程，从而提高了效率。如图 3.49 所示，混合模式被排列为功能组，并在表 3.1 中进行了回顾。

图 3.49 **"图层"** 面板的混合模式菜单是最便捷的方式

表 3.1 混合模式说明

混合模式	说明
正常	根据不透明度组合两个素材
变暗组	随着色调变暗，效果将逐渐变强
变暗	比较两个素材并用暗色替换亮色的像素值
正片叠底	使整个图像变暗，可用于为高光和中间调添加密度，对过度曝光或非常亮的图像来说非常有用
颜色加深	让较暗图像的对比度增加
线性加深	正片叠底和颜色加深的加强组合，强行将暗部变成纯黑色
变亮组	随着色调变暗，效果会逐渐变强
变亮	变暗的反面，比较两个素材并用较亮的像素替换较暗的像素
滤色	提亮整个图像。用它打开或淡化暗色图像区域并带出色调曝光不足的图像中的信息
颜色减淡	减少 50% 灰色区域的对比度，同时保留黑色值
线性减淡	滤色和颜色减淡的组合，强行将亮部变为纯白色
对比度组	用于提高图像对比度
叠加	将暗部数值以及屏幕亮度值加倍，这会增加对比度，但不会削减纯白色或黑色
柔光	组合减淡可减轻光线的值，而加深则可使暗色值变暗，添加的对比度低于"叠加"或"强光"
强光	与暗值相乘，屏蔽光值，并显著提高对比度
亮光	通过降低对比度，使 50% 的值变亮；通过增加对比度，使 50% 的值变灰
线性光	结合线性加深和线性减淡，通过减小或增加亮度来加深或减淡颜色，具体取决于混合色。如果混合色(光源)比 50% 灰色亮，则通过增加亮度使图像变亮；如果混合色比 50% 灰色暗，则通过减小亮度使图像变暗
点光	结合变暗和变亮来替换像素值。总有强对比效果，用于特殊效果，并不常见，可用来创建蒙版
实色混合	使较亮的值变得更亮，使较暗的值变得更暗，以达到阈值和极端分色效果
对比组	
差值	相同的像素值显示为黑色，相似的值使用暗的，反转相反的值
排除	类似于差值，但对比度较低。与黑色混合不会发生变化，而会变白。将比较值反转为灰色
图像组件组	仅在彩色模式图像中有效
色相	将底层的亮度和饱和度与活动层的色调相结合
饱和度	将底层的亮度和色调与活动层的饱和度相结合
颜色	显示活动层的颜色并保持底层的亮度
明度	与颜色相反，同时保持活动层的亮度信息下面的颜色

在以下练习中，你将使用最重要的混合模式来解决色调问题。使用混合模式最棒的地方是它们完全可逆，使你能够通过试验以获得所需的结果。要使用混合模式，使用"图层"面板中的"混合模式"菜单。

1. 使用正片叠底建立密度

要解决的更棘手曝光问题之一就是过度曝光。一旦图像到达曝光标度的上限，就没什么能找回来的了。在使用 JPEG 文件格式记录图像时，正确曝光非常重要，这也是使用 Camera Raw 数据文件格式的主要原因之一。摄影师 Amanda Steinbacher 在开始拍摄之前通常会拍一些曝光测试照片。像图 3.50 中那样的过度曝光图像经常被当成废片，但是混合模式有时甚至可以挽救过度曝光的图像 (图 3.51)。

图 3.50 过度曝光的照片

图 3.51 使用混合模式进行处理

⬇ **ch3_overexposed_model.jpg**

在本练习中，我们将使用调整图层；但并非改变调整控件，我们只需要更改混合模式。

(1) 创建"色阶"调整图层。注意，你可以选择大多数调整图层；并没有使用图层的控件，只是简单地使用图层作为更改混合模式的方法。

(2) 在"图层"面板中，从"混合模式"下拉菜单中选择"正片叠底"。图像会有显著改善，如图 3.52 所示。

图 3.52 使用混合模式中带有多个选择的调整图层使图像变暗

(3) 通过复制调整图层，可将混合模式的效果叠加。复制色调调整图层以放大效果，如图 3.53 所示。

图 3.53 复制调整图层使效果加倍

(4) 此时，变暗效果可能有点过，因为阴影区域已经填充到接近全黑，并且颜色变得过饱和。将第二个"色阶"调整图层的不透明度减到 50%，这会让效果减弱 (图 3.54)。

➕ 提示 通过复制图像图层和更改混合模式可以达到相同的效果，但文件大小会加倍。调整图层对整个文件大小的影响甚微。

图 3.54 设置了多个模式的多个图层挽救了这幅图像

2. 使用滤色混合模式

正如混合模式可用于使图像变暗一样，它也可用于变亮。在 19 世纪 60 年代和 70 年代锡版摄影非常流行。通常这些图像随着年月而变得灰暗，而仅使用混合模式就可以完成主要的校正 (图 3.55 和图 3.56)。

ch3_tintype_with_fingerprint.jpg

(1) 创建"色阶"调整图层并将混合模式更改为"滤色"。图像看起来更好了 (图 3.57)。

(2) 如上例所示，复制调整图层以使效果加倍 (图 3.58)。

(3) 图像大大改善，但可以再变亮一些。第二次复制图层。现在它有点太亮了 (图 3.59)，但是在最后一个例子中，不是使用带有混合模式的调整图层就万事大吉了。请将最后一个复制图层的不透明度降到 40%，如图 3.60 所示，将亮度调低。

图 3.55 图像变得灰暗

图 3.56 进行校正

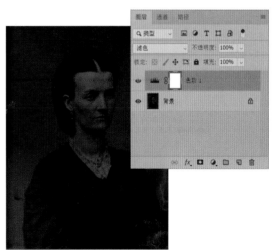

图 3.57 带有"滤色"混合模式的调整图层开始让图像变亮

图 3.58　复制调整图层来使效果加倍

图 3.59　复制调整图层三次会让图像过亮

图 3.60　将顶部调整图层的不透明度降为 40% 可以得到我们想要的结果

变亮的图片里显露了许多需要清理的区域以及非常明显的指纹。相关的处理技巧将在后续章节中介绍，以修复所有新出现的损伤。

3.5　应用本地修正

本章到目前为止提出的技术对于应用全局更改或更改整个图像来说都很实用。很多时候，图像只有较小或部分区域需要处理。在以下部分中，我们将介绍更正较小部分的方法。

3.5.1　过渡色调校正

在这张沙漠风景照片中，傍晚的太阳被山脉挡住，导致前景被阴影填满（图 3.61）。相机的仪表将对比区域平均化了，让图像看起来很平面。可以通过使用带有混合模式的调整图层，并使用应用于图层蒙版的渐变，让图像返回到下午晚些时候的戏剧效果（图 3.62）。请参考以下步骤让图像重新拥有视觉冲击力。

图 3.61　风景照片

图 3.62　处理之后的效果

⬇ **ch3_redrock_shadow.jpg**

(1) 与前面的示例一样，创建"色阶"调整图层，此时不进行任何调整，只是应用混合模式。选择"正片叠底"以使图像变暗，如图 3.63 所示。

(2) 现在山区有了一些深度，但前景还是太暗了。选择"渐变"工具 (G) 并确保将渐变类型设置为"线性"。通过按字母 D 将前景 / 背景颜色重置为默认值。如果前景色未设置为白色，请按字母 X 让二者交换。

(3) 确保调整图层上的图层蒙版处于活动状态，单击红色山脉底部附近并向下拖动到灰度级地面。当你松开鼠标按键时，蒙版中会出现转换，从白色 (在你单击的位置) 到黑色 (你松开的位置)，局部地阻挡效果。如果效果的过渡过于突然，请再试一次，通过使用"渐变"工具拖动更长的距离使过渡自然。每次创建新渐变时，前一个渐变就会被替换掉。通过创建一个蒙版，如图 3.64 所示，实现自然过渡，使图像更生动 (图 3.65)。

➕提示 要以全尺寸查看图层蒙版，请按住 Option / Alt 并单击"图层"面板中的蒙版图标。

(4) 如果想让图像更具戏剧性，只需要复制调整图层将其提升一个档位。这会让它变得过暗，但将该层的不透明度降到 22% 可让图像的色彩变得亮丽丰富。

图 3.63 **多个混合模式让整个图像变暗**

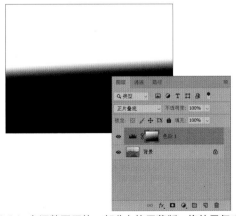

图 3.64 **在调整图层的一部分上使用蒙版，将效果仅应用于山峰**

图 3.65 **蒙版的过渡效果越平缓，最后的结果就越自然**

3.5.2 选项中的基本色调修正

补充闪光是一种常见的摄影技术，用于在光天化日之下填充阴影。在图 3.66 中，你可以在摄影主体眼睛里的捕捉光中看到使用的闪光灯。显然闪光灯没有足够的力量克服环境光。通过单独圈选这对夫妇并使用曲线调整图层，可使这对夫妇看起来像使用了足够强度的闪光 (图 3.67)。以下是操作步骤。

(1) 在 Photoshop 中打开文件，选择"快速选择"工具并将画笔大小更改为 30，开始沿这对夫妇的外轮廓拖动，该工具会自动选择颜色相似的区域，如衬衫和短裤。按住 Shift 键可继续添加选区。按住 Option/Alt 取消选择区域。最终选区应如 (图 3.68) 所示。

(2) 选择完成后，单击"图层"面板中的"创建新的填充或调整图层"图标，然后选择"曲线"。随着新的转变为蒙版，调整图层将被创建 (图 3.69)。

(3) 使这对夫妇与背景的光线相协调，如图 (图 3.70) 所示

➕提示 在此图像中，"快速选择"工具做出了相对精准的选择，在调整区域和原始区域之间没有留下明显的过渡区域，产生了自然逼真的效果。有些图像则需要进一步细化选择以制作更写实的效果，完成这样的选择可能是 Photoshop 中难度较高的任务之一。

3.5.3 无损减淡和加深

虽然大部分图像看起来都是正确曝光的，但是黄昏的太阳使小女孩的脸藏在阴影里 (图 3.71)。稍微补光会让情况好些，有时只有较小区域需要改善 (图 3.72)。

使用减淡工具将是一种让黑暗区域提亮的方法，但遗憾的是减淡、加深和海绵工具无法选择无损处理之外的使用方式。与"工具"面板中的许多其他工具不

同，"减淡"工具不能在单独的图层上使用，以防止更改具有破坏性。但是如果想达到接近的效果，可以在分开的图层上使用混合模式。

图 3.66　原始图像

图 3.67　改善后的效果

![图标] **ch3_beach_couple.jpg**

(1) 在要调整的图层上方创建一个空白图层，并将混合模式更改为"叠加"，将图层命名为"减淡"（图 3.73）。

图 3.68　使用"快速选择"工具简略地将这对夫妇从周围环境中圈选出来

图 3.69　当调整图层被创建时，选区将自动转换为蒙版

图 3.70　对于曲线中间调的主要调整使这对夫妇与背景的光线相协调

图 3.71 **小女孩的脸藏在阴影里**

图 3.72 **改善较小区域**

图 3.73 **将混合模式设置为"叠加"的空白图层成为无损进行减淡和加深处理的基础**

+ 提示 有些用户为了在单独查看图层时看得更清楚，用50%灰色填充此图层。不想这么做的话，可以通过撤消修改来简化修改过程。

(2) 要模拟减淡效果，请先选择"画笔"工具 (B)，选择一个 200 像素的软边画笔，然后将画笔的不透明度降到约 10%。这个数值的效果不会很强烈，但保持较低的不透明度可逐渐达到想要的效果。

(3) 将前景色设置为白色，刷过女孩的脸部并向下扫过阴影区域，让它变亮一些。反复刷过可以使效果增强。在四肢往下处理时让画笔变小。如果效果处理太过或影响到旁边的水面，只需要使用撤消命令，或把"邪恶的"橡皮擦工具 (在大多数情况下，我们不建议使用它，因为它具有破坏性) 当作撤消画笔 (图 3.74)。

+ 提示 在不松开鼠标按键或抬起触控笔的情况下连续进行绘画，就会输出等量的颜料，如果你想让亮度变得均匀，这会很实用。可通过连续的笔画来呈现这种效果。

(4) 使图像的角落变暗是将观众的目光吸引到主体上的常见摄影技术，这一过程称为渐晕。要让减淡和加深效果分离，请创建一个新的空白图层，将混合模式更改为"叠加"，并将图层命名为"加深" (图 3.75)。

(5) 有时渐晕效果是戏剧性的，有时候有些微妙；这种情况下，观者可能甚至察觉不到这种效果。如果想到微妙的效果，请选择画笔，将颜色设置为黑色，将不透明度降到 4%，然后将画笔大小更改为 600 像素。画出图像的四个角，构建一种将目光吸引到主体的效果。重复操作会加强加深效果 (图 3.76)。

+ 提示 为减淡和加深创建单独的图层以使修改更简便。

图 3.74　使用低透明度的柔和画笔在女孩的脸上绘制白色

图 3.75　对减淡和加深处理使用分开的图层可以避免它们互相影响

图 3.76　在使用了一点减淡和加深，还有一点渐晕效果后，这张本来不合格的图像现在有了吸引力

3.6　其他技术

3.6.1　双重处理

即使最好的相机仪表也可能受到极端光照条件的误导。即便使用高位信息，也很难在单个图像中显示所有色调信息。让一个区域变亮可能导致另一个区域丢失信息，变暗也一样。

Wayne 使用的解决方案是：两次处理文件并通过将它们放在一起进行曝光来充分利用它们。在这张照片中，他想同时展示壮观的石头作品和风雨云彩。但是看起来无法在同一个处理过的文件中同时让两者达到最棒的效果。因此他在 Adobe Camera Raw(ACR) 中处理了图像两次，一次是明亮区域 (图 3.77)，一次是暗处 (图 3.78)。将两个版本都导入同一个 Photoshop 文件中，把强调较暗区域的图像 (第二个版本) 叠在另一个上面。

使用"色彩范围"对话框，选择天空区域相对容易 (图 3.79)。然而，当选择被反转并转换成蒙版时，这两层之间的差异是刺眼的 (图 3.80)。

用"高斯模糊"滤镜模糊蒙版的边缘 (图 3.81)，然后在蒙版上用一些小的画笔笔触加工，两个图像将会自然地组合在一起，如图 3.82 所示。

＋ 提示 也可以通过在调整图层上使用蒙版来尝试此技术。但是，如果你有原始数据文件，就可以使用原始高位数据制作更好的初始图像。

图 3.77　首先在 ACR 中处理文件，增强图像的亮部区域

图 3.78 文件的第二个版本用来提升图像暗部区域的曝光

图 3.80 当两个版本的文件初次合成时，边界很刺眼

图 3.79 使用"色彩范围"对话框选中天空

图 3.81 使用模糊和绘制功能柔化蒙版的边缘

3.6.2 拯救阴影 / 高光

　　当面对曝光糟糕的图像处理时，可能只需要用到阴影 / 高光命令，而用不上蒙版或复制图层。

　　图 3.83 在谷底和远处的山脉之间对比度非常强烈。虽然较暗的区域尚可接受，但较亮的区域是过度曝光的。请按照以下几个步骤来挽救濒临报废的图像。

图 3.82 在蒙版上处理之后的组合效果

图 3.83 这个图像扫描件受到过度曝光的不良影响

📥 **ch3_zion_narrows.jpg**

(1) 要无损地使用阴影 / 高光，请将图层转换为智能对象。可通过选择"滤镜" | "转换为智能滤镜"或打开"图层"面板菜单并选择"转换为智能对象"（图 3.84）来完成。

(2) 选择"图像" | "调整" | "阴影 / 高光"。

(3) 在"阴影 / 高光"对话框中，选中"显示更多选项"。

图 3.84　将图层转换为智能对象可将"阴影 / 高光"的编辑过程转换为无损的

(4) 即使阴影看起来很好，如果将"阴影"区域中的"数量"滑块移动到 17%，效果可能会更好。

(5) 这个工具的重点部分需要更多操作。想使山脉再次可见，请将"数量"滑块移动到 73%，并将"色调"和"半径"设置保留为默认值。

(6) 在调整下，将"颜色"滑块移动到 +50 以稍微加强天空的颜色。单击"确定"按钮接受更改（图 3.85）。

由图 3.86 可以看到更改后的效果。

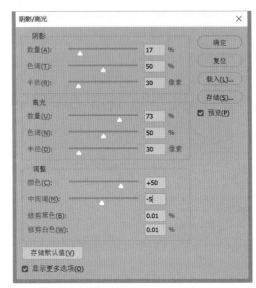

图 3.85　"阴影 / 高光"对话框

图 3.86　"阴影 / 高光"命令对于修复那些深受曝光问题困扰的图像来说非常实用

3.6.3 Camera Raw 滤镜

西方经典电影里有句陈腐的开头:"镇上有一位新的治安官"。这个表达可能也适用于 Camera Raw 滤镜。它可以在任何类型的文件上使用,不必在 Photoshop 之外访问。访问同一个界面内的所有色调控件会让处理文件变得更容易。你不必决定所需的特定调整工具,因为可以在自己喜欢的工具之间来回切换。其中色阶被分为三个色调区域,Camera Raw 数据有四个。如果你喜欢使用曲线或应用选择性更改,那就更方便了。但在放弃所有其他技术转而使用 Camera Raw 滤镜之前,请注意以下警告:

● 如果文件已转换为 8 位,就无法恢复到高位数据。因此,过度曝光的图像会有一些细节无法找回,而原始文件是可以的。

● 直接在图层上使用,它会成为一种破坏性工具。将图层转换为智能对象或智能滤镜可以避免这种情况,但这会带来另一种麻烦。

● "绘图" 工具(包括仿制和修复)不能直接在转换为智能对象或智能滤镜的图层上使用。这实际上没有问题,因为你希望将分开编辑作为无损性策略的一部分,但它会产生一个复杂的问题。如果稍后对智能对象或智能滤镜进行色调或颜色更改,上层可能不再与它匹配。针对这个问题有一些解决方法,但涉及本章所示的常规方法所不需要的多个步骤。

尽管可以在 Camera Raw 滤镜中进行局部调整和校正,但最好将其用于全局色调或色彩校正,从而使用 Photoshop 的更高级功能来清除灰尘和划痕,以及进行详细的局部修正。下一章将详细介绍 Camera Raw 滤镜。

3.7 结语

到目前为止,我们提供了一些策略来处理包含曝光问题的图像。通常,色调校正只是编辑图像的整个过程的开始。色调校正通常会使被忽略的图像中的损坏显露出来,如本章的几个示例所示。色调校正也可能使图像中需要修正的颜色显现出来,这将是下一章的主题。

第4章

处理颜色

我们对颜色非常敏感，我们的眼睛是观看和比较无穷无尽色彩的最强大工具。色彩所传达的情感和潜意识在我们世界中的重要性是不容否认的。对于润图师来说，敏锐的色彩感觉可以让一张平凡的相片与能够唤起回忆的生动相片拉开差距。

可将视觉记忆与 Photoshop 所能提供的以下技术相结合：调整图层，"信息"和"直方图"面板，"画笔"和"选择"工具，以及混合模式。

在本章中，你将使用彩色图像来学习：

- 加色和减色校正

- 使用色阶和曲线进行全局色彩校正

- 历史照片中选择性的色彩校正和修复

- 纠正色温问题

- 匹配、替换和更改颜色

在第3章讨论的工具和技术中，"曝光校正"是处理颜色的基础。强烈建议你在深入了解奇妙的色彩世界之前阅读该章。

4.1 颜色的基本要素

世界上有两种颜色类型：加法和减法。在加法领域，颜色的产生需要光源来实现。当原色（红色、绿色和蓝色）组合在一起时，会产生白色，如图4.1所示。显示器就是加色设备的一个例子。

在减色的世界中，颜色由它吸收的光线决定。当青色、洋红色和黄色这些次级色彩组合时，会产生黑褐色，如图4.2所示。在纸上印刷油墨是减色的一个例子。在制造用于印刷的油墨时，颜料中的杂质会导致青色、洋红色和黄色在组合时呈现不纯的黑褐色。为获得丰富的阴影和纯黑色，黑色被添加到打印过程里，这也减少了更昂贵的彩色墨水的用量。

组合加法原色产生减法原色，组合减法原色产生加法原色。你可以在每个圆圈中重叠的位置看到这些变化的例子。对于润图，在识别和纠正颜色问题时，理解这种对立关系非常实用。例如，如果图像太蓝，有两种方法可以解决问题，即增加黄色（与蓝色相反）或减少图像中的蓝色。两者可以产生相同的结果：一张含蓝色更少的图像。

在图像的数字模式中，四种最常见的颜色模式是RGB、CMYK、Lab和HSB。RGB（红色、绿色和蓝色）模式在显示器、扫描仪、数码相机中使用加色系统。在RGB中进行色彩校正和润饰的优点包括：文件较小，处于平等位置的红色、绿色和蓝色值将始终保持在中性灰色的范畴内，而且更大的RGB色彩空间（如Adobe RGB(1998)或ProPhoto RGB）允许将文件转换为多个色域，或者为多个不同的输出结果设定不同的色域方案。

CMYK（青色、洋红色、黄色和黑色）模式使用减色系统。许多人（特别是那些有印前或印刷经验的人）更倾向在CMYK中进行色彩校正和润饰，因为他们更适应CMYK颜色值，并且处理与打印机相同色域的颜色可避免在墨水落在纸张上时出现令人不愉快的意外。

➕提示 为什么K代表黑色？一般使用K是因为B已经用于在RGB模式中代表蓝色，但真正的原因是在印刷工业中K代表键或键盘，正如黑色体现图像细节。

Lab是三通道颜色模式，其中黑白L（亮度）通道信息已经与颜色信息分离。亮度（也称为发光度）分量的测量范围为0~100。a通道包含从绿色到红色的信息，b通道包含从蓝色到黄色的信息，每个通道的数值范围为+127~–128。Lab是将RGB文件转换为CMYK时，色彩管理软件和Photoshop使用的独立设备色彩空间。在实验室中进行色彩校正是一项微妙的工作，因为在a或b通道上轻微移动会导致非常强烈

的色彩变化。另一方面，当调整曝光或清除颜色的加工痕迹时，Lab颜色模式会非常实用，而两者都可在亮度通道中找到。

HSB代表色调、饱和度和亮度。色调指的是颜色，亮度指的是颜色中的光线数量，而饱和度决定了颜色的量。可以使用HSB强调或淡化人像润饰中的颜色。

4.1.1 色彩空间

切勿将上述颜色模式与颜色空间混淆，颜色空间是相机可以记录、显示器可以显示或打印机可以打印（图4.3）的颜色范围。Photoshop使用独立的色彩空间，这些色彩空间是颜色的容器，类似于想象中的蜡笔盒，并且有许多不同的尺寸和款式。最大的蜡笔盒可以代表眼睛可见的颜色总数——那是一个无法显示或打印的范围。不同的颜色空间是小一些的蜡笔盒或盒子，包含多种颜色混合，以反映可见或可打印颜色的不同环境。

图4.1 加色系统是由三种基本颜色形成的：红色、绿色和蓝色　　图4.2 减色系统由次级颜色组成：青色、黄色、洋红色

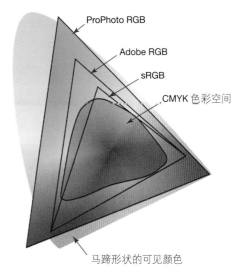

ProPhoto RGB

Adobe RGB

sRGB

CMYK色彩空间

马蹄形状的可见颜色

图4.3 色彩空间定义设备能够显示出的色彩范围

因为 CMYK 印刷机的色域有限,当图像要胶印时,许多设计师喜欢使用 ColorMatch 这样的小盒蜡笔。另有摄影师使用 Adobe RGB,这是一个较大的色彩空间,适用于喷墨打印,还有 ProPhoto RGB,非常适合处理来自原始数据文件的 16 位文件。色彩空间会因打印机之间的差异,甚至不同类型的纸张和墨水而产生多种变化。我们可将 Photoshop 设置为:如果超出正在使用的设备的色域的颜色空间,则发出警告。为什么要在无法于打印纸或显示器上完全显示的色彩空间中工作?因为我们不知道未来会有什么变化,可能在将来这些都不再是限制。

4.2 识别和校正偏色

颜色校正的过程始终从识别偏色开始。在应用解决方案之前,必须知道问题所在。在浅色或中性图像区域中更容易识别偏色,也称为明暗或色调。例如,白色衬衫或灰色人行道较容易找到偏色,当某些东西应该是黑色而实际不是黑色时,偏色也很明显。在评估图像的颜色时,请找到中性参考:应该是白色、近白色或灰色的东西。如果看起来略微发蓝,那么图像应该有蓝色偏色。清除较亮和中性区域的偏色通常需要注意贯穿整个图像所需解决的色彩校正工作。奇妙的是,许多照片编辑应用程序会提供本章将要介绍的复古偏色效果。

当你看到一幅图像时,大脑告诉你某些东西的颜色不正确,那么有可能就是偏色。对于一般观众来说,有些偏色可能不要紧,但它们在服装等行业中至关重要,返厂的一个常见原因就是商品与广告宣传不

一致。

当摄影师使用了和灯光、白平衡设置不匹配的胶片时,或者当图片随着时间的推移而褪色时,偏色就会出现。在老旧的胶片相片中,偏色很常见。大多数胶片都是以日光作白平衡的,意味着头顶的太阳是光线的来源,在不同光线下拍摄的图像通常都有偏色。在白炽灯下拍摄的图像变为橙色,而在荧光灯下拍摄的图像呈蓝色。胶片技术用非常高的速度实现成像,很便捷,但对于颜色打印来说不是最精准的。

以下是三个不良偏色的示例。图 4.4 显示了由于存储不当导致褪色的极端偏色。在图 4.5 中,两个孩子后面的墙本应是白色的,但出现了蓝绿偏色,直接影响到孩子们的脸。图 4.6 有很好的暖光,但实际上白色区域应该是中性的,因为照相时应该接近于在正午的阳光下。

> **+提示** 有时单色偏色的出现可能是因为一种颜色过度饱和,只需要通过降低该颜色的饱和度便可纠正它。

4.2.1 考虑光源

如果图像中包含白色、灰色或黑色,那么使用 Photoshop 的诸多选项来中和偏色应该不会太难。但是,如果图像包含多种不同类型的光源或者不均匀的褪色,校正起来就会有点难度。

即使颜色可能看起来不正确,有时实际上就是如此。图 4.7 描绘了橙色的雪。但是在这张图片中,光源来自发出橙色光的钠蒸气路灯,使得这张照片中的色彩非常接近准确。有时,摆脱偏色可能不是最好的解决方案。这位父亲脸上骄傲的表情 (图 4.8) 被各种颜色

图4.4 时光的流逝和不当的保存导致了这个印刷件中出现了恼人的偏色

图4.5 孩子们身后的墙上出现了蓝/绿色偏色,但它本应是白色的

图4.6 白色区域出现了不该有的淡红色偏色

的舞台灯光所抑制，创造了一种复杂的色彩校正场景。照片中有几个区域的颜色是中性的，可以作为校正颜色的基础。但如图4.9所示，没有一个尝试有明显的改善，而且颜色仍然看起来不太正确，就是因为对象没有在中性光源下拍照 (图4.10)。这种情况下，简单地将图像转换为黑白图像可能是个更好的解决方案，这会将注意力集中在主体的表情上，远离看起来狭窄的景深 (图4.11)，但这会让父亲在画面的重点比例上降低一些。

➕提示 请一直拍彩色照片，即使最后处理的结果是黑白的。如果能通过色彩通道转换为黑白，这会比直接使用相机的黑白设置保留更多的处理可能性。

图 4.9 某些情况下，根据被认为是中性的颜色来进行颜色校正可能无法产生理想的效果

图 4.7 尽管出现了橙色偏色，但这幅图像是场景相当精确的表达，因为照明光源来自发出橙色光芒的路灯

图 4.10 尽管进行了多次颜色校正，但颜色还是不正确，因为对象未处于中性光源下

图 4.8 一张在多种类型的照明下记录的图像可能无法被完全地校正色彩

图 4.11 在棘手的照明情境中，图像的黑白版本会是一个好的解决方案

所有的偏色都是糟糕的吗

世界上只有两种类型的偏色: 增强图像的和毁掉它们的。

知名的艺术儿童摄影师SonyaAdcock使用偏色来创造氛围或达到唤起情感的效果。例子中包括来自白雪皑皑的阴天的蓝色色调的寒冷感觉, 以及清晨透过窗户的金色调灯光(图4.12和图4.13)。

图4.12 蓝色和绿色色调呈现出凉爽的感觉

图4.13 大量的红色和黄色传达出温暖的感觉

4.2.2 寻找中间调

用于识别偏色的工具包括视觉记忆、"信息"面板、单个图像通道和实践操作。像蓝色和青色, 或洋红色和红色这种接近的偏色, 可通过进行一些相关练习来正确识别。如果你的高光中有偏色, 那么很可能需要对整张照片进行偏色调整。因为在阴影区域看不到偏色并不意味着那里没有。一旦确定了偏色, 就要全局思考并首先处理一般问题。幸运的是, 首先纠正这个大问题通常可以解决很多沿途的小问题。

4.2.3 颜色记忆

我们知道草是绿色的, 天空是蓝色的, 云是白色的。我们将这些称为记忆, 因为我们知道它们本应是什么样的。我们的大脑可能会把颜色分配给事物, 即便有时图像给我们传达了完全不同的信息。我们使用普遍意义上的颜色校正, 因为我们将颜色记忆作为选择看起来是正确颜色的基础。

➕提示 盯着看越久, 偏色越不明显。请偶尔把视线从色彩校正项目上挪开, 然后带着视觉的新鲜感回来。

4.2.4 "信息"面板

正如"信息"面板在进行色调校正方面的重要性

一样, 色彩校正同样重要。将吸管放在应该是中性色彩的区域, 并在"信息"面板中读取 RGB 值。正确平衡的中性色具有相同的 RGB 值, 而带有偏色的图像则没有。较暗的中性区域具有较低的 RGB 值, 较亮的区域具有较高的 RGB 值。即便没有看到图像, 你也可以从读数中看出 (图 4.14) 测量区域包含强烈的偏色。

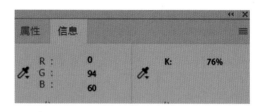

图 4.14 "信息"面板中可显示当前的颜色偏色

4.2.5 通道与实践操作

通过本章的其余部分, 我们将探索不同的颜色校正方法, 这些方法通过改变各个通道来运作, 类似于校正色调的方法。与所有的 Photoshop 工具一样, 最好的选择来自于实践和经验。

4.3 全局颜色校正

评估在色彩校正中改善的内容时, 可以选择是将校正应用于整个图像还是仅应用于一部分。我们将首先处理整个图像(称为全局),然后有选择地应用校正。

我们有很多选项可以用来覆盖 Photoshop 的自动校正颜色功能。如果你想要精通色彩校正技巧,就需要熟悉每种颜色模式的基色。一种方法是记住以下顺序: RGB 和 CMYK。字母的顺序是它们的颜色对立面。红色的对面是青色,绿色的对面是洋红色,蓝色的对面是黄色。如果青色和洋红色不是你熟悉的颜色,请记住它们在 RGB 中的对立面。如果图片太绿,则需要调整相反方向的颜色,即洋红色 (图 4.15)。

红色 ⟷ 青色

绿色 ⟷ 洋红色

蓝色 ⟷ 黄色

图 4.15 了解对应关系有助于更好地理解颜色校正

图 4.16 具有强烈的绿蓝色调

图 4.17 处理后的效果

4.3.1 自动更正

识别偏色是色彩校正的第一步,寻找最适合的工具来校正是另一回事。Photoshop 包含从简单的单击到复杂的多步校正操作的选项。一般情况下,你应该掌控最后的结果,但有些图像的自动校正功能可以很好地实现效果。图 4.16 是通过有色玻璃拍摄的,相机的自动白平衡设置没有对其进行补偿,从而产生强烈的绿蓝色调。要了解“自动颜色”命令的强大功能,请按照以下几个步骤查看效果 (图 4.17)。

📥 **ch4_vegas_view.jpg**

(1) 要保护原始图像,请按 Cmd+J / Ctrl+J 复制“背景”图层。

(2) 选择“图像”|“自动颜色”。正如你所看到的,校正产生了戏剧化效果,如果颜色校正一直那么简单,我们就可以在本章结束。但是,自动颜色并非总能达到想要的效果,因为它不允许用户输入数据。让我们探索 Photoshop 的更高级控件,其中包括无损自动颜色彩校正选项。

4.3.2 使用色阶或曲线来自动校正颜色

在“色阶”和“曲线”的调整图层里,你都可以通过单击“属性”面板中的“自动”按钮来自动校正颜色 (图 4.18 和图 4.19)。在调整图层中使用自动颜色校正,可使更改保持无损状态。如果把其中一个调整图层添加到之前的图像中,并单击“自动”按钮,就会得到不同的结果,这是因为曲线和色阶为自动颜色校正提供了不同的算法。

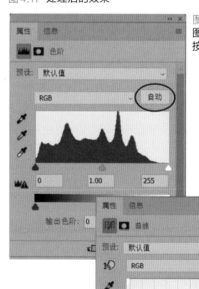

图4.18 “色阶”图层中的“自动”按钮

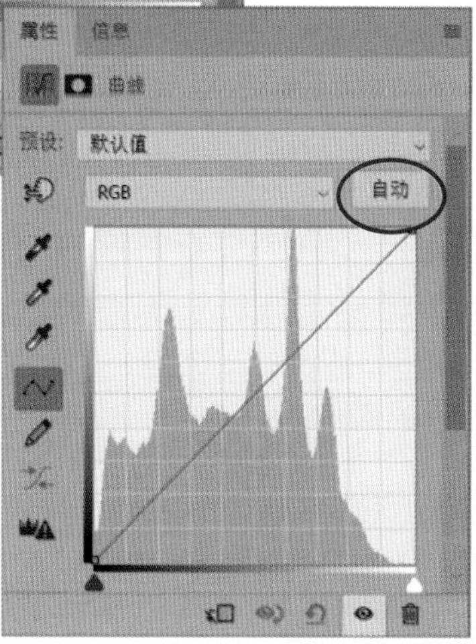

图4.19 “曲线”图层中的“自动”按钮

4.3.3　提升自动颜色校正效果

要更改曲线或色阶中的"自动"按钮使用的算法，请在相应的"属性"面板中打开"自动颜色校正选项"对话框 (图 4.20)。请从"属性"面板菜单中选择"自动"选项来打开对话框，或者按住 Option/Alt 键的同时单击"自动"按钮。你可以选择四种自动颜色算法：增强单色对比度、增强每通道的对比度、查找深色与浅色、增强亮度和对比度。此外，有选项可以捕捉中性中间调、目标颜色和设置剪裁级别，如第 3 章所述。自动颜色中使用的选项通过捕捉中性中间调来增强每个通道的对比度。请记住，没有速成大法，只有通过实验才能了解对于不同图像来说，哪个选项最合适。

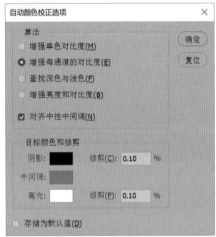

图 4.20　自动颜色校正提供了更多选项

4.3.4　定位自动颜色校正

因为自动颜色校正会评估整个图像，所以未必能达到理想效果。如图 4.21 所示，外部的白色边框或撕裂的边缘可能会降低准确性。为避免出现意外结果，请在使用"自动颜色"功能之前裁剪文件，或选择包含多种色调变化的区域，并通过"色阶"或"曲线"调整图层应用自动颜色功能。如果结果不错，请删除或隐藏蒙版，在图像的其余部分应用这个结果。请按照以下步骤达到理想效果，如图 4.22 所示。

⬇ **ch4_couchcouple.jpg**

(1) 使用"选框"工具选择图像的重点区域 (自动颜色将对此区域进行计算)。在此例中，指的是图 4.23 中这对夫妇的面部。

(2) 添加"色阶"调整图层，该图层将自动生成将未选区域隐藏起来的蒙版。

(3) 在"色阶属性"面板中，按住 Option/Alt 键并单击"选项"按钮，然后尝试不同的算法。如图 4.24 所示，

图 4.21　**原始图像**

图 4.22　**改善后的图像**

让选择的颜色接近中间调来增强每个通道的对比度，可达到最佳效果。

(4) 要在整个图像上应用校正，请用白色填充蒙版，然后删除它，或者按住 Shift 键单击蒙版将其关闭 (图 4.25)。

图 4.23　**选择图像的重要位置**

4.4　使用调整图层来缓解颜色问题

Photoshop 提供了许多可用来校正颜色的功能。调整图层 (有时与图层蒙版相结合) 是进行可重新调整和无损编辑的最佳选择。让我们来看看最实用的是哪些。

图 4.24 当对图像的较小部分进行运算调整时，自动颜色会生成更好的结果

图 4.25 关闭蒙版将颜色修正应用在整个图像上

图 4.26 偏冷的视觉效果

图 4.27 使用加温滤镜后的效果

4.4.1 使用照片滤镜校正色温

我们的眼睛在拍摄照片时看不到色温，因为无论光线多么凉爽或温暖，我们的大脑都会将光线平衡为白色。当自动白平衡从图像转换到下一个图像时，会出现这类偏色。由于相机会评估每个图像的光线，所以同时拍摄的一系列图像可能发生色彩偏移。这就是为什么使用原始数据文件格式来拍摄照片非常有价值的原因，如果由于某种原因在拍摄图像时没时间手动设置白平衡，那么可以在编辑时纠正错误的白平衡设置。

回到胶片时代，没有调整我们现在所说的白平衡或色温的简单办法。大多数胶片都是使用日光进行色彩平衡的，在正午太阳以外的光线下记录的图像会出现偏色。在摄影实验室中可以多次校正印刷或彩色底片中的偏色，但透明胶片需要在拍摄前就校正好颜色。摄影师会在镜头上添加颜色滤镜，以补充光源所缺少的颜色。

照片滤镜调整模拟了添加色彩校正滤镜的效果，并且可以用来实现一些效果，如本章前面所示。

当拍摄图 4.26 中的图像时，天空是阴天的状态，形成偏冷的视觉效果。请注意，谷仓墙上的石头有蓝色偏色。请按照以下步骤使用加温滤镜以表达傍晚时的光线效果，如图 4.27 所示。

📥 **ch4_horsebarn.jpg**

(1) 添加照片滤镜调整图层。从"滤镜"菜单中选择"加温滤镜 (85)"。请确保保持亮度默认值，如图 4.28 所示。

(2) 使用"浓度"滑块可加强效果，但更快捷的方法是按 Cmd+J / Ctrl+J 键复制调整图层。

试一试 图 4.29 是在一个小型博物馆拍摄的，物体被白炽灯光照亮，造成橙色偏色。照明确实产生了温暖的感觉，但并不能准确地表现场景。向图像添加蓝色可以抵消偏色。添加照片滤镜调整图层并浏览减温滤镜，尝试使用"浓度"滑块，以消除偏色（图 4.30）。

🔽 **ch4_museum.jpg**

提示 不要将这些色彩校正滤镜与黑白摄影中使用的用来提升特定色彩对比度的滤镜混淆。使用黑白或通道混合器调整可实现效果。

注意 Photoshop 不是糟糕摄影技术的借口。最好在相机中设置好正确的白平衡，尤其是在以 JPEG 格式拍摄时。正如我多次说过的那样，如果图片拍摄得当，计算机上的工作量会减少，而且出现不自然的结果的概率也会更小。

在前面的例子中，我们使用了现成的照片滤镜来校正偏色。在下面的示例中，我展示了得到校正偏色相同调整效果的一种更高级技术。强光钨灯没有被数码相机的白平衡功能所校正，得到的图像过于偏黄（图4.31）。通过几个Photoshop步骤，可将色温改成中性的日光效果，如图4.32所示。

图 4.29 **具有橙色偏色**

图 4.30 **消除了偏色**

图 4.31 **图像偏黄**

图 4.28 **加温滤镜的默认设置清除了大部分蓝色偏色**

图 4.32 **将色温改为中性的日光效果**

使用"照片滤镜"调整图层将通过为图像添加相反颜色的滤镜来补偿光线不具备的色温。

(1) 添加"照片滤镜"调整图层。

(2) 在"属性"面板中不进行任何更改,然后单击色样以打开拾色器,查看"图层"面板。对图像区域进行取样,显示要校正的强烈偏色 (图 4.33)。

(3) 在颜色选择器中,通过插入或删除负值来反转 Lab 的 a 值和 b 值。这种变化 (图 4.34) 并不像上一个例子那样效果明显,因为我们没有改变强度。

(4) 单击"确定"按钮关闭拾色器。使用照片滤镜的"浓度"滑块进行校正微调,如图 4.35 所示。

4.4.2 色阶、曲线和灰度吸管

在单独的颜色通道中,可使用"色阶"和"曲线"进行非常复杂的调整。如果图像中存在中性灰色区域,请使用灰色吸管修复偏色问题。"色阶和曲线"对话框中有三个吸管。第 3 章介绍了白色和黑色吸管。中间的吸管是灰色的,用于确定中性的颜色。

图 4.33 使用"吸管"工具选择偏色

试一试 这张褪色的狮子照片 (在柯达 Photo CD 上找到的) 有强烈的绿色偏色 (图 4.36),是摄影师的失误。添加"色阶"或"曲线"调整图层,并使用灰色吸管移除偏色。请确保吸管的"样本大小"设

置大于"点样本",然后进行实践,因为有多个区域看起来是灰色的 (图 4.37)。

图 4.34 反转 a 和 b 的颜色值

图 4.35 在密度滑块上提高百分比会使效果加强

4.4.3 调整色阶中的通道

自动校正有时会是试错的过程。如果你知道图像中的某些东西真的是中性灰色,灰色吸管的效果就会很好。当这两种方法都不奏效时,调整每个颜色通道会更有效。在 20 世纪 70 年代后期和 80 年代早期,使用 Agfa 纸张和化学物质的照相洗印机经常仅仅在几年之后就会出现偏色情况。好在这并没有影响到在

此期间处理的负片,只有印刷部分会受到影响。在那个时代,大型商场里开设的旅行肖像工作室很受欢迎。从这些工作室购买到的照片中不包含负片,因此客户会看到他们的图像在几年后开始褪色,无法再次重印。图 4.38 就是这种情况,它已经基本变为橙色。请按照以下步骤将活力和色彩还回到褪色的印刷品中(图 4.39)。

ch4_brothers.jpg

(1) 创建"色阶"调整图层。图 4.40 中的直方图显示了完整的色调范围。

(2) 打开通道菜单,然后选择红色通道(或按 Option+3 / Alt+3)。请注意,此通道中的直方图不会在整个图表中显示曝光信息。将黑色滑块向右滑动,直到直方图的初始点上升到 0 以上,输出读数应为 113,如图 4.41 所示。图像的大部分红色已经失去了。

(3) 再次打开通道菜单并选择绿色(或按 Option+4/Alt+4)。此通道的直方图在整个图表中显示了完整的曝光信息,但是强调了一点点的黑色。将黑色滑块移到 14,中间调滑块微调至 1.04。请不要挪动白色滑块,因为调整它只会让图像比实际所需的还要亮(图 4.42)。

图 4.38　基本变为橙色

图 4.36　有强烈的绿色偏色

图 4.37　处理后的效果

图 4.39　重焕活力

(4) 在通道菜单中选择蓝色(或按 Option+5 / Alt+5)。同样,直方图不会扩展到整个范围。请将白色滑块移动到图表下降到 0 时的点(197),如图 4.43 所示。在颜色被校正后,中性灰色区域会显现出来,这会让校正变得更简单。

图 4.40 直方图显示了在 RGB 模式下曝光的完整范围

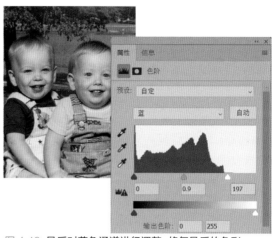

图 4.43 最后对蓝色通道进行调整，修复最后的色彩

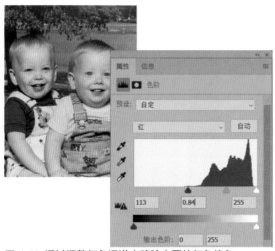

图 4.41 通过调整红色通道来移除主要的红色偏色

图 4.44 场景不准确

图 4.45 让雪看起来更自然

4.4.4 曲线中的调整通道

图 4.44 的彩色灯光中散发出温暖的光芒，但它并不是场景的精准重现。使用钨膜拍摄图像会使颜色增强。如果你在雪地部分移动吸管工具，就会显示出几乎一样的红色、绿色和蓝色读数 —— 红色和蓝色通道显示了强烈的不平衡。曲线包含用于追踪颜色的，像色阶一样的单通道调整功能，但曲线可以进行更详细的修正，就像色调调整一样。请按照以下步骤让雪看起来更自然，如图 4.45 所示。

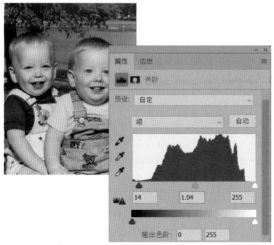

图 4.42 绿色通道显示了完整的曝光范围，但是对黑色滑块进行一点调整可以改善颜色

(1) 添加一个曲线调整图层，它的直方图显示了色调的完整范围 (图 4.46)。

(2) 打开通道菜单，然后选择红色 (或按 Option+3/Alt+3)。回顾一下，为了让雪看起来是白色的，就需要减少红色。将曲线线条的中心位置向右下角拖动。当输入读数是 140、输出读数是 106 时停止 (图 4.47)。

(3) 按 Option+4/Alt+4 切换到绿色通道。图像中似乎没有太多绿色，绿色通道直方图显示信息分布非常均匀，因此不做任何更改 (图 4.48)。

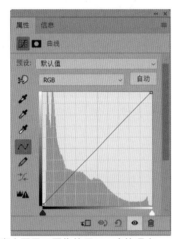

图 4.46　直方图显示图像使用了正确的曝光

图 4.47　在红色通道中调整曲线，移除大部分红色

(4) 最后，切换到蓝色通道 (或按 Option+4/Alt+4)。同样，直方图看起来很好，但是将曲线的中心拖向右下角。这会将颜色从蓝色移向黄色。当输入读数为 138、输出读数为 114 时停下 (图 4.49)。

图 4.48　绿色通道在图表中没有什么问题，不需要进行调整

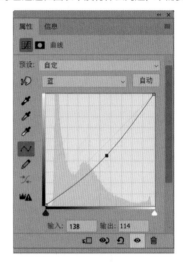

图 4.49　对蓝色通道的最后调整移除了剩余的偏色，让雪重归白色

提示　在单独的"色阶"或"曲线"调整图层中校正色调和色彩平衡可能会有点混乱。请为每个目标使用单独的调整图层。

4.4.5　分开攻克

Lab 颜色模式不像 RGB 或 CMYK 那样直观，在 Dan Margulis 的描述中甚至是令人生畏的，他写了一本完整的用来讨论该如何使用它的书：*Photoshop LAB Color：The Canyon Conundrum and Other Adventures in the Most Powerful Colorspace (Second Edition)*。

Dennis 设计了一种方法，借用了与 Lab 一起使用的概念，在不离开 RGB 或 CMYK 的前提下几乎包含色彩校正的所有功能 (Dennis 在第 8 章的几个项目中使用了这种技术)。他使用曲线和混合模式分离了颜

色和色调 (图 4.50 和图 4.51)。为解决"色调"问题，他添加了一个"曲线"调整图层，将其重命名为"色调"，将混合模式设置为"变亮"，并设置白色点和黑色点 (图 4.52)。所有更改只会影响图像的亮度，而颜色保持不变。针对颜色，他创建了第二个"曲线"调整图层 (重命名为"颜色")，并将混合模式设置为"颜色"。他可以在其中通过访问各个通道来校正颜色。更改只会对颜色产生影响，而色调保持不变 (图 4.53)。

　　这种技术已成为 Dennis 的修正方法，他创建了一个生成两个调整图层的动作。他还在对图像着色时使用这种方法，因为它可以产生非常平滑的过渡并且使边缘隐藏得更好。

图 4.50 **原始图像**

图 4.51 **处理后的效果**

4.4.6 色彩平衡

　　当开始处理时，使用曲线和色阶解决颜色的问题可能有点难度。你可能希望保留它们，以便进行色调校正，并使用专用的颜色调整进行操作。色彩平衡调整非常便捷，因为 RGB 和 CMY 模式的所有六种颜色同时可见，因此不必跳转到不同的通道就可以轻松地校正颜色。但是色彩平衡调整面板中没有便于监控的内置直方图，因此你需要使用"直方图"面板或"信息"面板。图 4.54 中的这张旧家庭照片随着年月流逝而

变黄。请按照以下简要步骤让照片回到最初的颜色 (图 4.55)。

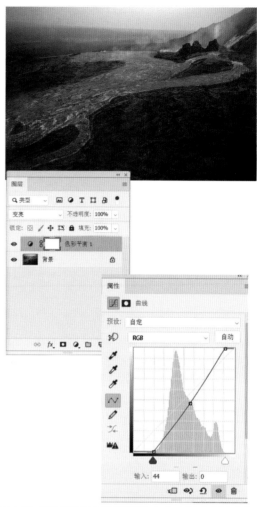

图 4.52 **将曲线的混合模式设置为变亮，只有色调值改变了**

⬇ **ch4_group_photo.jpg**

　　(1) 添加色彩平衡调整图层。

　　(2) 由于图像的黄色最明显，将黄色 / 蓝色滑块拖向蓝色，停在 +21。

　　(3) 小心地将洋红色 / 绿色滑块拖向洋红色至 –3。

　　(4) 将青色 / 红色滑块向左拖动到 –15，如图 4.56 所示。

4.4.7 色相 / 饱和度

　　比起色彩平衡，色相 / 饱和度更不直观。它也有三个滑块，但以不同的方式运作。"色相"滑块改变整体颜色，"饱和度"滑块改变颜色的强度，而"明度"滑块是不言自明的。使用"色相"滑块进行微调可以产生戏剧性的颜色。变化，同时也为全局颜色的校正带来

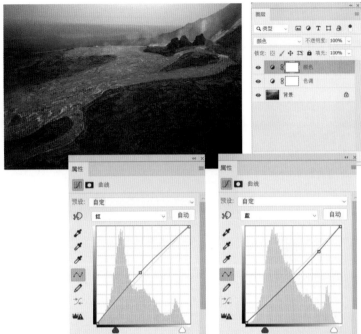

图4.53 将第二个曲线的混合模式设置为颜色，使更改独立于色调调整

一点麻烦。Wayne 使用此调整来追踪那些使用了其他方法校正颜色之后，或是那些通过降低单个颜色的强度解决部分问题后，图像中依旧存在的偏色问题。

在此图像中，我们将首先使用灰色吸管移除大部分偏色，然后使用色相／饱和度调整来选择性地消除剩下的蓝色色调 (图 4.57 和图 4.58)。

(1) 创建"色阶"或"曲线"调整图层，选择灰色吸管，然后单击房屋前面的道路。这会有明显改善，但雪仍然是蓝色的 (图 4.59)。

(2) 添加"色相／饱和度"调整图层。选择"在图像上单击并拖动可修改"工具，在蓝色阴影中寻找一个点，然后向左拖动直到蓝色消失。或者可以打开"预设"菜单下的子菜单，选择蓝色，然后将"饱和度"滑块拖动到 -80，如图 4.60 所示。

(3) 遗憾的是，蓝天也同时消失了，我们可以通过在"色相／饱和度"调整图层的蒙版中添加渐变来恢复蓝天的色彩。单击"色相／饱和度"调整图层的蒙版图标，按 D 选择黑白的默认颜色，并确保前景色为白色。

(4) 选择"渐变"工具 (G)，请记住使用隐藏为黑色和显示为白色的蒙版。在烟囱上向上拖动一小段距离 (图 4.61)，天空会回到蓝色，同时保持雪的中性色彩。

图 4.54 旧家庭照片

图 4.55 处理后的效果

图 4.56 色彩平衡调整可以在同一个界面中调整 RGB 和 CMY 的基本颜色，使色彩校正变得更简单

图 4.59 灰色吸管移除了大部分蓝色，但是在雪地上仍旧有偏色

图 4.57 具有蓝色色调

图 4.60 通过降低蓝色色阶的饱和度来移除剩下的蓝色偏色

4.4.8 Camera Raw 滤镜

需要花上一些时间、耐心和经验在 Photoshop 中了解颜色校正工具。有点像站在土厨的厨房里 —— 你可能不了解针对特定任务最适合的工具，眼前摆着所有可供选择的选项，可能让你毫无头绪。

Camera Raw 滤镜不像调整图层那样划分区域，而是提供在一个界面内进行色调和色彩校正需要的所有工具。在调整设置时你无须在不同的调整图层之间来回切换。

如 果 你 已 在 Adobe Camera Raw(ACR) 中 处 理了原始文件，你应该已经熟悉该界面。如果你是 Lightroom用户，Camera Raw 滤镜会包含相同的工具，但是采用标签式布局。

图 4.58 消除蓝色色调

图 4.61 色相／饱和度蒙版中的黑色渐变部分隐藏了饱和度调整，将天空还原成蓝色

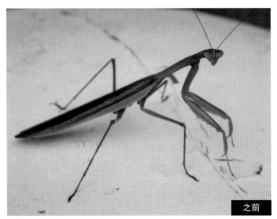

图 4.62 螳螂偏向蓝色

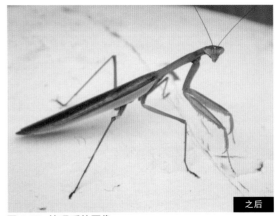

图 4.63 处理后的图像

Camera Raw 滤镜拥有一个在其他任何地方都找不到的特殊工具："白平衡"工具。与"水平和曲线"中的灰色吸管工具不同，"白平衡"工具适用于任何中性颜色的区域。不一定是灰色的，它同时适用于白色或黑色。

在螳螂的这张图像中 (图 4.62 和图 4.63)，它站在一块刷成白色的木头上，但相机的自动白平衡使它偏向蓝色。与本章中的其他示例不同，此图像没有可用来进行校正的中性灰色区域，使用"色阶"和"曲线"中的黑色或白色吸管可以改变曝光。这就是"白平衡"工具的突出之处。

把 Camera Raw 滤镜转换为智能滤镜使用可防止图像被破坏。

(1) 通过在"图层"面板中右击"背景"图层并选择"转换为智能对象"，可将"背景"图层转换为智能对象，或选择"滤镜"|"转换为智能滤镜"。

(2) 选择"滤镜"|"Camera Raw 滤镜"，打开"Camera Raw 滤镜"对话框。在界面顶部的"工具"面板中选择"白平衡"工具 (用吸管图标标记)，如图 4.64 所示。

(3) 单击图像中背景显示为白色的任何位置，蓝色偏色就会消失。同样，在暗部的任意处单击，你会发现变化略有不同 (图 4.65)，最后由你来决定最适合的效果。

图 4.64 在 Camera Raw 滤镜中的"白平衡"工具可用在任何本应是中性色的地方——白、灰或者黑色

在界面的所有校正工具中，Camera Raw 滤镜是进行色彩校正的首选。如果所有颜色都需要修复，这会是个好选择，因为当 Camera Raw 滤镜在智能对象上应用时，能够保持无损状态。

使用 Camera Raw 滤镜时的注意事项

如果最终的图像涉及多个图层，Camera Raw 滤镜可能会使工作流程复杂化。

● 将合成图像放在一起时，为使其匹配，通常会调整不同图层的色调和颜色。如果要调整的图层是智能对象，直到退出 Camera Raw 滤镜之前，合成图像的内部都不会显示更改。

● 仿制和修复无法直接在智能对象上应用，而必须在单独的图层上完成，这是无损性工作流程的一部分。如果智能对象要在稍后调整颜色或色调，上面的图层 (包含仿制或修复的信息) 将不再与之匹配。可以保存智能对象图层内的变更，然后将这些更改应用于附加的图层 (如果它们也已经转换为智能对象并将调整导入了 Camera Raw 滤镜中)。为避免遇到这类难题，此滤镜可能最适用于只需要校正色调和色彩的图像，或者那些在开始之前就已经完成校正的工作。

4.5 对选择区域进行色彩校正

到目前为止，你已经了解了如何进行全局色彩校正，但图像在不同区域可能会有不同的问题。有时，图像的一部分比较理想，而另一区域的颜色会有偏移。由于存储条件差、最初拍摄照片时的混合照明或处理不当，可能会出现不同的偏色问题。请始终从校正全局颜色入手，然后选取剩下的问题区域，进行局部色彩校正。

校正多个颜色问题

很多时候，你必须在混合照明下拍照 —— 例如有荧光顶灯和从窗户射入日光的办公室，或者如图 4.66 所示，大部分空间被闪光灯照亮，但背景是室外光线和钨灯的组合。闪光灯未达到完全充电状态，而且主体曝光不足，相机的白平衡也导致蓝色偏色。混合照明的照片存在问题，因为我们的眼睛在无意识的情况下自动中和了色温。为了校正混合照明问题，使用包含调整蒙版的照片滤镜图层的组合，来选择性地处理图 4.67 中的图像。

⬇ ch4_mixedlighting.jpg

(1) 添加"色阶"调整图层，选择白色吸管，然后单击前景中的糖包。现在人物看起来好多了，但背景光线太黄，甚至会分散注意力，如图 4.68 所示。

(2) 在"色阶"调整图层蒙版上使用柔和的黑色画笔绘制背景，如图 4.69 所示。蒙版绘制不必非常精确，因为光源之间会有一点点的自然混合。

(3) 按住 Cmd/Ctrl 键单击"色阶"调整图层蒙版，将蒙版加载为选区，然后按 Cmd+Shift+I/Ctrl+Shift+I 反转选区 (图 4.70)。

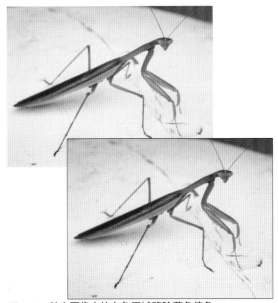

图 4.65 单击图像中的白色区域移除蓝色偏色

图 4.66 处理前

图 4.67 处理后

(4) 添加"照片滤镜"调整图层，从"滤镜"菜单中选择"冷却滤镜 (82)"，然后将"浓度"降低到 15%，以达到中和偏色的效果 (图 4.71)。

(5) 要使背景变暗，请按住 Cmd/Ctrl 键单击将"照片滤镜"调整图层加载到背景选择的蒙版。添加"色阶"

调整图层，然后移动"中间调"滑块，直到背景亮度降低到合理并突出前面家人的程度，如图 4.72 所示。

4.6　匹配、更改和替换颜色

Photoshop 提供了许多用于匹配、更改和替换颜色的工具。让我们来探索这些工具并了解它们的优势和局限性。

图 4.68 "色阶"调整图层可以快速改善这张全家福，但是背景分散了太多注意力

图 4.69 在图层蒙版上绘制可使背景返回原始颜色和曝光

图 4.70 将蒙版转换为选区

图 4.71 冷却滤镜中和了背景的偏色

图 4.72 对同一个选区进行操作，降低背景的亮度，将更多注意力集中在主题物上

4.6.1　跨图像匹配颜色

"匹配颜色"命令允许你将一个图像中的颜色替换为另一个图像中的颜色。可以包括整个图像、特定图层或图像内部的局部选择。在图 4.73 中，两个图像

在主题上是相似的，但颜色明显不同，即便它们是在大概相同的时间拍摄的。在图 4.74 中，"匹配颜色"命令移除了洋红色偏色。

🔽 **ch4_dragon1.jpg**
ch4_dragon2.jpg

(1) 同时打开两个图像时，选择那张你想要改变颜色的图像，然后复制"背景"图层以防止编辑造成破坏。选择"图像"|"调整"|"匹配颜色"以打开"匹配颜色"对话框。使用"图像统计"区域中的"源"菜单开始校正，以选择要匹配的文件，如图 4.75 所示。

(2) 使用"明亮度"滑块改善整体色调，使用"颜色强度"滑块增加或减少色彩饱和度，如图 4.76 所示。如果满意，请单击"确定"按钮关闭对话框。

匹配颜色适用于匹配两个图像选定区域中的颜色。请确保选区是正确的，并确保在复制后的图层上处理。

图 4.75 选择素材图像

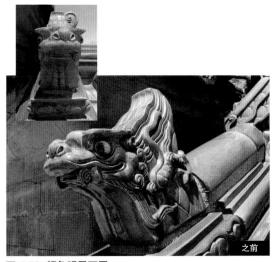

图 4.73 颜色明显不同

图 4.74 移除了洋红色偏色

图 4.76 调整明亮度和颜色强度，进一步进行校正

4.6.2 替换颜色

用于替换颜色的主要 Photoshop 功能是 "替换颜色" 命令 (位于 "图像" | "调整" 下) 和 "颜色替换" 工具 (嵌套在标准 "画笔" 工具下)。它们执行的操作基本相同，但 "替换颜色" 命令使用 "颜色范围" 选择要重新着色的区域，而 "颜色替换" 工具使用画笔定义并同时重新对区域进行着色。这两个工具都直接在图层上工作，因此务必在进行之前复制图层。两者各有优点，如何选择取决于把要重新着色的区域圈选出来的难度。如果选择了 "替换颜色" 命令，并且有多个颜色相似的区域，但不想全部更改，那么请在输入命令之前粗略选择要更改的区域。

＋提示 "颜色替换" 工具或 "替换颜色" 命令直接影响对象的亮度值。白色或黑色的数值越接近，效果越不明显。在 RGB 模式下，明亮度值越接近 128，与你选择用于替换的颜色越匹配。

让我们使用 "替换颜色" 命令更改图 4.77 中的汽车颜色。当前它的颜色接近天空的颜色。如图 4.78 所示，让它与女士的夹克相匹配，会很有趣味。

🔽 **ch4_bluecar.jpg**

(1) 打开文件并复制 "背景" 图层。

(2) 天空的颜色非常接近汽车的颜色。使用 "矩形选框" 工具在汽车周围进行粗略选择，如图 4.79 所示，以避免改变天空的颜色。

★注意 当我说 "粗略" 选择时，就是字面意思。如果一开始圈选了多出来的部分，只要它们的颜色与你正在更改的区域不同，就无关紧要。

(3) 选择 "图像" | "调整" | "替换颜色" (图 4.80)。请注意，因为没有选择任何内容，而且控制滑块被归零，所以预览框是黑色的。

(4) 使用 "吸管"，在汽车的蓝色区域里拖动并在对话框中查看结果选项。按住 Shift 键并沿整个车拖动以尽可能多地选择蓝色阴影的部分，而不要去选择女人的牛仔裤。使用 Option/Alt，或选择带减号的吸管对区域进行取消选择。提高模糊度让更多接近的蓝色被包含在其中，如图 4.81 所示。

(5) 完成颜色的选择后，使用对话框的下半部分来更改颜色。使用三个滑块中的任何一个更改替换颜色，或单击结果颜色框打开拾色器。使用其中的任一选项，当选择新颜色时，图像中都会进行实时更新。在主对话框中可使用吸管添加着色区域。请将 "色相" 滑块移到漂亮的紫色，然后使用 "饱和度" 滑块

图 4.77　初始图像

图 4.78　让汽车颜色与女士的夹克匹配

图 4.79　对你想要进行改变的区域进行粗略选择

降低颜色的强度，如图 4.82 所示。

(6) 单击 "确定" 按钮接受颜色更改，然后按 Cmd+D / Ctrl+D 取消选择。

(7) 离初始颜色越远，就越需要注意小心选择区域。如果选择确实拾取了图像中的其他一些蓝色，例如女士的牛仔裤和汽车挡风玻璃，请添加一层图层蒙版并涂上黑色来保护这些区域 (图 4.83)。

▶试一试 随着越来越多地使用 Photoshop 处理图像，你会了解到有多种方法可以完成相同的任务。下面是另

图 4.80 "替换颜色"对话框包含两种选择：选区和图像

图 4.81 使用"吸管"来选择要替换的颜色

图 4.82 使用"色相""饱和度""明度"滑块来控制颜色范围

一种更改对象颜色的方法，包括可让你在之后改变主意的选项（图 4.84 和图 4.85）。

图 4.83 使用图层蒙版对无意间改动的区域进行微调

图 4.84 最初颜色

图 4.85 改变颜色

⬇ color_change.jpg

（1）使用"快速选择"工具，选出这辆车的红色区域（图 4.86）。

（2）创建一个"色相／饱和度"调整图层，并确保选中了着色选项。此时会自动生成蒙版，所有更改都只会在已选区域内实现（图 4.87）。

（3）使用"色相"滑块改变颜色，使用"饱和度"

滑块改变颜色强度 (图 4.88)。

　　(4) 如果选区不够完美，请使用白色绘制扩大蒙版区域，使用黑色绘制在多余的部分。

图 4.86　使用"快速选择"工具对所选择汽车的颜色进行快速处理

图 4.87　在创建的"色相 / 饱和度"调整图层的上方自动生成蒙版，限制重新着色的区域

图 4.88　使用"色相""饱和度"滑块更改为一个新的颜色

这个方法允许简单地移动滑块来改变颜色，或者反复进行色相 / 饱和度调整来改变颜色。

4.6.3　在 Lab 颜色模式下更改颜色

　　在 Lab 颜色模式下编辑颜色的优点是图像的亮度不受影响。当需要清晰度和灵活性时，我会使用这种技术。在这个例子中，我想改变卡车上标志的颜色 (图 4.89)，让它更加突出 (图 4.90)。

⬇ ch4_shrimptruck.jpg

　　(1) 选择"图像"|"模式"|"Lab 颜色"，将图像转换为 Lab 颜色。

　　(2) 使用"多边形套索"工具选择标志。添加"曲线"调整图层。

　　(3) 在曲线属性面板中，从"通道"菜单中选择一个。在通道中滑动曲线的终点来改变标志的颜色，如图 4.91 所示。保持 a 和 b 曲线的平直可以让改变颜色或区域产生更可预测的结果。

图 4.89　原始图像

图 4.90　让标志更突出

　　➕提示　在 RGB 到 Lab 等颜色模式之间进行转换的过程并不总是无损的。在进行下一步之前复制文件，或使用"另存为"选项保持原始文件不变。

4.6.4　转移颜色校正

　　如果你已花时间进行了色彩校正并使用了调整

图层，则可将校正应用于需要相同校正处理的其他图像。有几种方法可以做到这一点。

- 许多调整图层都有保存和加载预设的选项。在调整图层中，打开"面板"菜单，然后选择"存储曲线预设"。切换到另一个图像，创建相同类型的调整图层，然后从菜单选择"载入曲线预设"(图4.92)。

- 选择"窗口"|"排列"来显示要调整的所有图像。将校正后图像的调整图层从"图层"面板拖动到每个未校正的图像上，如图4.93所示。

图4.91 使用曲线和Lab颜色模式进行细微的色彩调整

图4.92 对于多种调整图层来说，设置可被保存，也可应用在其他图像上

图4.93 调整图层可从一个图像拖到另一个图像上

● 当图像处于选项卡模式时，可使用另一种方法，但会有点麻烦。将调整图层拖动到要调整的图像的选项卡。不要松开鼠标按键，直到 Photoshop 将图像排到前面，然后将调整图层放在另一个图像上 (图 4.94)。

图 4.94 在选项卡式视图中，可将调整图层从一个图像拖到另一个图像上

4.6.5 为图像着色

有时，就算使用了最好的色彩校正工具，颜色仍可能不是最理想的，直接涂上缺少的颜色是一种更容易的解决方案，而且有时一张古老的黑白照片可通过着色来达到焕然一新的画面效果。有多种方法可以做到，只需要添加几种颜色就可为旧照片注入活力。Lorie Zirbes 曾在传统以及数字化的照片润饰领域工作，真正热爱为图像着色，正如这张重建的农民和拖拉机的图像所示 (图 4.95 和图 4.96)。让我们研究一下不同的着色方法以及颜色混合模式，这对于让它们生效来说至关重要。

1. 了解颜色混合模式

在最简单的形式中，你可使用"画笔"工具直接在对象上绘制从而为图像添加颜色，但这样做会覆盖

图 4.95 原始图像

图 4.96 处理后的效果

下面的内容。降低画笔的不透明度或在不透明度较低的空白图层上绘制是一种更好的选择，但色调会发生

变化。颜色混合模式非常实用，因为它允许在不改变图像色调的前提下添加颜色，在概念上类似于 Lab 颜色模式。

理解颜色混合模式如何运作的关键是，了解离 50% 灰色越近或越远会影响颜色的强度变化。在灰色区域，颜色会非常明显，而接近白色或黑色的区域则不会。这就是颜色混合模式好用的原因。根据色调范围，一种颜色可产生许多不同的阴影。图 4.97 演示了这一点。顶部的红条简单地覆盖了下方的渐变。但当红条的混合模式更改为"颜色"时，会出现多个红色阴影，并且当下面颜色为 50% 的灰色时，红色最浓烈。

在了解颜色的混合模式后，你可通过多种方式添加或更改图像中的颜色。

★ **注意** 在将模式更改为支持颜色的模式之前，灰度模式下的图像显然无法进行着色。

全局和选区校正之外

本章介绍的颜色校正只需要几个步骤。很多时候，校正图像颜色的方法会更复杂，需要创造力和解决问题的能力。校正颜色的一个更大挑战是图像产生了不均匀的褪色 (图 4.98 和图 4.99)。

Alan Cutler 需要使用多个图层让这种不均匀褪色的图像恢复原样。他首先创建了一个"色阶"调整图层，校正了图像中间部分的大部分颜色，但是对于褪色的边缘没什么效果。他使用包含不同色调变化的多个图层构建了图像，每个图层仅通过蒙版显示一小部分。然后是几个针对特定区域的调整图层，例如面部 (图 4.100)。

图 4.97 当与多种色调范围相结合时，颜色混合模式在单色中创建多种阴影

图 4.98 不均匀褪色

图 4.99 处理之后的效果

在另一个精彩的例子中,Alen 使用相同的方法来恢复加油队伍的图像 (图 4.101),但一开始的处理无法让颜色变得生动有趣。可以通过在图像上实现效果(图 4.102)并绘制颜色 (图 4.103),我们将在下一节中讨论有关内容。

图 4.100 使用多个修正的图层,使图像返回原始颜色

虽然可以使用标准的工作流程来处理基本的色调和色彩校正问题,但每个图像都没有明确的答案,试错可能是唯一的答案。图 4.104 和图 4.105 就是这种情况。 Allen Furbeck 希望保持图像的老旧外观(参见第 1 章),同时解决椭圆相框中的圆形垫导致的照片褪色问题。简单地将椭圆图像中褪色的部分裁剪掉,只处理剩下的部分可能更容易,但 Allen 希望恢复整个图像。30 个小时后,在经过很多处理和叠加了 150 个图层后 (图 4.106)(显示全部内容需要折页),他得到了想要的结果。这可能远远超出商业润图师可能花费或可能向客户收费的时间,但可以看出,完全可以通过足够的时间和毅力来完成处理。

图4.101 原始图像

图4.102 经处理的图像

图4.103 在图像例绘制颜色是重建生动色彩的最后一步

图4.104 旧照片

图4.105 处理后的图像

图4.106 为了重建这个图像，创建了150个图层

2. 着色方法

最直接的方法是使用"画笔"工具，设置为"颜色"模式来绘制所需的颜色。可通过画笔的不透明度来控制颜色的强度。要防止因编辑而导致破坏，请创建一个空图层，然后将图层的混合模式更改为"颜色"。可通过画笔或图层的不透明度设置来控制颜色的强度。想让工作变得井井有条，请在不同的图层上使用每种颜色，这样也可使更改编辑内容变得更轻松。

提示 "颜色"混合模式是许多绘图工具和调整图层的选项。

正如我们在其他工作中看到的那样，Photoshop提供了多种方法来完成相同的任务。但也许使用选区以及调整图层和图层蒙版是添加或改变颜色的最佳方法。请选择要更改的区域，然后添加调整图层(它包含由选区定义的蒙版)，变化只发生在选区内，蒙版可以在这部分进行调整。

让我们检验一下可用于着色的一些不同的颜色调整图层。

● 从色彩平衡开始处理当然是选择之一，但如果你不熟悉色环和颜色关系，想得到所需的颜色就必须移动多个滑块，可能会让你觉得有些混乱。选择"保留明度"可防止颜色的色调改变。使用色彩平衡可以获得更微妙的颜色变化。

● 色相／饱和度是可以更容易改变颜色的一种方法，因为其中的控件较少。有一个用于改变色相的滑块和一个用于调整饱和度的滑块，第三个滑块可控制明度，但往往会使对比度变得扁平，对于改变颜色不是很实用。确保选中"着色"框。与色彩平衡相比，使用"饱和度"滑块可增强色彩并使其变亮。请在单独的调整图层上使用每种颜色。

● 纯色调整图层可以更直观一些，当需要对颜色进行更精确的控制或进行大量颜色更改时，Wayne建议使用这个方法。先选出需要处理的区域，添加纯色调整图层，然后从拾器中选择所需的颜色。最后，将调整图层的混合模式更改为"颜色"。该方法的优点是可以容易地改变颜色。重新打开调整图层内的拾色器，当你在颜色范围中拖动时，图像会实时更新。对于只需要刷一两次画笔范围的小面积区域，绕过调整图层步骤会更容易。例如，如果在脸部应用了一种颜色，而你想要为嘴唇或眼睛添加不同的颜色，只需要创建一个空白图层，将混合模式设置为"颜色"并进行绘制。只要该图层位于顶部，它就会覆盖下面的所有颜色。请小心地在线条之间绘制。

这些改变颜色方法中的任何一种都是无损的，而且颜色可以很容易地改变。Wayne发现这很重要，因为颜色的使用是非常主观的，客户可能对看起来正确的东西有不同想法。

图 4.107　**原始图像**

图 4.108　**重现记忆中的画面**

提示　通常，只有一种颜色可在多个位置使用，这是因为色调变化会产生不同的阴影。

在这张图中，Lorie Zirbes 使用客户描述的回忆色彩创建了一幅宏伟的记忆画面 (图 4.107 ~ 图 4.109)。

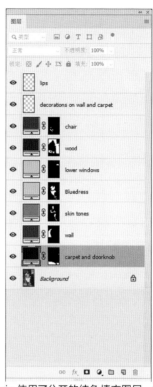

图 4.109　Lorie 使用了分开的纯色填充图层，每个都带有图层蒙版，混合模式都设置为"颜色"。这个技术是完全无损的，提供了可以轻松更改颜色的选项

试一试　本章介绍了"色阶"和"曲线"中的单个通道调整，讨论了专门针对颜色设计的图层调整方法。看看哪些对你来说是有用的。

⬇ **ch4_woman_in_chair.jpg**

3. 反向处理：在黑白图像中保持颜色元素

将照片艺术化处理的技法是把颜色元素放在黑白图像中，使它变得吸引人。我们已经介绍了如何对黑白图像进行着色。当图像最初是彩色时，在黑白图像中加入颜色元素会更简单 (图 4.110 和图 4.111)。

⬇ **the_apple.jpg**

(1) 用"快速选择"工具选择苹果，如图 4.112 所示。

(2) 在"图层"面板中添加黑白调整图层，将苹果变为单色，同时使图像的其余部分保持彩色 (图 4.113)。

(3) 确保图层蒙版处于活动状态，然后按 Cmd+I/Ctrl+I 反转蒙版 (图 4.114)。

之前

图4.110　彩色图像

之后

图4.111　在黑白图像中加入颜色元素

图4.112　使用"快速选择"工具轻松选中了苹果边缘

图4.113　因为在创建调整图层时选中了苹果，所以效果和期望是相反的

图4.114　反转蒙版

(4) 彩色区域的边缘有点明显。在蒙版上以8像素的级别运行高斯模糊滤镜，使边缘柔化 (图 4.115)。这种技术在几年前非常流行，但由于被用得太多了以至于变得老套，但它很好用，也容易实现。

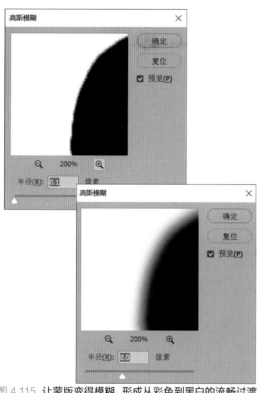

图 4.115 让蒙版变得模糊，形成从彩色到黑白的流畅过渡

4.7 结语

令人愉悦的色彩的重要性不容小觑。尝试在你自己的图像上应用本章介绍的这些技术会比任何教程更能让你受益。因此，打开图像并尝试真正地了解颜色——删除、添加、改变或强调它。但请记住，"好颜色"是一个主观概念，你需要细细品味。

第Ⅲ部分

恢复、修复与重建

第5章

灰尘、霉斑和去纹理

灰尘随处可见。我们的书架上、床底下、电脑里、屏幕上都积攒着灰尘。遗憾的是，它经常成为我们照片的一部分，因为灰尘会进入我们的数码相机，并紧紧贴在印刷品和胶片乳液上。灰尘问题一直困扰着在潮湿的暗室里工作的摄影师，可悲的是它仍然在数码暗房里折磨着我们。

霉菌是造成旧印刷品损坏和带来斑点的另一个常见原因，旧印刷品通常由明胶（一种来自动物的天然蛋白质）和植物染料制成，是饥饿霉菌的理想食物。损害、裂缝、眼泪、脏指纹、不小心溅在上面的液体以及不太理想的处理或存储会对你的摄影成果造成严重破坏。

在本章中，我们将了解清洁工具以及如何：

● 无损地进行工作

● 清洁数码相机文件

● 抽取滤镜和通道，用于除尘和还原

● 使用"仿制图章"工具和"修复"工具

● 减少眩光、摩尔纹和纹理

下面让我们深入学习基础知识并探索 Photoshop 的数字羽毛除尘工具。

5.1　拍摄大图

在使用"仿制图章"工具之前，需要准确查看存在灰尘或斑点问题的位置。根据文件大小和显示器分辨率，可能无法精确地观察文件。在 Photoshop 中首次打开图像时，视图可能非常具有欺骗性，你会看到完整图像，并且在大多数情况下，图像会缩小到不适合润饰的尺寸。

要清理细节，就需要看到细节。准备放大图像并进行像素级处理，如果正在使用高分辨率的显示器或 Retina 显示器，请以 100% 甚至 200% 的比例观察图像。否则可能发现不了缺陷，因为屏幕显示的是文件的压缩版本。

＋提示　请记住以下这些键盘快捷键，以便轻松放大和缩小图像。

● 按 Cmd + /Ctrl+ 键放大，按 Cmd +- / Ctrl+- 键缩小；这可以在 Photoshop、Lightroom、Photoshop Elements 甚至许多网页浏览器中使用。

● 按 Cmd + 0 + / Ctrl + 0 键缩小查看整个图像，按 Cmd+Option+0 /Ctrl+Alt+0 键立即缩放至 100% 视图。注意，这是数字 0，而不是字母 O。

● 单击 Z 键激活"缩放"工具，单击和按住图像来放大图像，然后按 Option/Alt 键缩小。

⬇ ch5_eatingapple.jpg

打开这张吃苹果的照片，查看"文件"选项卡，并注意图像显示的百分比。乍一看，图像可能看起来很好 (图 5.1)。但放大到 100% 并使用抓手工具在文档窗口中移动时，就会发现很多在首次打开时看不到的斑点。这就是为什么以 100% 来检查图像非常重要，因为在这个视图中可见的任何东西都可能在印刷品中出现。当你放大图像 (特别是分辨率特别高的图像) 时，很容易迷失

图 5.1　乍一看这个图像还不错，仔细检查后，灰尘就会显现出来

现在所处的位置。这是"导航器"面板 ("窗口" | "导航器") 可以派上用场的地方。通过拖动任何一个角来扩大这个面板的默认尺寸时，也可以把它当作第二视图 (图 5.2)。视图不断更新显示所做的更改，因此可以轻松监视工作进度和编辑的位置。在"导航器"面板中拖动红色框 (代表预览区域) 会将正在处理的区域重新定位。当你在进入印刷环节或提交给客户之前复查整个图像时，这可能特别有用。

图 5.2　在"导航器"面板中，放大至超过常规尺寸，当在图像的小部分上进行处理时，就很有帮助

5.2　无损处理

无损编辑是在 Photoshop 中工作的全局策略，它能让你回顾操作步骤，而且更重要的是，可以对图像进行编辑而不会永久改变图像信息。简而言之，无损编辑意味着在更改始终可以被撤消的情况下使用工具和工具选项。Photoshop 提供了许多无损工作方式。

永久地更改或删除像素可能导致遇到重要的东西被删除或者被更改而必须重新处理图像的情况。有时图片中最微不足道的地方却很重要，Wayne 在为重要客户工作时掌握到了一手资料 (图 5.3)。

要对图像进行无损的处理，请使用：

● **复制图层**。在进行编辑时处理"背景"图层的副本，例如在使用"减淡"或"加深"工具、进行内容感知移动或使用非智能滤镜时进行处理，否则就是破坏性编辑。

● **调整图层**。保证使色调和颜色校正与"背景"图层分离开，这允许你在整个处理过程中随时进行重新调整。

● **空白图层**。请在要处理的图层上加上空白图层，在上面使用包含选项的画笔、仿制、修复功能。

● **图层蒙版**。使用蒙版来隐藏图层中的某些元素，或者调整图层的一部分。可根据需要在后面编辑蒙版以使内容重新显现。

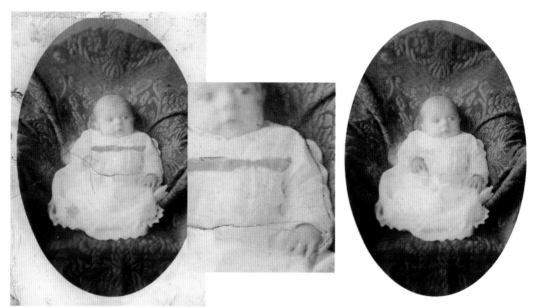

图 5.3　婴儿手部位置的白色亮点构成了图像损伤的一部分。这个反光源于婴儿佩戴的家族戒指，也是这个图像中重要的一部分。通过无损处理，被移除的部分可以轻松还原

● **智能对象与智能滤镜**。在应用任何滤镜、调整图层或改变之前将图层转换为智能对象，这样就可以在不破坏原始图像的前提下编辑设置。

关于在多个阶段的处理中使用"历史记录画笔"和记录快照可进行无损编辑这一点是存在争议的。但是，"历史记录"面板中有一个特别需要注意的事项，即当文件关闭时，"历史记录"面板中的内容不会保存，如果你这次就完成了修复工作，再不会打开它，这可能不会是什么问题，但如果想要在之后进行更改，这可能是个麻烦。历史状态可被保存为多个独立文件，但有更多无损编辑和更有效处理文件的方法 (图 5.4)。

图 5.4　"历史记录"面板和快照保留了在编辑图像时采取的步骤轨迹，但当文件关闭时它们就会丢失

5.2.1　复制图层

最简单的无损编辑形式就是对"背景"图层进行复制。当任何"背景"图层信息被滤镜和绘图工具改变时，在同一个文件上使用多个复制图层进行处理就是更有效的方法。请复制一个图层，在上面进行处理，保持不去改变"背景"图层。通过打开 / 关闭上层图层的可视功能可以体现"背景"图层在整个工作进程中的功用。可对其中的部件进行复制粘贴，覆盖在不满意的编辑结果上。想要复制"背景"图层，选择"图层"|"复制图层"，或者将"背景"图层拖动到"图层"面板中的新建图层的图标上，或者按 Cmd+J/Ctrl+J 键 (图 5.5)。

图 5.5　无损编辑的第一步是在"背景"图层的复制图层上处理

★ **注意**　对基于像素的图层，例如对"背景"图层进行复制会让文件大小加倍，当可在空白图层上使用"仿制图章"和"修复画笔"更便捷有效时，我们不推荐这么做。

5.2.2   在空白图层上处理

"对所有图层取样"选项可在"污点去除""修补画笔""仿制图章""模糊""锐化"和"涂抹"等工具中找到，它们都允许在"背景"图层上创建的新图层上进行改变和修复。如果是在不同图层上进行更改，就可以很容易地擦除或者删掉以进行重试。使用这个方法，就算不去复制整个图层依旧能让文件小一些，因为包含变更的图层与"背景"图层的数据量不同。我们在修复与润饰工作中始终使用空白图层，在本章中我们会分析几个实用案例。

5.2.3   处理 Adobe Camera Raw 数据

就像在接下来的部分中解释的一样，你可以使用与 Adobe Camera Raw 数据（ACR）有相似运作方式的 Lightroom 来清理胶片或者扫描仪上的灰尘检查器和典型的灰尘粒。ACR 无损处理的完美之处就在于它永远也不会真正地改变文件。永远可以通过在 ACR 或 Lightroom 中重新打开文件来重做所有的改变。ACR 中处理过的文件可在 Photoshop 中作为智能对象打开，保持进行无损更改。

★ **注意**   如果你在 ACR 外保存渲染过的 JPG、TIFF 或 PSD 文件，或将其输出到 Lightroom 中，所有做出的更改将会被处理为像素图像，是无法重做的。

5.3   数码相机文件上的灰尘

灰尘不仅是陈旧照片的历史遗迹，即便是在能够更换镜头的最新数码相机中，还是遍布着灰尘。每次在你更换镜头时，灰尘就会落在相机传感器上，对光线进行阻挡，最终形成一个小黑点或图像上的小波浪。相当容易辨别出传感器灰尘，它一般位于连续图像的相同位置，并且通常在像蓝天这样没什么细节的区域出现（图 5.6）。部分相机有传感器清洁功能，但传感器不能保证绝对无尘。

📥 **ch5_clouds1.dng**
ch5_clouds2.dng
ch5_clouds3.dng

5.3.1   使用 ACR 移除灰尘

可从 ACR 和 Lightroom 中的 RAW、TIFF 和 JPEG 文件中移除灰尘斑点。请在 Photoshop 中打开第一张云的照片来启动 ACR，然后按照以下步骤移除不想要的灰尘。

图 5.6   传感器灰尘很容易识别，因为它位于不同图像中的相同位置

（1）选择"污点去除"工具，并将画笔放在需要移除的灰尘点上。拖动"大小"滑块可增大或减小画笔大小，直到它比污点略大（图 5.7）。或者单击左括号（[) 或右括号（]) 键来更改画笔大小。

图 5.7   在 ACR 中使用"污点去除"工具比在 Photoshop 中移除污点更快

➕ **提示**   画笔不一定是圆形的，如果要移除一块长方形的灰尘，只需要将光标拖到斑点上即可。

（2）将指针（蓝白色圆圈）放在要移除的位置上，然后单击。蓝白色的圆圈变成一个红白相间的圆圈，表示需要移除灰尘的区域。第二个圆圈（绿色和白色）显示使用图像的哪个部分来隐藏灰尘。如果对结果不满意，将绿白色圆圈拖到一个更适合为清理灰尘提供素材的区域，或者按正斜杠键（/) 对不同区域进行采样（图 5.8）。也可通过拖动圆的边缘来调整大小。

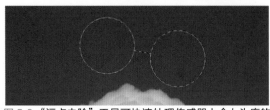

图 5.8   "污点去除"工具可快速处理传感器上令人头疼的灰尘

(3) 如果对所有结果都不满意，请按 Option/Alt 键单击红白或绿白圆圈来删除编辑。也可以单击红白圆圈并按 Delete 键。

避免相机传感器灰尘

保持相机传感器清洁的最佳方法是永远不要更换镜头，但这是不现实的。以下是减少传感器上的灰尘量的一些技巧。

● 避免不必要地更换镜头。每次取下镜头时，灰尘和其他污染物都会进入相机。

● 避免在多尘、多风或多沙的环境中更换镜头。

● 更换镜头时请关闭相机。这会关闭传感器上的静电电荷，从而避免吸附灰尘。

提示 要在使用"污点去除"工具时更轻松地定位其他污点的位置，请选择"使位置可见"选项来寻找传感器灰尘。拖动滑块可调整阈值。

(4) 在剩下的灰尘点上重复步骤 (1) 到 (3)。

(5) 要在 Photoshop 中打开图像，请单击"打开图像"，要在 Photoshop 中以无损方式工作，请按 Shift 并单击"打开对象"以在 Photoshop 中将图像以智能对象的形式打开。

提示 不要手动移动绿白色的素材圆圈，而是按正斜杠键 (/) 让 ACR 或 Lightroom 选择不同素材区域。

提示 ACR 功能可在非原始数据文件中使用。在 Photoshop 中，想要将图层转换为智能对象，请选择"滤镜"|"Camera Raw 数据滤镜"。

5.3.2　修复 ACR 中的多个图像

正如我们所说，如果在一个图像文件上有灰尘，它很可能会出现在相邻的文件上。幸运的是，如果 ACR(或 Lightroom) 中一个图像中的灰尘被移除，那么如果灰尘点位于这些图像的同一位置且所有图像的采样区域相似，就可以轻松地在多个图像中应用修复操作，具体如下：

(1) 首先选择"文件"|"打开"，打开三张云的图像，这会让 Camera Raw 数据功能自动启动 (图 5.9)。单击任一图像的缩略图，然后使用"污点去除"工具来清理灰尘。

(2) 从"胶片"中选择想修改的图像，然后从"胶片"面板菜单中选择"全选"，或使用键盘快捷键 Cmd+A/Ctrl+A 键，在同一菜单中选择"同步设置"，在"同步"对话框中只选中"污点去除"选项 (图 5.10)，然后单击"完成"按钮。

相机清洁传感器

如果发现了相机清洁功能反复清洁不掉的传感器灰尘，你可以自行清洁，但务必非常小心。如果你对自己清洁传感器没把握，请将相机交给相机商店或服务中心来处理。

(1) 购买一个除尘气吹 (图 5.11)。请转到相机的清洁设置，这样做可以锁定镜头，停止为传感器充电。

(2) 握住相机，使传感器朝下，然后使用除尘气吹轻轻地吹一些空气来移除灰尘。

图 5.9 在 Adobe Camera Raw 中同样的污点去除操作可以被应用到多个图像上

图 5.10 当使用 ACR 中的同步设置功能在多个文件上去除污点时，请确保只选中了污点去除选项

（3）清洁传感器之后，使用 f / 11 或 f / 16 拍摄明亮的实物（如非常光滑的白色墙壁或蓝天）的图像，以获得更窄的光束，从而产生更明显的阴影。让图像失焦会让灰尘显露出来。打开 ACR、Lightroom 或 Photoshop 中的文件，如果污点依旧存在，那就再清洁一遍。请注意，污点在传感器上的位置与在图像中的位置相反。这张图像反转了，而且上下颠倒，因此上对应下，左对应右（图 5.12）。

图 5.11 一个除尘气吹可以产生柔和的空气气流，是移除传感器灰尘的首选

图 5.12 剩余的灰尘藏在镜片之后，并和在图像里看到的位置相反。切勿使用灌装或者压缩空气来清理传感器

在清理后的图像中所执行将应用到其他图像上。

你还可将 ACR 设置同步到其他图像上，而不用在 ACR 中真正打开文件。

（1）在 ACR 中移除一张图像中的污点。

（2）启动 Bridge 并找到那个锁定的文件。选择"编辑"|"创建设置"|"复制 Camera Raw 设置"。也可以右击编辑过的图像，然后选择"创建设置"|"复制设置"。

（3）选择包含相似污点的其他图像。选择"编辑"|"创建设置"|"粘贴 Camera Raw 设置"。也可以右击并选择"创建设置"|"粘贴设置"。在粘贴Camera Raw 设置"对话框中选择"污点去除"，然后单击"完成"按钮。

在这两种情况下，都可以撤消更改，因为 ACR 中的所有编辑都是无损的。使用原始数据文件在 ACR 中工作的美妙之处在于你可以在水平和垂直图像上应用更改。ACR 在设计时考虑到图像的方向，清洁动作会与图像的旋转相匹配——这太酷了！

5.4 更简洁的操作，更理想的结果

手动清理每个灰尘点可能挺有趣，但也许要花上大约 15 分钟！尝试使用这些快速提示来使用"裁剪"工具、内容识别缩放功能来恢复图像，从而减少清理图像所需的精修手工工作量。

5.4.1 作为修复工具的"裁剪"工具

修复图像的最简单方法之一是如果损伤的部分在

图像中不重要，那就直接裁剪掉。如果一个角被折掉或者因为被装在相框里而导致了褪色，一个简单的裁剪可以最简化，甚至可能免去许多额外的工作。

使用"裁剪"工具以无损方式裁去不重要的图像区域时，请确保在选项栏中取消选中"删除裁剪的像素"选项。禁用此选项后，裁剪时就不会删除图像信息，相反，不需要的部分只是隐藏在视野之外。要调整裁剪区域，请拖动裁剪中的可见图像。要恢复所有的隐藏信息，请选择"图像"|"显示全部"或在现有裁剪之外进行新的裁剪。

ch5_portrait_1930.jpg

在清洁传感器时可以 / 不可以做的

永远不要在传感器上使用罐装或压缩空气，因为它可能含有会污染传感器并产生更严重问题的化学物质。

如果一个简单的除尘气吹不起作用，可以考虑购置一个清洁套件，内容包括专门设计的刷子、放大镜甚至是小型真空吸尘器。如果这些方法都不能成功将灰尘移除掉，作为保留手段，请使用专为相机传感器设计的一次性湿擦套装 (图 5.13)。

如果还不放心，那就找一个专业的相机维修机构。联系相机制造商，或留意当地的摄影机构，相机制造商通常会提供免费的传感器清洁服务。

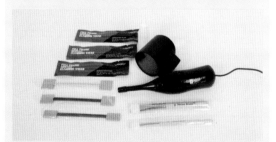

图 5.13　使用完整的清洁套装是自己动手的一种方法

请打开这张肖像图像来尝试操作。请注意，图像里有几个不同级别的褪色部分，特别是装在非标准矩形相框里的部分。图像的重要部分没有褪色，因此裁剪就可以快速解决问题 (图 5.14)。

(1) 选择"裁剪"工具。在选项栏中，请确保未选择固定尺寸的设置。还要确保未选中"删除裁剪的像素"选项，从而进行无损裁剪。

(2) 要创建新的裁剪区域，请从左上角 (不包括白色区域) 向下拖动到右下角，裁剪掉图像的其他褪色区域。

(3) 按 Return / Enter 键或单击选项栏中的"提交" (对勾符号) 以应用裁剪 (图 5.15)。

图 5.14　只需使用裁剪就可以挽救这个图像

图 5.15　剪裁掉所有的褪色部分导致了一个不太理想的结果，左边留给头部的空间太少。在裁剪时保留所需的头部空间，谨慎地使用润饰工具调整剩下的部分

(4) 如果裁剪操作不理想，请单击"裁剪"工具使边缘控制线再次显示，然后将将角或边缘控制线拖动到所需的裁剪区域。你可通过在裁剪边界内拖动来重新定位裁剪区域内的图像。请记住，信息仅被隐藏，没有被删除 (如果未选中"删除裁剪的像素") (图 5.16)。按 Return / Enter 键再次提交裁剪。

提示　裁剪要印刷或准备镶框的图像时，在选项栏中选择预设的裁剪尺寸会非常有用，这可以省去定制相框的费用。

图 5.16 裁剪图片，在头部上方留出一些空间

5.4.2 使用内容识别缩放进行修复

如果有充足的好素材可以用来采样，那么内容识别缩放就可用来覆盖图像中的灰尘。在图 5.17 的扫描文件中能够看到进入乳液部分而无法被吹掉的灰尘斑点。所幸这张图像里有足够的区域不需要清理，这就容易多了（图 5.18）。

⬇ ch5_overlook.jpg

（1）复制"背景"图层以进行无损处理。

（2）选择"矩形选框"工具，然后在整个图片的中间位置创建一个选框，直到女人的头部上方，如图 5.19 所示。

（3）选择"编辑"|"内容识别缩放"，或按 Cmd+Option+Shift+C/Ctrl+Alt+Shift+C，带控制点的选框将会出现。

（4）将中央控制点向上拖动，直到图像的边缘（图 5.20）。

（5）单击 Return / Enter 键接受更改，或单击选项栏中的对勾符号。

（6）选择"选择"|"取消选择"，或按 Cmd+D / Ctrl+D 键取消选择。

通常，理想的图像最终尺寸是适合标准相框的尺寸。内容识别缩放对于调整图像大小非常有用，不会产生明显的人工痕迹或失真效果。

Katrin 展示了一张可爱的图像，需要处理成符合贺卡的预设尺寸（图 5.21）。通过使用内容识别缩放功能，让主要目标更紧密地挤在一起，而不会出现明显的失真（图 5.22 和 5.23）。

图 5.17 包含灰尘斑点

图 5.18 清理后的效果

图 5.19 一个没有被灰尘污染的区域

图 5.20 使用内容识别缩放功能，选定区域会扩展，并覆盖有灰尘污点的部分

图 5.21 图像对于目标尺寸来说太宽了，使用参考线进行标记

提示 请将缩放范围限制为所选区域的两倍，以避免明显的图像失真。

图 5.22 使用内容识别缩放可使图像更改为新的比例视图

图 5.23 最后的图像在没有任何可见变形的基础上重新进行了尺寸调整

5.5 避免笨方法

Photoshop 中有几个滤镜可减少和对抗灰尘烦恼，但它们都有个限制：无法取代经过训练的、仔细观察的眼睛的洞察力。滤镜不能区分不重要的尘埃和你想要保留的东西，例如眼睛中的高光。

Photoshop 的滤镜过去被认为属于破坏性编辑，在复制图层上使用滤镜可以保留你的工作进程。现在，通过使用智能滤镜，Photoshop 滤镜就不再是破坏性的了，即使在关闭文件后也可以对设置进行编辑。智能滤镜允许应用、调整、关闭、叠加多个滤镜，并在不更改原始像素信息的情况下使用蒙版。智能滤镜的一个限制是，某些类型的编辑（如直接在图层上使用任何绘图工具）是不可能的。

要使用智能滤镜，请将想要应用滤镜的图层转换为智能对象。选择"滤镜"|"转换为智能滤镜"，或

者在"图层"面板中按住 Ctrl 键单击 / 右击所选图层，然后选择"转换为智能对象"(图5.24)。在"图层"面板中，图层缩略图图标会更改，以表明图层是智能对象(图5.25)。

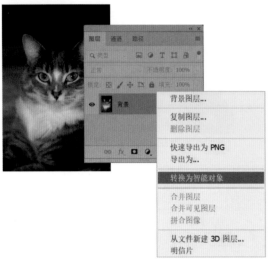

图 5.24 将图层转换为智能对象

图 5.25 图层缩略图中的这个小图标表明它是一个智能对象。双圆圈表示已应用滤镜。将滤镜应用于智能对象时，默认情况下是可以看到智能滤镜的。单击右侧的箭头可隐藏或显示应用的滤镜

🔽 **ch5_dustykitty.jpg**

打开猫的图像，将"背景"图层转换为智能对象，让我们探索一下除尘滤镜。

5.5.1 去斑滤镜

选择"滤镜"|"杂色"|"去斑"以应用"去斑"滤镜。单击智能滤镜可见图标以打开和关闭滤镜。这种变化非常细微，可能需要放大 100% 才能看到区别。顾名思义，斑点非常小，而且这个工具会把被认为是最小灰尘的斑点模糊掉。由于去斑滤镜没有任何控件，因此很少会使用它——无论它能否奏效，都属于不确定性滤镜。

5.5.2 中间值滤镜

中间值滤镜可以控制它所影响的像素半径。选择"滤镜"|"杂色"|"中间值"。按下并松开滤镜预览上的鼠标按钮可以对比前后视图。从滑块设置为 1 开始，并在观察变化的同时将滑块向右拖动。还可以在"半径"范围里直接输入像素数量。当像素值达到 4 时，图像已经明显变模糊了(图5.26)。图5.26 猫眼睛的特写视图展示了滤镜如何让图像模糊。当没有类似尺寸的其他图像留在图像中时，中间值滤镜会很有用，例如眼睛中的高光或单根头发。

图 5.26 这个对猫的眼睛足够靠近的视图显示了滤镜如何模糊图像

5.5.3 蒙尘与划痕滤镜

蒙尘与划痕滤镜对于消除不需要的元素(如小灰尘斑点和线条)来说非常有用，但也存在局限性。如果可以通过简单地应用滤镜来修复图像，那么这本书就会很薄。选择"滤镜"|"杂色"|"蒙尘与划痕"来显示"蒙尘与划痕"对话框。与中间值滤镜一样，有一个"半径"滑块可以控制受到影响的像素大小。将"阈值"滑块一直拖到右侧以抵消"半径"滑块的效果。通过在两个控制滑块之间平衡来达到最理想的效果，请从加大半径开始，先清理掉灰尘，再通过调整阈值来恢复所需的细节。

➕ **提示** 应用蒙尘与划痕滤镜没有唯一的解决方案。在高分辨率图像中，半径的数值设置可能高于低分辨率设置，而且较低的半径阈值似乎通常在除尘时会有更好的结果。

🔽 **ch5_dustykitty.jpg**

顾名思义，蒙版是用来隐藏事物的。使用滤镜蒙版，你可以更有选择地应用滤镜(图5.27和图5.28)。

图 5.27 "蒙尘与划痕"滤镜展示了在保持一些细节的前提下灰尘是如何被移除的

图 5.28 智能滤镜同样提供了蒙版功能，所以你可以只在图像的一部分上应用滤镜

最小化地修复

有时完全修复照片会让氛围一起消失。Rod Mendenhall(www.rodmendenhall.com) 拥 有 超 过 40 年的摄影经验，以及多年的暗房经验。他在十多年前转向数字化工作，虽然有时会错过潮湿的暗房，但他发现数码暗房和化学暗房一样具有挑战性，有时甚至更难。

Rod 有一张他修复好的母亲的照片，但他没有完成所有能做的修正。用他的话来说，"我对这张照片的想法是只修复物理损伤，而且保留不规则边缘的原样 (图 5.29 和图 5.30)。我不想让颜色有多正确，或者尝试锐化它，还是采取什么别的更正。我希望它看起来就是那么古老。在我看来，润饰照片和提高质量让它看起来更加准确或"完美"不会有什么根本作用。当有人看到处理好的图像时，我

希望他们能够感受到拍照的时间和地点。发型和服装将会让观众感受到这一点。而保留图像的自然褪色和柔和感有助于把照片带回到刚被拍摄的那一刻"。

图 5.29 旧照片　　　图 5.30 修复后的效果

(1) 选择"背景"图层。

(2) 选择"滤镜"|"转换为智能滤镜"。

(3) 选择"滤镜"|"杂色"|"蒙尘与划痕"。

(4) 将"半径"设置为 4 并将"阈值"从 10 降低到 15。

(5) 单击"滤镜蒙版"缩略图来选中它。

(6) 选择"画笔"工具，将尺寸调整到大约 500 像素，确保前景色为黑色，并在眼睛、鼻子和耳朵上绘制想要隐藏滤镜效果的部分。

★ 注意 蒙尘与划痕滤镜没有适用于所有图像的单一设置。通常，文件的分辨率越高，就可以使用越强烈的设置。最后的决定取决于可以接受的细节去除量。

与去斑和中间值滤镜一样，蒙尘与划痕滤镜的缺点是它最终会使图像变得模糊，并且经常会一并去除颗粒或纹理，使图像看起来光滑得很不自然。在本章后面，将介绍让图像重新拥有颗粒质感的技术。在转换为智能对象的图层中应用滤镜在无损工作流程中具

有显著优势：

● 可以随时重新查看滤镜，并通过双击"图层"面板中的滤镜名称进行重新调整。

● 通过双击滤镜名称右侧的"编辑滤镜混合选项"图标，可以调整与滤镜相关的混合选项 (混合模式和不透明度)。

● 智能滤镜提供蒙版选项。滤镜只能应用在图层的一部分上，该选择还可通过调整蒙版不断进行更改。

5.6 通道提取

图像通道是 Photoshop 构建图像信息的方式。灰度图像由单个通道组成，RGB 图像由三个颜色通道组成：红色、绿色和蓝色。这三个通道的组合为我们创造了可见的数百万种颜色。为达到修复工作的目的，单个图像通道可以让图片中恼人的灰尘和损坏显示或隐

藏起来。但有时例外，蓝色通道就很嘈杂，也很脏。

5.6.1　选择最干净的通道

Lisa 的这张图像 (图 5.31) 因为意外溅在上面的液体或可能不太均匀的显影而受到污染。即便这是一张黑白图像，仍旧以彩色的方式进行扫描。

图 5.31　只使用图像的一个通道就可以根除此图像中的污渍

⬇ **ch5_little_lisa.jpg**

要查看哪个通道最有用，请执行以下操作 (图5.32) :

(1) 选择"窗口"|"通道"以显示"通道"面板。

(2) 单击红色、绿色和蓝色通道来观察不同的灰度情况。在此图像中，绿色通道显示的损坏程度最轻。

➕ 提示　还可以使用"通道"面板中列出的键盘快捷键来观察每个通道的灰度情况。这叫做通道漫步。按 Cmd+3 /Ctrl+3 键显示红色通道，按 Cmd+4/Ctrl+4 键显示绿色通道，按 Cmd+5 / Ctrl+5 键显示蓝色通道。按 Cmd+2 /Ctrl+2 键来返回组合的 RGB 视图。

➕ 提示　在 RGB 模式下扫描黑白或单色图像，然后提取最干净、最完整的通道进行处理。

5.6.2　提取最干净的通道

因为绿色通道是最干净的通道，让我们来选择它，下一步是将它转换为自己的文件：

(1) 单击"通道"面板中的绿色通道，然后按 Cmd+A / Ctrl+A 键选择通道。然后按 Cmd+C / Ctrl+C 键复制通道。

(2) 选择"文件"|"新建"，然后单击"确定"按钮创建新文档。

(3) 按 Cmd+V/Ctrl+V 键将复制的通道粘贴到图像中。

(4) 选择"文件"|"另存为"，使用新名称保存新创建的灰度文件。

➕ 提示　也可选择绿色通道，选择"图像"|"模式"|"灰度"，然后单击"确定"按钮丢弃其余通道。

图 5.32　对于不同通道的探索揭示了图像的三种不同面目，其中一种现在几乎没有出现污点

调整色调可让图像变亮 (图 5.33) 并让剩下的一些损伤被隐藏起来，但仍有一些标记需要清理。使用以下部分中介绍的方法能得到一张干净的图像 (图 5.34)。

图 5.33　调整色调可隐藏大部分剩下的损伤

图 5.34　**使用“仿制图章”和“修补”工具来移除剩下的可见损伤**

Photoshop Elements 的通道解决方案

Photoshop Elements 用户，这是将 Elements 从 Photoshop 分出来的一个区域。Elements 中没有直接查看通道信息的捷径。作者 Richard Lynch 在他的 *The Hidden Power of Photoshop Elements* 一书中提供了这个解决方案。

(1) 在图层堆栈的顶部创建一个新图层。

(2) 为通道的原色填充图层添加滤镜 (R = 255, 0,0; G=0,255,0; B = 0,0,255)。

(3) 将图层设置为正片叠底，这会为图像添加你填充过的颜色的滤镜。

(4) 添加色相 / 饱和度图层。

(5) 根据步骤 2 选择填充的颜色 (红色、绿色或蓝色)。

(6) 将“明度”滑块一直拖到右侧。

(7) 按 Shift+Cmd+Option+E/Shift+Ctrl+Alt+E 将可见结果合并到新图层。

5.6.3　回归氛围

原始图像有点怀旧，因为它看起来有点泛黄。使用通道提取方法让图像返回为真正的灰度文件，这能让它看起来更鲜明。添加一点色调可以找回一点老派的感觉。请按照以下步骤操作，这些步骤也可用来创建一个棕褐色调。

(1) 通过选择“图像”|“模式”|“RGB”将图像转换回 RGB 图像。图像看起来不会有任何不同。请注意，“通道”面板有四个相同的、分开展示的通道和整体的组合通道，现在可以应用色调了 (图 5.35)。

(2) 在“图层”面板的底部，单击“创建新的填充或调整图层”图标，然后选择“色相 / 饱和度”。

(3) 在“属性”面板中，选中“着色”选项。

(4) 在“色相”中输入 32，使图像呈褐色。

(5) 将“饱和度”滑块拖动到 18 来控制偏色的强度，使图像回到老旧的样貌 (图 5.36 和图 5.37)。

图 5.35　**想把原始色调添加回图像，请先将灰度图像转换回 RGB**

图 5.36　**选中“着色”选项时，可使用色相 / 饱和度调整图层添加棕褐色或类似的着色**

图 5.37　**原始色调已转换回灰度图像**

5.7　去除污点、真菌和霉斑

到目前为止展示的技术适于对受损图像应用全局更改。让我们进入修复工作的主要部分：“仿制图章”工具和“修复”工具。

5.7.1 使用"仿制图章"工具

从 Photoshop 出现的早期开始,"仿制图章"工具就成了恢复和修复图像的首选工具。它基本上就是一个复制粘贴画笔,从图像中的完好部分提取样本,然后绘制在损坏的部分上。

⬇ **ch5_dustyman.jpg**

请注意遍布在整个图片上的少量灰尘,灰点比图像中的一些细节还大。去斑、中间值与蒙尘与划痕滤镜会在隐藏灰尘粒之前把重要细节模糊掉。所以,现在是时候动手来盖掉烦人的灰尘了。

(1) 在"图层"面板中,单击"新建图层"图标 (图 5.38)。

图 5.38 这张典型的老照片上出现了一些轻微的灰尘粒。在"背景"图层上创建一个新的空白图层,来进行无损仿制

(2) 从"工具"面板中选择"仿制图章"工具,然后在选项栏中从"样本"菜单中选择"当前和下方图层"。该操作会将所有新仿制的内容放到新图层上,同时保留"背景"图层不变。

"仿制图章"工具具有关于提取采样点的两个选项:对齐和非对齐。在未选择"对齐"选项的情况下,"仿制图章"工具会重复从同一采样点提取信息。选择"对齐"选项后,采样点会随时重新定位,与光标位置同步移动。

(3) 在选项栏中选择"对齐",光标不会一直从相同区域采样,这是大多数图片的理想选择,重复从同一点采样可能形成不自然的图案。

(4) 将画笔大小设置为比要移除的点稍大的尺寸。Wayne 偏爱硬度设置为 0 的画笔。硬边画笔通

常会在图像中留下明显的不自然线条,留下类似用手划过湿润画面的痕迹。

(5) 将光标移动到一个可以替代污点位置的区域。按 Option/Alt 键,光标处会出现目标的样子,单击进行采样,然后松开鼠标 (图 5.39)。将光标移动到要移除的位置上,然后再次单击。请注意,在画笔范围里可以见到采样区域,可以精确地绘制仿制的内容。

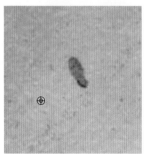

图 5.39 **选择要采样的区域,也就是看起来有点像被盖住的区域**

(6) 在整张图像中重复这个步骤,根据需要重新进行采样。谨慎选择重新采样点,让它匹配于你想要尝试修复的区域。根据要移除的污点大小来调整画笔大小,用它轻扫画面,而不要留下笔触,请多次重新采样来避免图像中出现不干净的外观或痕迹。

在新添加的图层上处理完所有更改后,"背景"图层会保持不变。可以通过关闭和打开清理层对整体工作进行评估 (图 5.40)。如果某些仿制的部分看起来有点假,请使用"橡皮擦"工具擦除仿制区域并再试一次。

"仿制图章"工具的混合模式可以改为变亮或变暗,这样做可仅将亮点或者暗点之一去除。在此图像中,将混合模式切换为变亮可快速将暗点移除,最终对图像的改动会更少 (图 5.41)。

➕**提示** 对于仿制功能的使用要克制一些,不要在那些最终印刷时可能被裁剪掉或根本看不到的不重要灰尘上浪费时间。

➕**提示** 请在选项栏中减少"仿制图章"工具的不透明度,让润饰结果更自然地融进周围的环境里。

5.7.2 仿制源面板

在"仿制图章"工具中,每次采集新样本,上一个样本都会被替换掉。对"仿制图章"工具有更多的控制权可能对你来说会更好。例如,你可能希望减小仿制源的画笔大小,让仿制的像素更好地和你正在修复的图像部分匹配。使用"仿制源"面板中抓取的仿制源时,也可以调整其他设置,例如角度和大小。设

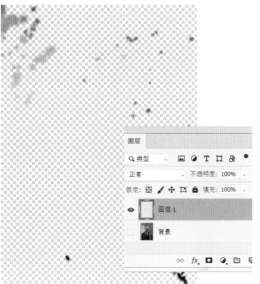

图 5.40　在分开的图层上进行处理时，如果结果看起来不满意，可以轻易将其擦除

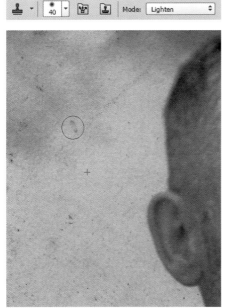

图 5.41　将"变亮"混合模式与"仿制图章"工具一起使用，只针对较暗的斑点

置完成后，使用"仿制图章"工具进行绘制时，这些设置就会应用在活动仿制源上。

　　默认情况下，"仿制源"面板是隐藏的。选择"窗口"|"仿制源"，或单击选项栏中的"仿制源"面板图标让它显示。"仿制源"面板中包含一个选项，可以保存最多五个不同的采样点，这些点不一定取自你正在处理的图像，与"仿制图章"工具一样，你可以在另一个打开的图像中进行取样。

　　图 5.42 中的图像需要去除大量污渍，但最让人

头疼的部分可能是一只眼睛的一部分被消除了。通过选择完整的眼睛作为素材并在"仿制源"面板中进行翻转 (图 5.43)，可将部分损失的眼睛盖住。

图 5.42　这个图像最明显的损伤是其中一只眼睛

图 5.43　在"仿制源"面板中可使源翻转

此外，画笔未必是圆形的，在"画笔"面板中可将弧度改得更接近椭圆 (图 5.44)，这样就能采集一个更适合的素材了。在新的图层上处理仿制素材，使用"移动"工具和箭头键来轻推，让眼睛进一步到位。

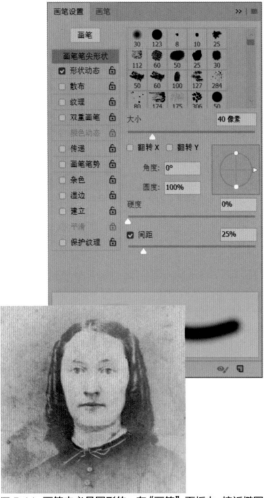

图 5.44 **画笔未必是圆形的，在"画笔"面板中，接近椭圆的画笔更适合对眼睛进行仿制**

╋提示 Photoshop 有很多不同形状的画笔，互联网上更是有无限的选择，或者你可以简单地创建属于自己的画笔。通过选择"编辑"|"定义画笔预设"，可将任何对象或选区转换为画笔。请记住，画笔只能是灰阶的。

"仿制源"面板还包含旋转和缩放采样源的选项，以及查看画笔样式的选项。在润饰时，缩放或旋转样本源的功能非常有用，因为它允许你从图像中的某个区域选择样本点，而这个区域不必与你要移除的灰尘或划痕的大小或角度完全匹配。调整仿制源的设置可以让你更好地匹配使用仿制图章工具时要求的大小或角度。

5.7.3 使用"修复"工具

"修复"工具 ("污点修复画笔" "修复画笔" "修补"和"内容感知移动"工具等) 与"仿制图章"工具的不同之处在于，它们不是简单地把复制来的素材绘制出来，而是通过分析周围区域的数据来生成替换信息，最后的结果可以保持与原图一致的纹理和色调。在第一次检验下，"修复"工具似乎能取代"仿制图章"工具，因为它们看起来像是升级版'仿制图章'工具，但其实它们是各有优缺点的不同工具，而且它们是以不同方式来修复图像的。

1. "污点修复画笔"工具

顾名思义，"污点修复画笔"工具旨在移除污点，还有那些被隔离的区域，例如麻烦的线和皮肤瑕疵 (图 5.45 和 5.46)。使用"污点修复画笔"工具，你不必像使用"仿制图章"工具那样确定采样点。只需要使用"污点修复画笔"在你想要移除的位置上进行绘制。松开鼠标按钮时，画笔内部的区域会被画笔外部的周围素材填充掉。单击"污点修复画笔"工具可对污点进行快速修复，或在更大区域使用画笔笔触。笔划越长，画笔采样的区域越大，但有时会产生不自然的结果，你可以使用 Cmd+Z/Ctrl+Z 键撤消。另外，在不同方向上绘制时会获得不同的结果。

⬇ **ch5_spotted_man.jpg**

(1) 选择"污点修复画笔"工具。由于"修复"工具已分组，你可能需要通过按 Shift+J 键来调出"修复"工具，从而调出"污点修复画笔"。

(2) 要进行无损工作，请在"背景"图层上创建一个新的空白图层，然后在选项栏中选中"对所有图层取样"。

(3) 找到图像中的污点，然后使用"污点修复画笔"工具在污点上单击或拖动，然后松开 (图 5.47)。请务必把要移除的污点完全包含进画笔笔划中，来获得最理想的效果。在要保留的区域 (如鼻子和项圈) 上操作时要小心。不小心涂在这些区域上可能造成涂抹效果。好在所有修复操作都可以通过 Cmd+Z/Ctrl+Z 键撤消，或者可切换到"橡皮擦"工具来删除不太理想的修复操作。

(4) 在这个例子中，越过男士衣领进入颈部的污点超出了"污点修复画笔"工具的能力范围，而这个操作会导致图像被污染。请切换到"仿制图章"工具来进行更精准的修复，从而保持衣领的线条。修复可在本层进行。

尺寸大小，可能不会很明显。请将此图像另存为 PSD 格式文件，并命名为 spot_repair.psd。稍后将解释一种把颗粒质感还原到图像中的技术。

图 5.45　存在瑕疵的图像

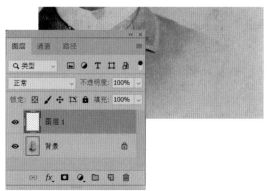

图 5.47　使用"污点修复画笔"工具可以更轻松地处理图像里受损的部分

图 5.46　修复后的图像

试一试　尝试把"仿制源"面板与"仿制图章"工具结合使用，通过调整光源的角度来修复男士衣领和颈部上方的污点。

　　你可能会注意到，许多区域中的颗粒质感受到影响，有些区域看起来过于平滑（图 5.48）。根据输出的

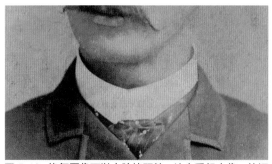

图 5.48　修复图像可以去除掉颗粒，让它看起来像一块污迹，正如这张图像的左侧

警告　大面积使用"污点修复画笔"工具时要小心。画笔拉得越长，工具离取样部分越远，这会产生很不理想的结果。

提示　移动画笔的方向也可控制取样位置。请在不同方向上使用画笔来产生不同的结果。

2."修复画笔"工具

"修复画笔"最适合用在修复更大的损伤区域上，以及在需要控制素材信息的采样位置时。请用与"仿制图章"工具相同的方式来操作"修复画笔"。首先按 Option/Alt 键单击素材样本，然后在要修复的区域上绘制 (图 5.49 和图 5.50)。

图 5.49　原始图像

图 5.50　修复后的图像

ch5_brother_sister.jpg

(1) 创建一个新的空白图层。

(2) 选择"修复画笔"工具，然后从选项栏的"样本"菜单中选择"当前和下方图层"。

(3) 检查不同尺寸的划痕，并把画笔尺寸设置为比要移除的划痕或灰尘点稍微大一点。

(4) 将光标移到稍微靠近划痕或灰尘点左侧的地方。按 Option / Alt 键，然后单击对完好的区域进行取样。

(5) 在该区域拖动画笔进行修复。笔触留下后，修复命令就会执行。尽量不要一次性清理太多内容。请记住"修复画笔"工具取样的位置。如果与要修复的区域不匹配，请擦除并重试。只在图层中进行了少量更改 (图 5.51)。

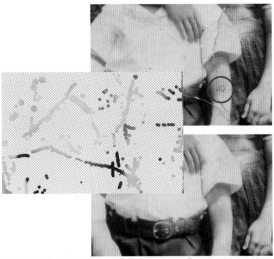

图 5.51　完成所有修复工作后关闭"背景"图层的顶层视图

提示 使用"仿制图章"工具或"修复画笔"工具进行绘制时，加号 (+) 表示素材的位置信息从何而来。

(6) 请多次对类似于要修复的区域进行采样。在小女孩的衣服中，对波尔卡圆点进行采样，从而修复它。

(7) 在男孩的衬衫中，在选项栏中将"修复画笔"工具的混合模式从"正常"改为"变亮"，可以发现只有暗部区域改变了。同样，将混合模式改为"变暗"，明亮的划痕就会留在黑暗的背景上。"修复画笔"工具的美妙之处在于它可与周围环境融为一体。如果有任何明显的异常，请重新采样并再次使用不同大小的画笔。但是，移除对象所用的笔划越多，留下痕迹或改变外观的概率就越大。

提示 不要忘记画笔的混合模式。这张图片被污点弄脏了，将混合模式设置为变暗可以轻松移除掉较亮的污点，但较暗的区域会留下，例如毛衣的纹路。

3. 滤镜、仿制图章和修复画笔团队

现在基础知识已经都介绍过了，你可以通过使用"仿制图章"和"修复画笔"工具与滤镜组合来清理图像，从而充分利用每个工具。

蒙尘与划痕滤镜可用在大面积的不重要区域上。"仿制图章"和"修复画笔"工具以不同方式运作。在需要保留的细节和区域上使用"仿制图章"工具，例如横跨多个包含细节的不同阴影区域的斑点或污迹，请在不太重要的区域上使用"修复画笔"工具，例如背景中的污点。

试一试使用以下策略清理这张家庭合影 (图 5.52 和图 5.53)。

(1) 将图层转换为智能对象。

(2) 使用"快速选择"工具选择拍摄对象背后的背景。

(3) 选择"滤镜"|"杂色"|"蒙尘与划痕"。"半径"设置为 9 就可以移除大部分损伤。

(4) 创建新的空白图层。

(5) 选择"修复画笔"工具，在选项栏的"样本"菜单中选择"当前和下方图层"，将混合模式更改为"变亮"，然后处理背景上剩余的较暗斑点和污点。

(6) 处理到衣服和面部区域时，根据要去的污点类型，将混合模式更改为变暗 (来处理较亮的点) 或正常。请记住，如果你对结果不满意，请撤消并重试或删除更改。使用混合模式可减少对图像造成的实际更改。

(7) 当处理面部等更重要的区域时，如果"修复画笔"工具涂抹了重要细节，请切换到"仿制图章"工具。

⬇ ch5_family_of_four.jpg

4."修补""内容感知移动"和"红眼"工具

"污点修复画笔"工具分组的其他工具专为解决除灰尘、裂缝或瑕疵之外的其他问题而设计。"修补"工具使用修复画笔引擎而不需要采样或画笔，最适用于修复面积较大的损伤区域。

"内容感知移动"工具提供了移动图片中的对象或人物并让 Photoshop 填充移动区域的选项。在第 6 章中有关于这些工具的更详细介绍。这个工具嵌套中的最后一个工具是"红眼"工具，会在第 8 章中进行介绍，该工具可用来消除使用傻瓜相机拍摄的使用了闪光灯的照片中常见的红眼。

➕ 提示 "模糊"工具是一个容易被忽视的除尘利器。与"仿制图章"工具和"修复"工具类似，它可以在新的空白图层上进行无损修正。将混合模式设置为"变暗"让亮点出现，或者设置为"变亮"以处理较暗的灰尘和霉斑。

图 5.52 **家庭合影**

图 5.53 **修复后的照片**

5.8 处理眩光、纹理、摩尔纹和不自然的颜色

要解决印刷时出现的纹理、摩尔纹，以及修复艺术家、润图师和图形设计师在那些无眠的夜里遇到的不自然色彩问题，难点在于如何在保持重要图像信息的前提下减少或清理掉这些麻烦的图案。请继续阅读以了解如何在 Photoshop 中打开图像之前减少问题，如何使用"图像大小"对话框来去除摩尔纹，同样重要的是，如何让图像重新拥有颗粒质感，从而覆盖修

复操作留下的痕迹。

5.8.1 在修复前减少问题

所有问题都能在 Photoshop 中解决的想法不是什么好的理念。最好花些时间来获取最高质量的照片或扫描，以避免不必要的工作。这可能涉及角度的改变，照明光线的改变，或从墙上取下图像，或是将其从框架中拿出来。Wayne 通常会在室外的自然光下拍摄，以避免工作室照明的复杂性。

1. 减少眩光

压在玻璃下的照片、不平整或镀银的照片不适合进行扫描。这些情况下，为避免眩光，我们建议以一定角度拍摄图像，并使用"变换"工具或"透视裁剪"工具来校正拍摄时产生的角度。Katrin 正面临着拍摄一张画的艰巨任务，对于控制它的位置或照明光线无能为力。Colin Wood 就如何解决烦人的反光点问题提出了解决办法 (图 5.54)：以看不到反光的角度拍摄图像，然后使用"透视裁剪"工具来校正非方形图像 (图 5.55 和图 5.56)。

图 5.54 **直接拍摄这幅画导致了分散注意力的反射区域。以一定角度拍摄照片消除了眩光，然后使用"透视裁剪"工具将照片拉直**

在 Photoshop 中打开图像后，Katrin 选择了"透视裁剪"工具，该工具在裁剪工具分组中。她先后单击了图片的每个角落，从左上角开始，然后是左下角、

右下角和右上角。此后，她通过选择一个控制点并将其拖动到相应位置来微调透视网格的位置 (图 5.57)。最后，她按 Return / Enter 键完成了透视裁剪。

图 5.55 **非方形图像**

图 5.56 **完成透视裁剪**

图 5.57 激活"透视裁剪"工具后，非正方形图像的边框会被定义

＋提示 为了使图像的柔化程度降到最低，Katrin 使用了所需分辨率的两倍大小打开原始文件。在使用"透视裁剪"工具前，通过从"图像大小"对话框的"重新取样"菜单中选择"双面锐化"，可将图像变小（"图像"|"图像大小"）。

2. 减少银色反光

银元素被用在胶片和印刷品中。随着时间流逝和不太理想的存储条件，银色反光会变成闪烁的蓝色偏色，出现在图像较暗的区域，从某些角度观看时尤其明显。

⬇ **ch5_collegeportrait.jpg**

使用平板扫描仪扫描这样的图像可能会有问题，因为银色元素会直接反射光线，而最好避免在扫描或拍摄图像时出现银色。在这张图片中，银色反光非常明显，特别是在较暗区域，当扫描仪的光线直接从上面反射回来时，就更强烈了（图 5.58）。改变角度可减少眩光，拍摄图像比扫描图像更方便，Wayne 使用了这种方法，从而记录下了可用的图像（图 5.59 和图 5.60）。

为使图像变得平直，Wayne 使用了以下步骤（图 5.61）：

(1) 按 Cmd+J / Ctrl+J 键复制"背景"图层。

(2) 利用标尺（"视图"|"标尺"），在图像上拖动水平和垂直参考线。

(3) 选择"编辑"|"自由变换"，然后单击选项栏

中的"扭曲"图标（图 5.61）以更改为"变形"模式。

图 5.58 图像中出现的银色可能具有高反射性，使扫描变得困难

图 5.59 通过以一定角度拍摄图像的方法，可最大限度地减少反射

图 5.60 可在 Photoshop 中拉直图像

图 5.61 按照教程将图像恢复为正的方形，使用扭曲模式通过实时反馈转换为教程中的样子

扭曲模式是实时的，可以反馈图像在不被扭曲的前提下最多可以变形到什么程度。

(4) 拖动角或控制点以将图像扭曲到案例中的样子，然后按 Return / Enter 键完成扭曲操作。

(5) 图像变为正方形后，请跟着案例进行裁剪。如果图像已被数字化处理并且出现了银元素反光的情况，反射一般就会是偏蓝色的，如图 5.62 所示。这个技术可用来使影响最小化。

图 5.62 此图像已完成了扫描，所以不能通过倾斜图像来解决反射问题

⬇ ch5_silvered_children.jpg

(1) 打开"选择"｜"色彩范围"，然后从菜单中选择"蓝色"。单击"确定"按钮来创建活动的选项，

如果出现警告消息，请再次单击"确定"按钮 (图 5.63)。

➕提示 如果在菜单中选择"蓝色"不可行，请尝试使用"采样颜色"选项手动对受影响的区域进行选择。

图 5.63 在"色彩范围"中选择"蓝色"来选择蓝色反射

(2) 添加"色阶"调整图层。此时不要对色调进行任何改变，而是将混合模式更改为差值，从而使蓝色反射变暗 (图 5.64)。使用何种调整图层类型并不重要，因为你只使用混合模式。

图 5.64 将混合模式设置为"差值"的调整图层会使蓝色反射减少

一部分蓝色被移除掉了。按 Cmd+J / Ctrl+J 键复

制调整图层，来移除更多蓝色。重复几次，在不让图像的深色区域看起来有斑点的前提下尽可能多地去除蓝色（图 5.65）。

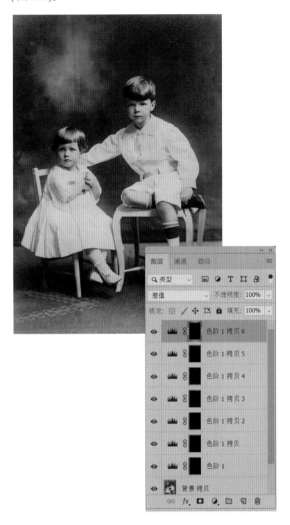

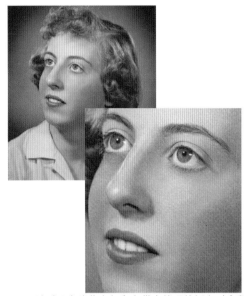

图 5.66 这种彩色肖像在打印在带有纹理的纸上时会留下分散他人注意力的图案

⬇ ch5_seniorportrait.jpg

(1) 选择"滤镜"|"转换为智能滤镜"，将"背景"图层转换为智能对象。

(2) 选择"滤镜"|"模糊"|"表面模糊"，将"半径"设置为 6，将"阈值"设置为 16，然后单击"确定"按钮。"半径"控制被滤镜影响的像素范围，分界处会出现色调差异。阈值则是在不改动实际像素的前提下通过小于设定值的色调差异对滤镜的强度进行控制。当模糊程度降到最低时，对图案的影响程度是最轻的。请使用控件，在消除不要的图案、灰尘或干扰，以及抹掉重要细节之间取得微妙平衡（图 5.67）。

图 5.65 多次复制调整图层大大减少了银蓝效果的数量

与所有修复工作一样，结果存在个体差异。在一部分图像中，用这种方法可以完全移除银元素反射。

3. 减少纸张纹理和印刷图案

过去在亚麻、点画、凸版或光滑表面的纹理纸上印刷照片是很常见的。由于这些纹理会出现在印刷原件上，在扫描或拍摄印刷品时，纹理也会是个大问题。

当通过其中的任意方法捕捉图像时，纹理也会被记录下来，可能会分散观者的注意力。印刷原件越小，问题就越明显，因为纸张纹理比图像信息的影响要大多了。当处理带有纹理的印刷件时，表面模糊滤镜会派上用场。

此处使用的高级肖像范例是一张逼真的手工上色黑白照片，这张照片的效果被纸张的纹理破坏了（图 5.66）。

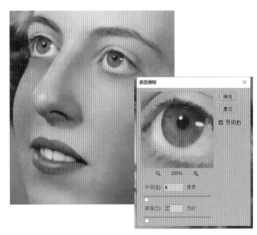

图 5.67 使用表面模糊滤镜可使纹理的影响最小化

要控制移除图案的具体位置，请在使用表面模糊功能时利用智能滤镜蒙版隐藏重要的图像区域。

(3) 想要恢复重要的图像信息，请单击智能滤镜蒙版。使用柔和边缘的黑色画笔，在眼睛和嘴边绘制，隐藏表面模糊效果 (图 5.68)。

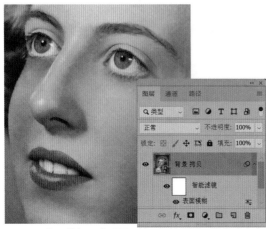

图 5.68 使用蒙版屏蔽重要区域可保持关键区域的清晰度

结果显示纸张的纹理被很好地处理掉了，脸部的主要部分看起来仍然很清晰 (图 5.69)。

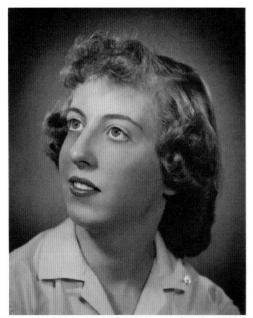

图 5.69 图案的影响已经降到最低，眼睛和嘴巴保持清晰的效果

4. 减少摩尔纹偏移

杂志或报纸图像由微小的墨点组成，形成连贯色调的视觉效果。这些图像从远处看起来很清晰，但放大就不那么清楚了。扫描仪软件中的去除网点选项是解决第 1 章中讨论的墨点的最佳方法。如果不可行，请使用此方法缩小图像尺寸，然后使用 Photoshop 的插值方法来生成新信息，从而使墨点的影响最小化。

⬇ **ch5_horse.jpg**

这是一张来自印刷日历中的图像 (图 5.70)，请注意商业胶印的图案，即使在放大时，图片也看不到太多细节。但是，通过消除掉点与点之间的空间，然后用 Photoshop 来复制剩余部分的信息填充它，可以降低甚至消除图案的影响。

图 5.70 在这张来自印刷日历的图像中可以看到网点的影响。通过放大镜观察时，墨点图案更明显了

(1) 按 Cmd + - / Ctrl + - 键进行缩小，直到在屏幕上看不到图案，此时视图应为 50% 左右。根据你的显示器，缩放级别可能有所不同。请将列在文档选项卡上的缩放级别记下。

(2) 选择"图像"|"图像大小"，然后将"宽度"和"高度"的度量单位更改为"百分比"。选中"重新采样"并在菜单中选择"自动"，将百分比更改为 50，然后单击"确定"按钮 (图 5.71)。

★ **注意** 选定的缩小百分比是根据在屏幕上看不见图案的缩放级别制定的。

(3) 再次选择"图像"|"图像大小"，选中"重新采样"，然后将"宽度"和"高度"百分比更改为 200，使图像回到原始大小，然后单击"确定"按钮。Photoshop 会将图像调整为以前的尺寸，图像插值会创建新信息，移除目前的可见图案 (图 5.72)。

图 5.71 请将文件大小缩小到在图像上看不到图案的影响为止，此时墨点会连续成为完整的颜色

图 5.72 通过插值让文件回到原始大小，图案的影响被降到最低

提示 缩小和放大图像也可以隐藏灰尘。

5.8.2 降低数码相机杂色

在胶片时代，肉眼可见的颗粒是高速摄影或曝光不足的缺点。遗憾的是，这种特性延续到了数码时代，现在我们叫它杂色。当相机的 ISO 设置增加时，相机传感器接收的信号会被提升，从而会产生两种类型的杂色，这些杂色通常会在图像较暗的部分出现。一种是亮度杂色，可以让图像像胶片颗粒一样拥有砂质感；另一种是色度杂色，指的看起来与周围不匹配的颜色。

将图像以 JPEG 格式记录时，相机会决定如何处理杂色，可能最后的结果没有像处理原始数据文件那

么令人满意。大多数傻瓜相机，包括智能手机，都不提供记录原始数据的选项，而是用 JPEG 格式来记录。这就是"减少杂色"滤镜能派上用场的时候。

ch5_backstage_guitars.jpg

(1) 将图像放大至100%或200%来检查吉他琴体，观察在较弱的光线和高 ISO 下拍摄时产生的彩色数码杂色 (图 5.73)。

图 5.73 乍一看，图像里的杂色不明显。但是仔细看过后，非常分散注意力的杂色就出现了

(2) 选择"滤镜"|"转换为智能滤镜"。

(3) 减少杂色滤镜是一个密集型处理滤镜，因此在图像比较小的面积上使用会效果会更好。

(4) 使用"矩形选框"工具，选择图像里能够清楚地看到杂色的一小块区域。

(5) 选择"滤镜"|"杂色"|"减少杂色"，然后将所有滑块拖到左侧。

与大多数 Photoshop 减少杂色滤镜一样，找到最佳设置 - 也就是在保持图像信息的同时达到最佳减少杂色效果的平衡——这需要反复试验和仔细观察。

(6) 将"强度"滑块拖动到 8 来减小杂色大小，但杂色的颜色仍然很明显。将"减少杂色"滑块拖动到 50%。将"锐化细节"滑块拖动到 5% 可以恢复一些锐度 (图 5.74)。

(7) 单击"确定"按钮在所选的小范围区域应用设置，按 Cmd+Z / Ctrl+Z 键撤消效果，按 Cmd+D / Ctrl+D 取消选择。

(8) 按 Cmd+F / Ctrl+F 键将在整个文件中应用最后使用的滤镜。请耐心等待，因为运行这个滤镜通常会花掉比其他滤镜更长的时间。

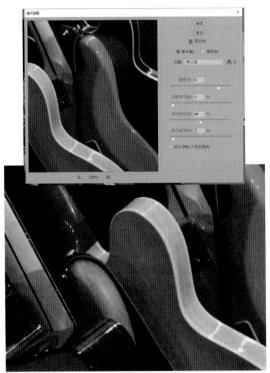

图 5.74　这张图展示了在找到设置的平衡点后能够减少的杂色数量

图 5.75　由于使用了高感光度设置，这个图像中出现了很多杂色

杂色和原始文件

　　记录原始数据文件的一个优点是可在处理图像之前控制杂色数量。这张傍晚时分的纽约天际线照片受到了高 ISO 拍摄导致的杂色困扰。云的特写视图展示了杂色的程度 (图 5.75)。通过在 ACR 的 "详细信息" 选项卡中进行调整，可以对杂色进行显著改善 (图 5.76)，在 Photoshop 中编辑图像时会是一个很好的起点。

5.8.3　恢复图像纹理

　　无论使用何种技术来去除图像中的灰尘，保持杂色的纹理和颗粒的质感都很难度。过度的仿制和修复会破坏原始的颗粒质感或杂色图案，让图像看起来不太均匀。本章最后将介绍让图像重新拥有杂色或者胶片颗粒质感的无损方法 (图 5.77 和图 5.78)。

　　(1) 打开你在本章前面润饰并保存的 spot_repair.psd 图像，放大并观察图像里的哪些部分是没有颗粒的，它们看起来很光滑，与图片的其他部分不同。

　　(2) 在最顶层上方创建一个新图层，并将混合模式改为 "叠加"。

图 5.76　使用 ACR 中的减少杂色选项可使杂色的程度最小化

图 5.77 原图像

图 5.78 恢复了纹理

（3）选择"编辑"|"填充"，在"内容"菜单中选择"50% 灰度"，将混合模式设置为"正常"，将"不透明度"设置为 100%，然后单击"确定"按钮。该层现在被 50% 灰色填充。

（4）选择"图层"|"智能对象"|"转换为智能对象"，将图层转换为智能对象。

（5）选择"滤镜"|"杂色"|"添加杂色"。拖动"数量"滑块，直到杂色大小与图像中的纹理相匹配。将"分布"设置为"平均分布"，然后选中"单色"选项。单击"确定"按钮（图 5.79）。要完全使润饰后的照片中的颗粒与原图像匹配，你可能需要对刚刚添加的杂色使用一点模糊效果。

（6）选择"滤镜"|"模糊"|"高斯模糊"。拖动滑块可将新创建的纹理上的锐边移除掉，来和现有的颗粒相匹配，单击"确定"按钮（图 5.80）。

通过将"杂色"滤镜应用为智能滤镜，你可以返回调整颗粒度直到最完美的匹配程度，如果你不想在整个图像上应用颗粒效果，请使用智能滤镜中的蒙版选项来细化颗粒效果。

图 5.79 使用添加杂色滤镜可将人造杂色添加回图像中

图 5.80 想要降低杂色的锐利程度，请应用高斯模糊滤镜

＋提示 如果颗粒的效果太强或者用力过猛，可使用位于"图层"面板的"不透明度"滑块来降低颗粒的强度。

5.9　结语

移除污点通常只是图像恢复过程的一部分，本章已经介绍了执行此操作的基础知识。有时候工作可能有点单调乏味，因为一般没有快速去除污点的方法，这需要训练有素的眼睛进行仔细辨别。但是，图像经常面临更严重的损害问题。下一章将探讨解决这些问题的方法。

第6章

损伤控制与修复

我们爱自己的照片，有时候可能爱得太过深情，好像超出了它本身具有的分量！我们把照片放在钱包里，收在相册里，或是镶在相框里，所有这些善意却不当的保存方式会造成严重的撕裂、破损、缺角等结果。而且，像生日或是结婚纪念这样的古董件一样会因为被反复折叠而褪色或破损。除了以上使照片受损的原因外，这些破损照片中不理想的变形和透视问题也可能是因为相机使用的镜头导致的。

在本章，你将学习：

- 解决严重的破损和撕裂问题
- 修复照片中丢失的部分
- 在透视平面中润饰
- 修复古董照片
- 校正镜头扭曲和透视问题

6.1 损伤评估

在选择"仿制图章"工具来处理图像之前,请核对具体的损伤类型,规划需要进行的修复内容,以及要实现修复与润饰需要用到的 Photoshop 工具。

例如,图 6.1 中的锡版照片接近于黑色。在进行色调调整后可以隐约见到图像中的脸,但是其他部分就看不清了 (图 6.2)。当修复一张照片时,你应该用可信的图像细节代替损伤部分。如果图像中没有多少可用来取样的完好部分,那结果可能不会令人很满意。有时图像即使进行相当数量的修复,提升效果也可能不理想。请使用"仿制图章"工具和"修复"工具来修复图像中出现的污点损伤,正如之前章节所述,在其中一些部分进行处理,但在重要区域,例如人物面部,修正可能会改变人物的容貌。

当能够对一张图像做的修复工作有限时,请对能做的修复内容做一些实际评估:

● 当涉及面部损伤时,填充损伤部分是一个办法,但是替代或者推动面部周围的像素可能会让照片中的人物面目全非。

● 翻转图像中的一部分来盖住损伤部分可以修复图像,但结果可能导致辨认不出图中的人物。

当使用专业的方式修复图像时,请考虑客户的预算。有些修复项目可能要花掉比客户预想多得多的时间和工作量。有时,能做的修复处理是有限

图 6.1 这张锡版照片几乎是黑色的

的,但是图像中的形象就算看不见,依旧能唤起重要的回忆 (图 6.3)。Wayne 将之称为"记忆图像",即便图像不能被完全修复好,它依旧包含客户特别的回忆。

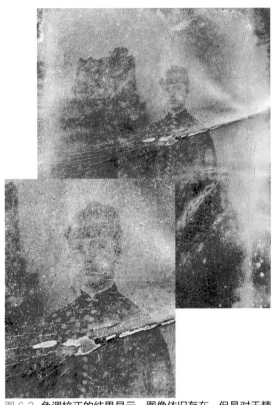

图 6.2 色调校正的结果显示,图像依旧存在,但是对于精准修复来说可能提供的信息量不够

图 6.3 这张照片因为被保存在钱包里而造成了损伤,大部分可以被清理干净,但面部基本消失了

解决问题

照片修复涉及解决问题：决定哪种工具和步骤能够产生最佳结果。在探索对于某些特定图像来说最合理的解决办法时，可能需要做出一些判断和尝试错误。

有些修复工作需要一些想象力。图 6.4 所示的一张军队照片被卷起来很多年。乳液部分四分五裂，波及到这些人的脸上。有几个人的面部几乎要消失了，但是没有可以用来参考的部分，请从图像中的其他部分借用一些面部信息放在受损部分，从而完成修复，即便可能不是特别符合史实 (图 6.5)。

有时候处理问题的步骤不太一样。在图 6.6 中的照片放在了碎玻璃后面，看起来要花很多时间来处理碎玻璃的线条。Wayne 运用他的暗房经验，将印件泡在水里几天，来分离玻璃和印件，于是诞生了一张新的可以开始处理的图片 (图 6.7)。这个结果比要处理掉所有的裂痕要理想多了 (图 6.8)

图 6.4　这张照片被卷起来很多年，裂得很严重。图像中的大部分脸都无法辨认了

图 6.5　这张图像已经被修复过了，但是一些脸被替换掉时自由度就高了一点

图 6.6　这幅带框照片被摔坏了，玻璃摔成了碎片

图 6.7　将玻璃部分移除掉可能要花上比修复更长的时间

图 6.8 随着损伤数量的减少，结果越来越令人满意

！警告　在尝试将粘在玻璃上的印件泡在水里之前，要格外小心，要经过客户的允许、要有暗房经验、还要确保你有备份扫描版。Wayne 能够确认的是，相纸是有树脂封层的，意味着它由两个聚合层封在一起，是可以浸泡的。重新浸泡一张纤维基底的印件可能会毁掉它。

6.2　解决开裂、分裂和撕裂问题

图 6.9 中，图像已经被撕开。好在所有部分都保留了，在对部分进行扫描后，这些数码拼图可以被拼回去，而且裂痕也可以消除掉（图 6.10）。

图 6.9 这张图像是一个数码拼图

图 6.10 幸运的是，没有丢失的碎片，所需进行的修复工作也很少

⬇ ch6_broken_print.jpg

下面介绍如何将这些图像拼到一起。

(1) 选择"套索"工具，选中损坏照片右上方的一片，按 Cmd+J/Ctrl+J 键将选中的部分复制到一个新的图层。

(2) 回到"背景"图层。对另外两片重复圈选和复制到图层的步骤（图 6.11）。请在将选中部分复制到新图层前确认已经回到了"背景"图层上，以避免什么都没有复制上的失落感！

(3) 关闭显示"背景"图层。下一步就是移除掉扫描床上和这张破损照片背后的多余信息。

(4) 单击图层的右上角部分来激活它，然后选择"魔术棒"工具，将"容差"设置为 20，在选项栏中取消选中"连续"选项，然后单击图片外的白色区域来创建选区（图 6.12）。如果选区不正确，单击"选择"|"取消选择"，然后调整容差，再试一遍。你也可以按住 Shift 键单击区域来添加选区，按住 Alt/Option 键单击区域来删除选区。

★ 注意　魔术棒的容差值控制着基于你首次单击的像素，哪些相关的色彩范围能被选中。更高的容差值可以选择更多色调和颜色，更小的数值意味着更小范围、更精确的选择。

图 6.11　当选择两个分开的部分时，请让选择远离部件的边缘，从而保证复制了重要的图像信息

(5) 按 Option/Alt 键，然后单击"图层"面板底部的添加图层蒙版图标，隐藏选区。

(6) 在另外两个图层上重复步骤 (4) 到 (5)，如图 6.13 所示。

＋提示　要从选区创建图层蒙版时隐藏被选中的图像，按 Option/Alt 键单击"图层"面板底部的添加图层蒙版图标。

图 6.12　在每个图层中，多余的部分都需要被移除掉

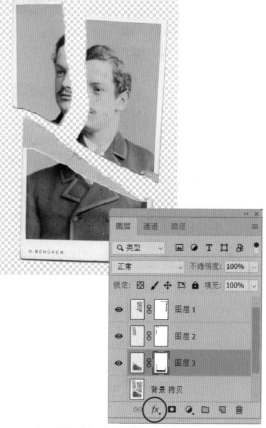

图 6.13　使用图层蒙版盖住扫描仪床上的信息

(7) 要精细修整每个图片部件的边缘，为第一个部件选择图层蒙版，然后选择柔和边缘画笔，用黑色绘制在边缘上，来隐藏你不想保留的部分，从而精细调整蒙版。然后在另外两个部件上重复此步骤。

(8) 选择第一个图层，然后选择"编辑"|"自由变换"或者按 Cmd+T/Ctrl+T 键。单击某个角落的控制点来旋转图片，将其调正。将图片放在适当位置上，之后按 Return/Enter 键接受变形结果 (图 6.14)。

图 6.14 使用自由变换工具旋转每个部件

(9) 在另外两部分上重复"移动"和"变形"命令。有时改变图片的图层顺序有助于拼接的完整性。完成后，这三部分拼接之处还能看到明显的裂痕 (图 6.15)。

图 6.15 对三个部件仔细调整位置知道损伤看起来没那么强烈

此时，不最终需要的图像信息可以被隐藏起来。

(10) 选择"裁剪"工具。在选项栏中，单击确认固定尺寸的选项没有被选中，还有"删除裁剪的像素"选项没有被选中，这样裁剪命令就不会删除像素，而是隐藏它们。从图像的左上方拖动到右下角，裁剪掉外侧和边缘区域，然后按 Return/Enter 键来接受裁剪 (图 6.16)。

图 6.16 裁剪掉外面的边缘可减少需要执行的清理和修复工作

当处理一个有很多图层的修复任务时，有时可能顾不上所有图层。要让组织图层变得更容易，请把那些图层合并到在正在处理的图层中。

(11) 选择最上方图层，按 Cmd+Option+Shift+E/Ctrl+Alt+Shift+E 键将三个可见图层合并为一个图层，将此图层命名为 WIP(正在处理)(图 6.17)。

➕提示 想当你想要合并多个图层时，合并可见图层命令会很有用，首先隐藏你不想合并的图层，然后使用键盘快捷键 Cmd+Option+Shift+E/Ctrl+Alt+Shift+E 将可见图层合并为一个图层。

(12) 在这些组件的上方创建一个新的空白图层，命名为"修复"。使用"仿制图章""修复画笔""污点修复画笔"工具把剩下的裂缝填上 (图 6.18)。请确保选项栏中的"样本"选项设置为"当前和下方图层"或者"所有图层"。

图 6.17 将三个可见图层合并为一个图层可以使工作进程简化

图 6.18 修复在分开的图层上完成。这样可进行无损编辑，而且更容易提升效果或在之后进行编辑

6.3 填充丢失的部分

要获得最理想的修复结果，请结合使用这些工具。学习每种工具的长处和短处有助于让你的工作更顺利。例如，在你想要保留处理区域的纹理和光线时（如保留脸上的痣或者衣服、背景上的瑕疵），"修复"工具就会很有用。当你想要保留并复制一部分图像时，"仿制图章"工具就更适合——例如下巴的轮廓线和外套领口；此时如果使用"修复画笔"工具，这些细节就会消失。"污点修复画笔"和"修复画笔"工具根据画笔和笔触的使用方式，会产生可见的、不同的随机结果。

这张丢失了顶部信息的图像可以通过复制图像中现有信息的方式进行修复（图 6.19 和图 6.20）。

📥 ch6_missing_top_of_head.jpg

(1) 使用"快速选择"工具对顶部的丢失区域进行选择，使用工具在你选择的区域里进行绘制。按住 Option/Alt 键单击"图层"面板中的"添加图层蒙版"图标来隐藏选择区域，"背景"会自动解锁和重命名（图 6.21）。

➕ 提示　要在"快速选择"工具中增大或减小画笔大小，请按右或左括号键。要从选区中删除部分，请在区域上按 Option / Alt 键然后进行绘制。要向选区添加部分，请按 Shift 键并在区域上绘制。

图 6.19 图像顶部信息已丢失

图 6.20 使用直接仿制的方式来重建图像中的大部分信息

图 6.21 使用蒙版隐藏需要被替换掉的选区

(2) 创建一个新的空白图层并命名为"修复"。

(3)"修复"工具可能会破坏或者擦除掉下巴的轮

廓，以及嘴唇和衬衫边缘的线条。使用"仿制图章"工具来修复这些区域周围的裂缝，将选项栏中的"样本"设置为"当前和下方图层"(图 6.22)。然后使用"污点修复画笔"，将其设置为在所有图层上取样，来清除掉剩下的裂痕和明显的仿制痕迹。

图 6.22 将修复的部分放在不同的图层上可使处理无损化

(4) 再创建一个新的空白图层，命名为"填充背景"。

(5) 选择"仿制图章"工具，在选项栏中设置为在所有图层上取样，然后从女人的右侧取样。接着取消选中"排列"选项，来保证对于每个画笔来说，样本都是一样的，来绘制缺失的部分 (图 6.23)。

(6) 当丢失的部分被填满后，寻找重复图案的痕迹然后使用"污点修复画笔"工具来处理掉。

这张图像中最难处理的部分是重建女人头顶丢失的信息。

图 6.23 **通过对完好的部分进行仿制来填充丢失的区域**

(7) 新建一个空白图层，命名为"头顶"，排在"修复"图层之上。使用"套索"工具来创建一个头发形状的选区 (下一步我们要用 Photoshop 制作头发图案，填充到这个区域)(图 6.24)。

(8) 用"仿制图章"工具，仔细地在头发的图案中取样，然后在选区中填充，直到头部被补充完整。

★ 注意 使用选区限制所使用"仿制图章"工具的区域，可以保护选区之外的区域。

图 6.24 **使用"套索"工具，在本该是头部的位置创建一个选区**

✚ 提示 要得到使用"仿制图章"最理想的结果，可使用"仿制源"面板 ("窗口" | "仿制源") 来更改你要绘制的仿制源的角度和尺寸。

(9) 单击"选择" | "取消选择"，使用带有变暗混合模式的"模糊"工具，在设置栏中设置为对所有图层取样，处理头发和背景相邻的部分，让边缘更流畅 (图 6.25)。

为进行最后的处理，将所有图层合并为 WIP 图层会让工作更便捷。

图 6.25 **在原本的图层上填充仿制的内容，然后将边缘模糊处理**

(10) 选择顶部图层，按 Cmd+Option+Shift+E/Ctrl+Alt+Shift+E 键将图层合并为一个单独图层，将其命名为 WIP，在它上面创建一个新的空白图层，命名为"更多修复"。

(11) 将"污点修复画笔"在选项栏中设置为"内容识别"和"对所有图层取样"；在图像中的条纹痕迹上和不均匀的区域中绘制，让它变得平滑 (图 6.26)。

作为最后的调整，我们将移除时光流逝导致的黄色偏色，然后加强对比来增强一些视觉效果。

(12) 添加黑白调整图层，使用默认设置，让印件恢复到原来的黑白外观。

(13) 添加一个曲线调整图层，将黑色和白色点拖到直方图的末端让对比更鲜明。在曲线中间添加一个点往上拖来提高亮度 (图 6.27)。

6.3.1 仿制、修复和循环

一直以来，照片都暴露在温度和湿度的变化中，深受污渍、灰尘、霉菌或日晒的侵扰，这些都会导致照片受损。把照片镶在有玻璃的相框里是一种能让照片保存更长时间的办法。遗憾的是，如果在玻璃与相片之间没有留出空间或者垫片，它可能会粘在玻璃上，就像这个图像遇到的情况一样 (图 6.28)。在从玻璃上取下以后，照片受到了二次伤害。

值得反复强调的一点是：要达到满意的修复效果，请结合使用各种工具。想要修复这张图像需要对其中的部分进行复制粘贴，结合使用仿制和修复功能 (图 6.29)。

图 6.26 最后所需的一点改动是"修复画笔"工具。请在分开的图层上处理，这样所有操作都可以被撤消

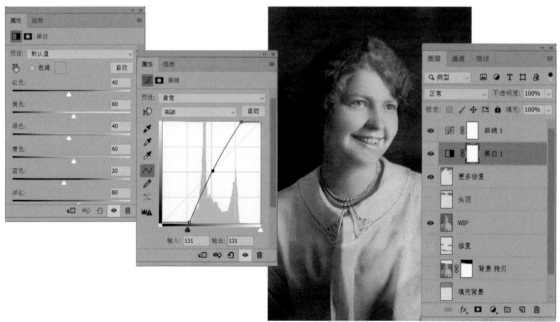

图 6.27 添加黑白和曲线调整图层来应用最终的色调调整，使图像再现黑白风貌

图 6.28 受损的图像

图 6.29 修复后的图像

图 6.30 这是必须修复的主要部分，显示在自己的图层上

　　使用"修复画笔"工具来调整没有明显细节的区域，例如天空，还有衣服上的划痕。你绘制的方向决定着那种类型的信息会用在修复损伤的部分上。如果没有看到满意结果，撤回最后的画笔操作，在不同方向重新在一个位置上取样。在更重要的地方上使用"仿制图章"工具，例如面部和边缘线上。

　　在这对情侣头顶部分的绳索（绳子）丢失了，幸运的是，在未受损的部分中有足够的素材可用来完成修复。

　　(4) 使用"多边形套索"工具对绳子部分进行精准选择，如图 6.31 所示。

🔽 ch6_couple_on_sailboat.jpg

　　没什么捷径——卷起袖子开始工作，放大到100%(如果你在分辨率更高的显示器上工作，那就放得更大)，使用"导航器"面板来确保你正在修复的区域正按照你自己的方法轨迹运作。

　　(1) 添加一个新的空白图层，命名为"修复"。

　　(2) 使用"仿制图章"工具，"样本"设置为"当前和下方图层"，来仿制图像左侧天空和水面的完好部分。

　　(3) 使用"修复画笔"工具，在选项栏中选择"对所有图层取样"，以及选中"排列"，在空白图层上润饰多出的部分，以及将丢失的部分补充完整(帆船上使用的绳子)，这些在之前的步骤中提过。完成后，空白图层已经充满了内容，图像的大约三分之一被替换掉了(图 6.30)。

图 6.31 "多边形套索"工具可对将要重复利用的绳子部分进行精确选择

使用"多边形套索"工具时，单击想要重新使用的区域的四个角落。如果点的位置不是你想要的，按 Delete 键来撤消最后的单击。如果你想重来，按 Esc 键取消选择。请记住，要返回初始点才能完成选择。

(5) 激活选区后，单击"背景"图层，按 Cmd+J/Ctrl+J 键将选区复制到新图层，命名为"右侧的绳子"，然后将其拖到"修复"图层上。

(6) 使用"移动"工具将绳子拖到男人头顶的位置。绳子对于接触到图像的边缘来说有点短。使用"自由变换"工具，或按 Cmd+T/Ctrl+T 键将绳子延伸到图像的边缘。

(7) 对左边的绳子重复步骤 (4)~(6)，命名图层为"左侧的绳子"。不要用"自由变换"工具来拉长绳子，因为会导致变形，而延长的绳子需要增加长度，复制两次左边图层的绳子，然后重新调整在区域里的位置，直到接触到图像的边缘 (图 6.32)。

要将图片调整为水平角度，将地平线调直。

(8) 将所有图层合并为一个图层，置于图层堆栈的顶部 (按 Cmd+Option+Shift+E/Ctrl+Alt+Shift+E 键)，然后将图层命名为"拉直"。

(9) 使用"标尺"工具 (隐藏在工具栏中的"吸管"工具下) 沿水面拉一条线来调整地平线。在选项栏中，单击"拉直"图层。关闭下面图层的可视功能，这样会使四个角落丢失的信息显露出来。

＋提示 要隐藏除了"拉直"图层之外的图层，可按 Option/Alt 键单击"拉直"图层上的眼睛图标。

(10) 复制"拉直"图层，重命名为"填充角落"，进行裁剪操作可快速奏效，但会减小图像的尺寸，也会裁掉女人腿部的大部分信息。要填充角落，选择"编辑" | "变换" | "扭曲"。单击一个角落的控制点，拖到边缘之外，这样图像的部分就可以盖住缺失的部分。对另外的三个角落重复这个步骤 (图 6.33)。

(11) 最后，图像的对比度较低，看起来有点平。在所有图层的最上方添加一个"色阶"调整图层，单击"自动"对图像进行一点小的改善 (图 6.34)。

可能很容易让绳子伸出图像去，有时更多地关注细节会让修复工作更完善。

＋提示 在"移动"工具中使用键盘上的方向键来精确地将对象移到正确位置上。

图 6.32 用"自由变换"工具延展复制图层来添加丢失的绳子部分，然后复制这个拷贝图层，并用于左边的绳子来避免变形

图 6.33　使用"标尺"工具把地平线调整到水平位置，使用自由变换中的"扭曲"选项来填充四个角落

图 6.34　自动色阶调整改善了平坦的外观

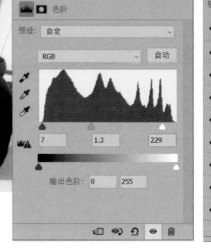

让使用图层处理变得更便捷

你一定遇到过项目中的图层数量过多的情况 (图 6.35)。可采用以下几种方法来解决这个问题。

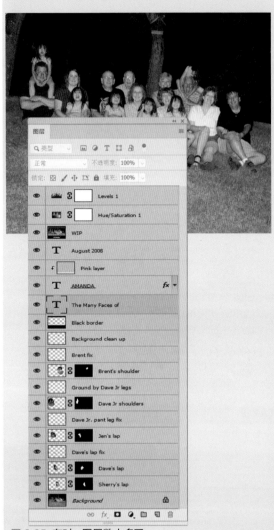

图 6.35 **有时，图层数太多了**

一个是将它们添加到组中，也就是创建多个图层的折叠 (图 6.36)。单击"图层"面板底部的"创建新组"图标，图层可被拖到折叠中，组可以被扩大或者缩小，要显示内容，请单击"折叠"图标旁的

三角。将图层组命名会更便于识别，就像图层一样。

图 6.36 **图层可通过组绑在一起**

另一个方法是筛选图层，这样只有那些你已经选中的图层能匹配上选择的类型。例如，你可根据名称、种类 (调整、类型、形状等) 或应用的混合模式来筛选图层。

Wayne 喜欢筛选图层：首先在"图层"面板中把想要独立出来的图层选中，然后单击位于"图层"面板顶部的图标 (图 6.37)。

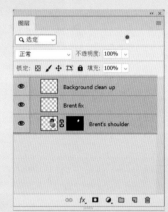

图 6.37 **只选择想要编辑的图层，然后选择隐藏其他图层**

6.3.2 "修补"工具

"修补"工具对于修复或者替代更大、更不重要的区域 (像背景、墙面或天空) 来说是最棒的工具。"修补"工具有两种工作模式，在选项栏中可以选择：

● "正常"模式需要匹配的纹理、光线和相邻区域的阴影的像素信息进行处理。要进行无损处理，请确保

在复制图层上工作。

● "内容识别"模式有一个额外的好处就是你可在空白图层上工作 (当在选项栏中选择"对所有图层取样"时)，大多数情况下都能很好地运作。"内容识别"模式同时提供两个选项："结构"控制着图案连接的强度，"颜色"控制着多少颜色是混合的。

更高的"结构"值将图案在原始图像中连接得更紧密，当修复的图案很重要时就很实用。较低的值会得到一个柔和的结果。更高的值会修复更多修补区域中的颜色，让修补区域和图像中剩下区域之间产生柔和的过渡。你可能需要更多实验才能达到最佳效果。尽管大多数情况下"内容识别"模式的效果很好(包括在连接图案时)，但在模糊修补边缘时经常得不到一个令人满意的结果。遇到这种情况时，可撤消修补操作，改用"正常"模式。

在"内容识别"模式下，使用"修补"工具将要处理的区域选中，然后将选区拖动到要替换的区域。

在"内容识别"模式下工作，在相应区域使用"修补"工具，将选区拖到替代区域得到理想的结果，然后松开鼠标，单击"选择"|"取消选择"。

在"正常"模式下有两种方式来使用"修补"工具：

● 在选项栏中选择素材，使用"修补"工具将你要修复的区域选中，然后把选区拖到要替换的理想区域，这和"内容识别"模式的运作方式有些相似。

● 选择与目标相反的方向进行工作。首先选中会作为一个好的补丁样本的区域，然后拖到替代的区域。

让我们来看看如何使用"修补"工具来旋转，在真实世界的图像上又如何运作。这个图像遭受了多种污染侵害，但依旧能使用"修补"工具和最后的"修复画笔"润饰轻松修复(图6.38)。使用"修补"工具之后的想法是将完好区域拖到欠佳区域，反之亦然，但是这张图没有完好的部分。然而，你可以使用"修复画笔"工具首先创建一个完整的素材供"修补"工具使用(图6.39)。

图6.39 "修补"工具快速处理了污渍

⬇ **ch6_patch_example.jpg**

(1) 复制"背景"图层。

这张图中没有可用来为修补提供素材的完好部分，但现在小范围内修复可以创建一块区域。

(2) 选择"污点修复画笔"工具，在选项栏中将混合模式设置为"变亮"；在图像的右上方，绘制一个对于修补取样来说足够大的圆形区域(图6.40)。

图6.38 这张图看起来需要花费很多的时间来修复

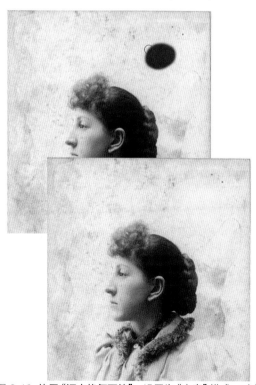

图6.40 使用"污点修复画笔"，设置为"变亮"模式，对小范围区域进行清理

　　(3) 选择"修补"工具，将模式设置为"正常"，然后在选项栏中单击"目标"。沿着要修复的区域拖动 (类似使用"套索"工具)，为第二步做好准备。然后使用"修补"工具将该区域拖到有污渍的区域 (图 6.41 和图 6.42)。

　　(4) 在整张图像上的剩余部分重复这个操作，小心使用"修补"工具，不要影响到女人和裙子部分 (图 6.43)。

提示 如果"修补"工具留下了污渍或者明显的痕迹，可尝试提高选项栏中的"扩散"值，这会让修补区域变宽，混合得更自然。

注意 每次移动"修补"工具时都会生成不同结果，从而避免创建明显的痕迹。如果补丁移到图像之外，就会被剪切掉，留下一条直线。再次使用补丁时会留下明显的痕迹，这种情况发生时，为修补做一个新选择。

图 6.41　**使用清理好的区域作为"修补"工具的初期样本**

图 6.42　**将修复好的区域拖到需要清理的区域上**

图 6.43　**多次拖动干净的补丁部分来清理整个背景**

　　(5) 在女人裙子上还是有一些线条想保留。在"修补"工具的选项中选择"源"。选择折叠部分的未受损区域，拖动到损坏的区域，此时你会发现"修补"工具在保留线条的基础上清除了污渍 (图 6.44)。

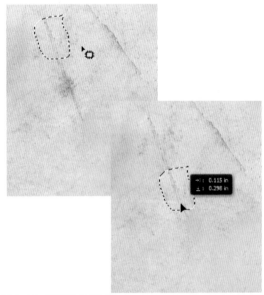

图 6.44　**"修补"工具也可以用来复制信息，在移除掉其他污渍时衣服上的线条被保留**

　　在背景清理干净后，这个修复项目中剩下的部分就是清除女人身上的一些小的灰尘污点。

　　(6) 创建一个新的空白图层。选择"污点修复画笔"工具，设置为"变暗"，对所有图层取样 (在选项栏中)，然后在发光的斑点上绘制。

6.3.3 "内容感知移动"工具

　　"内容感知移动"工具用来移动或者复制图像中的条目。要使用这个工具，首先选中想要移动的区域，然后把它拖到新位置上。在选项栏中设置为"移动"，之前这个项目所在的位置将会被填充。将模式更改为"扩展"，项目将会被复制到新位置上。

ch6_three_in_chairs.jpg

　　拍摄该图像是为了展示全景相机所能包含的视角。使用"内容感知移动"工具，可以将这些项目移近一些，从而将图像裁剪为常见的印刷尺寸 (图 6.45 和图 6.46)。

图 6.45　通过使用"内容感知移动"工具，人物可以靠得更近

图 6.46　最后的裁剪实现了一个更适合印刷的比例

　　(1) 复制"背景"图层。

　　(2) 选择"内容感知移动"工具，在选项栏中将模式设置为"移动"，把"结构"值设置为7，"颜色"为0(使颜色混合最小化)，然后选择在释放时转换，这个选项可以让你在接受最后的移动更改前旋转或放大这个项目。"结构"和"颜色"选项和"修补"工具中的相似。

　　这个工具可在空白图层中使用，选项栏中设置为"对所有图层取样"。然而，针对这张图像，Wayne 使用复制图层功能提升效果。

　　(3) 沿着女人的周围区域 (包括阴影部分)，选择创建一个选区 (图 6.47)。

　　提示　当移动物体时，选择范围稍大一些。当选择了多余的背景部分时，"内容感知移动"工具在完成图像混合上会产生很好的效果。一个精准的选择会让图像在之前的位置上留下一条细细的轮廓线。

(4) 将鼠标放在选区内，把女人拖动到离中间的男人更近的地方，小心不要覆盖你想保留的部分。

移动后会在周围显示出转换的边界框。

(5) 将鼠标移动到其中一个角落之外然后稍旋转选区，使草坪边缘更自然。

按 Return/Enter 键接受转换结果 (图 6.48)。

(6) 选择"选择"|"取消选择"对选区取消选择 (图 6.49)。

(7) 在左边的人物身上重复步骤 (2)~(6)。

结果可能不是很完美，但是个很好的起点 (图 6.50)。

(8) 应用"修复画笔"工具对图像中明显的修补痕迹进行修复。只在图像的边缘进行处理，正如最后的图像所示 (图 6.51)。

(9) 最后使用"裁剪"工具将图像裁剪到 6*4 的比例视图，在预设比例视图中或者选项栏中的"裁剪尺寸"菜单里选择比例，在设置中输入 6 和 4(图 6.52)。

进行快速修复时，"内容感知移动"工具对于实物或容易复制的背景来说非常好用。

图 6.47 对图像左侧的人物进行松散的选择

图 6.48 接受移动前，人物都可以被旋转

图 6.49 接受移动后，原来的位置会被填充

图 6.50　有一些混合痕迹比较明显的地方

图 6.51　使用"修复"工具稍微润饰有助于隐藏瑕疵，只需要在图像中不会被裁剪的区域中进行修饰

图 6.52　人物周围裁剪时保留的部分都需要进行润饰

6.3.4 使用消失点滤镜进行透视修复

修图图像出现的透视问题是个挑战。当因为透视导致图像中的空间变化时，一般的仿制和修复就无法解决了。消失点滤镜允许在透视平面调整后进行仿制和修复调整。

这张图里的老旧楼上有许多被砖块封上的窗户，这对于展示消失点滤镜和相关工具来说是一个很好的例子。Wayne 使用了完整窗户的信息来替代被砖封上的窗户 (图 6.53 和图 6.54)。

⬇ **ch6_vanishing_point_example.jpg**

(1) 创建一个新的空白图层来进行无损处理。

(2) 择 "滤镜" | "消失点"，或者按 Cmd+Option+V/Ctrl+Alt+V 键。

图 6.53 **这栋大楼的一些窗户被砖块封起来了**

图 6.54 **在透视视图下修复可以很快地还原它们**

第一步是创建透视平面，这样 "消失点" 工具就可以使用正确的透视。

(3) 使用 "创建平面" 工具来调整透视平面的四个角落，单击中间大一点窗户的左下角，然后单击顶端窗户的左上角，再单击右上角和右下角。此时会出现蓝色网格 (图 6.55)。

蓝色网格表示透视图是有效透视图，黄色网格意味着已经接近但需要进行微调，如果是红色，则需要进行重大调整或重新开始。可拖动网格的角对透视进行调整。

★ **注意** 即便网格不是蓝色的，"消失点" 工具也可工作; 但是，除非平面精准地体现了图片中的透视，否则结果不会令人很满意。

图 6.55 **消失点滤镜通过透视平面来建立 "消失点" 工具替代素材的方法**

提示 可使用"缩放"工具放大到角落位置进行更精准的调整。

提示 使用 Delete/ 空格键来删除网格。

(4) 在平面仍然被激活的情况下，选择"编辑平面"工具 (黑色箭头)，将网格的控制点从中间位置分别往上下左右四个方向拖动，让它拓展到整个图像上。如有必要，按 Cmd+-/Ctlr+- 键来缩小视图。就算网格扩展到图像之外也是可以的 (图 6.56)。

(5)选择"图章"工具，将"直径"设置为500像素，

"不透明度"为100%，"修复"选择"关"，然后选中"对齐"。此工具与"仿制图章"工具的工作方式类似。按Option/Alt键单击，从最低的完整窗户上取样。

(6)在被砖块封住的窗户位置放置光标，然后进行绘制，直到砖块消失。请注意，画笔不会显示为圆形；它现在以透视方式绘制，所以被压扁以匹配透视网格(图6.57)。

提示 如果不再处于激活状态，请使用"编辑平面"工具单击平面内部。

图 6.56 如果网格在小范围内被建立，也可以拓展到将整个图像容纳进去

图 6.57 通过在相同的相对位置上进行仿制和取样来填充砖块区域

(7) 返回并从同一点再次取样，把上面窗户中的砖块填充掉。在剩下的被砖块封住的窗户上重复这个步骤。按括号键可增大或减小画笔直径。当左下角的砖块窗口部分丢失时，从右角取样，请确保在相应位置上进行仿制。

(8) 完成后，单击"确定"按钮，所有更改保留在分开的图层上，使整个进程都是无损处理——太棒了 (图 6.58)！

6.3.5 "内容识别填充"工具

你是不是遇到过等一个人从想要拍摄的景象中走过去的时候呢? 你可以不用这么做。"内容识别填充"工具可轻松将人物移除掉。这是节省时间的利器，Wayne 已经把它当作许多修复工作的首选功能。"内容识别填充"与"选择"工具结合使用，是删除内容同时填充图像的最简单方法之一。

让我们看看这个功能如何快速地将一个拥挤旅游景点的人物清空 (图 6.59 和图 6.60)。

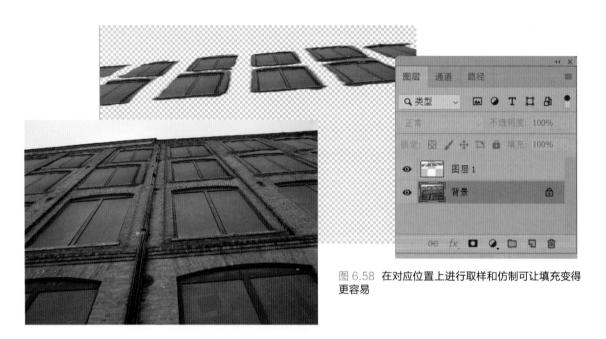

图 6.58 在对应位置上进行取样和仿制可让填充变得更容易

图 6.59 这个景点可以被"内容识别填充"工具清空

之前

图 6.60 "内容识别填充"工具在填充区域取得了显著成效

ch6_tourist_spot.jpg

（1）这个功能的限制之一就是它是破坏性的，所以请复制"背景"图层。

首先沿着你想要移除的区域进行选择，将目标外的一部分背景像素包括在其中。

（2）每个人物都可以被分开移除，但是在这张图里所有人可以被同时移除。使用"套索"工具选择图中的每个人。按 Shift 键在现有选区上添加新部分。

（3）选择"编辑"|"填充"，确保"内容"设置为"内容识别"模式，混合模式更改为"正常"，"不透明度"为 100%，单击"确定"按钮。就这么简单（图 6.61）。

提示　如果对结果不满意，请考虑在同一个区域多次使用"内容识别填充"工具，每次的结果都会不同。此外，如果命令实现了效果的一部分，那么可针对需要进一步修饰的区域进行较小的选择，并重复命令直到获得最理想的结果。

提示　先在选区中应用"内容识别填充"，按 Shift+Delete/Shift+ 空格键来运行"填充"命令。请确保"内容"设置为"内容识别"模式，然后按 Return/Enter 键。

提示　可使用图层蒙版来定义"内容识别填充"未应用于源素材的区域。详情见 blogs.adobe.com/jkost/2017/04/content-aware-fill-control-the-source-in-photoshop-cc.html。

图 6.61 选择要填充的区域，在"内容"菜单中选择"内容识别"

"污点修复画笔"工具还是"内容识别填充"工具

为项目选择合适的工具是你通过经验学到的。图 6.62 中强烈的线条穿过了天空，很容易被清除掉，但穿过楼的部分就有些难度了，在清除时一些图案需要保留。Photoshop 提供了解决问题的很多方法。"污点修复画笔"提供了在分开的图层上进行无损处理的选项。"内容识别填充"可完成同样的任务，通常会用更少的步骤，但需要在复制图层上处理才能保持无损。Wayne 针对一些图像的策略是在复制图层上处理，这样就可在两个工具之间切换。如果图像中的一部分需要还原到初始状态，它可从下面的图层中复制粘贴过来。请尝试下列两种方法的步骤，然后比较结果 (图 6.63)。

图 6.62 一根恼人的电线挡住了我们欣赏波士顿北方古老教堂的视线

⬇ ch6_old_north_church.jpg

要使用"污点修复画笔"，可执行以下操作：

(1) 使用画笔单击开始点。

(2) 按 Shift 键然后单击结束点来绘制一条直线。

(3) 在这条线的不同部分重复这个操作，直到它被移除。

图 6.63 在使用污点修复画笔之后移除电线

要使用"内容识别填充"，可执行以下操作：

(1) 将快速蒙版选项设置为根据颜色选择区域，使用硬边画笔在这条强烈的线条上绘制，画笔要足够宽，能盖住线条。

(2) 退出快速蒙版。

(3) 按 Shift 键和空格键打开"填充"对话框，选择"内容识别"然后单击"确定"按钮 (图 6.64)。

图 6.64　返回同样的一张古老北方教堂照片，我们会发现"内容识别填充"工具可以轻松移除掉强烈的线条

6.3.6　将它们拼接完整

　　修复损伤主要的工具都已经介绍过了，如上所述，可能需要多次把所有这些工具结合使用来修复一张照片。这张糟糕的图像粘在一个没有膨胀或收缩的背衬上，导致印件随着时光流逝出现了开裂和分离（图 6.65和图 6.66）。

⬇ ch6_family_of_four.jpg

▶ **试一试**　使用目前介绍过的工具尝试修复这张图像。在面部细节区域使用"仿制图章"工具，在衣服和背景区域使用"修复"工具。试着用带有内容识别填充功能的"修补"工具来修复背景中的一部分木板，一旦你修复好一部分，就可将其当成素材来修复其他部分。"内容识别填充"可能会在修补男人衬衫的一些部分上运作得比较理想。

图 6.65 这张照片随着时间流逝出现了开裂和分离

图 6.66 本章介绍的工具可以解决这个问题，只需要一点耐心

6.4　文件修复

家庭遗产的一部分便是主要事件的记录，不仅有图像，还有证书和纸质记录。出生、洗礼、毕业、婚礼甚至是死亡证书都是家族财产的一部分。

6.4.1　文件中的褪色文本

这封信 (图 6.67) 对于 Wayne 的一个客户来说有非常多的重要意义，而文本部分严重褪色了。结果是通过对文件进行重建来实现的 (图 6.68)。

Wayne 的第一个想法是进行一些色调修正。他添加了一个曲线调整图层，然后试着在直方图中将黑色点移向图像的初始信息点来增强信件的对比度。调整黑色色调让字母变得明显，但同时让信纸出现了瑕疵 (图 6.69)。

为抵消这一点，他通过将白色点向左拖动让纸张变亮，这导致文本变得不那么清晰可辨 (图 6.70)。

结果不太理想，当文本被调整到更清晰可辨的程度，纸张变得太黑太明显。当纸张被调整为变白，文本就不再具有可辨别性。而这两种调整都会将纸上的蓝色线条移除。

图 6.67 这个文件中的文本随着时光而褪色

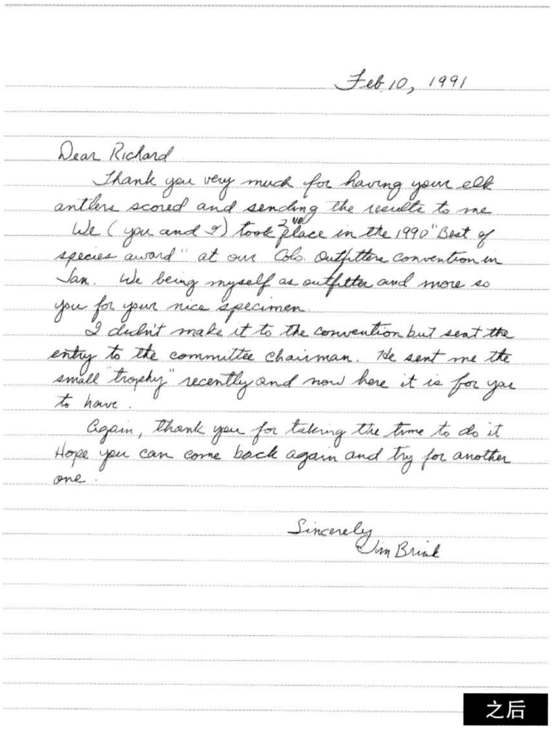

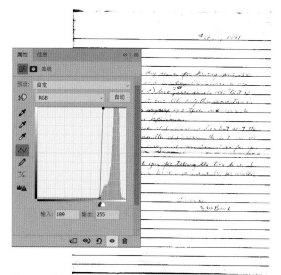

图 6.70 让信纸变亮使文本变得易读

之后

图 6.68 使用数码手段跟踪文本轨迹产生了较好的还原效果

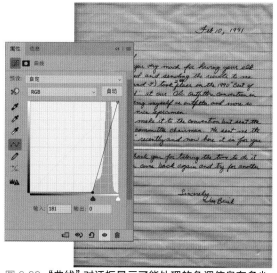

图 6.69 "曲线"对话框显示了能处理的色调信息有多少，将黑色色调提升让字母变得明显，同时让信纸出现了瑕疵

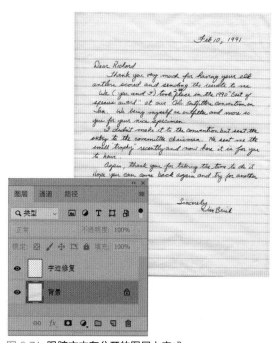

图 6.71 跟踪文本在分开的图层上完成

Wayne 总结道，重新创建文档比尝试解决色调调整产生的所有问题快多了。他创建了一个空白图层，将其命名为"字迹修复"；并将"铅笔"工具的大小设置为与页面上文本相同的宽度。将前景色设置为黑色后，他使用绘图板上的触控笔描写褪色的字母（图 6.71）。

接下来，他通过添加一个名为"划线"的空白图层并把它放在跟踪文本图层下方来重建这张带衬线的纸。使用"铅笔"工具，按 Option/Alt 键单击一条线，从原始衬纸的颜色上取样。单击纸张边缘一条线的开头跟踪纸张上的线条，然后按住 Shift 键单击尾端。然后，他在"划线"图层下方添加了一个新的单色填充图层（"图层"|"新建填充图层"|"单色"），并将其填充为白色（图 6.72）。

为使新文档看起来不那么生涩，他降低了跟踪文本和线条的不透明度并对其做了一些模糊处理。

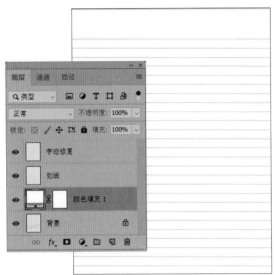

图 6.72 通过在文本下方的图层绘制蓝色线条来创建纸张，下面有一个白色图层

6.4.2 损坏的文件

可能无法一次扫描较大的文档。可考虑扫描文件不同的部分，并使用 Photoshop 将它们重新组合在一起。或者，有可能的话请拍摄原件，如第 1 章所述。这个糟糕的文件已经被卷起多年，出现了破损还粘在了一起，有些较小的部分丢失了 (图 6.73 和图 6.74)。

图 6.73 这个图像的形状不太好，它是由胶带粘在一起的，文本也褪色了

图 6.74 仿制、修复、调整图层，还有一些跟踪处理能让文件重新可见

该文件比扫描仪床要大，因此 Wayne 进行了三个分开的扫描，其中有大部分重叠，来获得重建整个文件的所有部分。为防止扫描仪软件进行自动更正，请禁用扫描软件中的所有自动更正功能并扫描整个仪床。三个分开的图像已被创建（图 6.75）。

📥 ch6_document_top.jpg
　ch6_document_middle.jpg
　ch6_document_bottom.jpg

让我们使用这些步骤将文件拼接在一起。
(1) 选择"文件"|"自动匹配"|"图像合成"。

(2) 单击"浏览"将三个文件添加到源文件面板中（图 6.76）。
(3) 将"版面"设置为"自动"，单击"确定"。
(4) 创建了一个新文件，每个文件都在自己的图层上，并经过了蒙版和混合处理（图 6.77）。

图 6.75 扫描文件的顶端、中间和底部部分

图 6.76 使用图像合成命令将文件的几个扫描部分拼接在一起

➕ 提示　将文件碎片拼接在一起时，图像合成命令可能不会一直生成理想结果，特别是在扫描部件中包含文本时，可能会被歪曲，甚至会被移除。如果发生这种情况，请创建一个足够大的空白文件来容纳扫描部分并尽可能手动对齐碎片。选择"编辑"|"自动混合"图层来对齐和混合图层。如果结果仍然不理想，请尝试更改图层的堆叠顺序，可能会产生不同的结果。

(5) 选择顶部图层，按 Cmd+Option+Shift+E/Ctrl+Alt+Shift+E 键来复制三个图层，将其合并为一个新图层。

(6) 使用"裁剪"工具，在选项栏中取消选中"删除裁剪的像素"来删除掉文件周围的多余部分 (图 6.78)。

(7) 使用本章之前介绍的任何技术 ("内容识别填充""修补""仿制图章"或"修复"工具) 来修复图像。所以"内容识别填充"可以当作一个选项，在合并图层 (而不是新的空白图层) 上进行处理。这依旧是无损编辑，因为组合层可以被重建。如果需要重做某些修复，可通过从较靠下的图层复制和粘贴来还原原始图像信息 (图 6.79)。

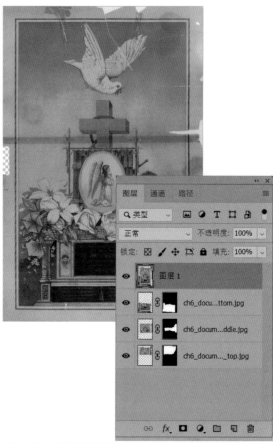

图 6.78　三个图层结合为一个，文件修剪了它的尺寸

图 6.77　图像合成创建了一个新文件，三个部分完美拼接在一起

图 6.79　文件中的损伤已被修复

这个文件最重要的部分是底部的两段文本 (图 6.80)。遗憾的是，它们不是很明显，并且在一部分中出现了不均匀的褪色。请分开处理每个部分，因为所需的校正量不同。

(8) 使用"矩形选框"工具选择带有人名的黑色框。

(9) 选择"选择"|"色彩范围"。如果"本地化颜色簇"已选中，则取消选中，然后在"色彩范围"对话框中选择"吸管"工具。单击金色的文本对其进行取样，然后调整"颜色容差"滑块直到选择的文本被选中，单击"确定"。选择的文本出现了 (图 6.81)。

由于选择命令在"色彩范围"命令之前，因此创建的选择的一部分捕获了黑色框中的颜色。

(10) 添加一个"色阶"调整图层。当你添加调整图层时，如果所选内容处于活动状态，就会自动添加图层蒙版，这样就只有文本部分受调整的影响。

(11) 在"属性"面板将白色点滑块移到 137，中间调滑块到 1.62，来提升文本效果 (图 6.82)。

(12) 在底部的黑色面板中重复步骤 (8)~(11)，这次把白色点滑块移到 171，中间调滑块移到 1.82(图 6.83)。

图 6.80　文本部分几乎无法辨别

图 6.81　在文件底部选择文本框，然后使用"色彩范围"工具仅对文本进行选择

图 6.82　对选区应用"色阶"调整图层让文本变亮

图 6.83　褪色不一致，有些字母还是不可见

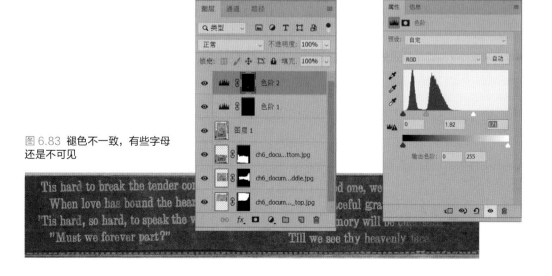

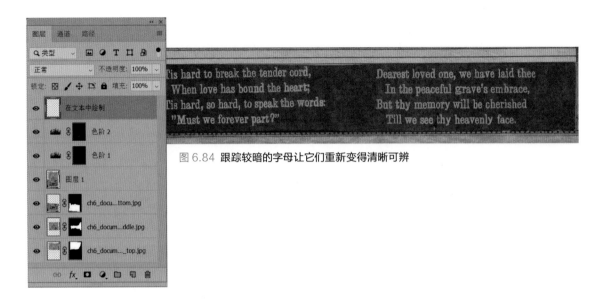

图 6.84 跟踪较暗的字母让它们重新变得清晰可辨

遗憾的是，因为一些不均匀的褪色，我们还需要再进行一些处理。

(13) 创建一个新的空白图层，将其命名为"在文本中绘制"。

(14) 使用"吸管"工具单击金色字母来设置前景色。使用小号画笔在字母上绘制，让它重新变得清晰可辨 (图 6.84)。

6.5 逆转镜头异常

具有不同焦距的镜头变换着我们的视角。长焦镜头使物体看起来更近，而且相对于物体会将背景压缩，而广角镜头可以看到更广阔的视野。变焦镜头适用于各种焦距，非常受欢迎。与其他设备一样，质量从很好 (很可能会很昂贵) 到很差 (很便宜) 不等。

镜头越好，图像显示的失真就会越少，但不可能完全消除失真。常见的镜头失真类型包括图像被挤压，以及桶形失真 (指图像是膨胀的)。

有时这种变形可能会被忽视，或者可能被认为是一种艺术风格，或被认为是异常的。有时它可能会分散观者的注意力，也不讨人喜欢，就像自拍中常见的面部变形一样。

6.5.1 校正镜头变形

Photoshop 有针对一般镜头变形的镜头校正滤镜，该滤镜有两个选项：

● "自动"校正根据文件元数据中的相机和镜头信息进行更正。滤镜支持多种相机和镜头型号。

● "自定"提供手动控制，用于消除失真、色差和渐晕，以及更改垂直或水平视角。当你处理的图像不包含镜头信息，或者滤镜不支持相机或镜头型号时会非常有用。

★ **注意** 如果相机和镜头组合不可用，请使用类似的镜头配置文件，如果你想探索更多技术，可使用 Adobe Lens Profile Downloader 创建属于自己的文件 (https://helpx.adobe.com/photoshop/digital-negative.html#resources)。

如果相机在拍摄主体 (例如一栋高楼) 时向后倾斜，有种常见的变形叫做"梯形失真"。在这个图像中，教堂看起来往后退了。使用"镜头校正"滤镜中的几个步骤，问题就可以被纠正 (图 6.85 和图 6.86)。

📥 **ch6_church.jpg**

(1) 复制"背景"图层进行无损编辑，然后隐藏"背景"图层。

➕ **提示** 要无损地使用此滤镜并在之后编辑应用的设置，请在应用"镜头校正"滤镜前将图层转换为智能滤镜 ("滤镜"|"转换为智能滤镜")。在这个例子中，无法使用智能滤镜完成最终步骤。

(2) 选择"滤镜"|"镜头校正"。

(3) 在"镜头校正"对话框中，选中"显示网格"。通过显示网格，可以更轻松地查看建筑物的倾斜距离。

➕ **提示** 可调整网格尺寸以控制显示的网格线数。使用"镜头校正"对话框左上角的"移动网格"工具来拖动网格，使其与图像中的垂直线对齐。

图 6.85 广角镜头和倾斜相机会产生变形的图像

图 6.86 镜头校正滤镜可校正镜头变形

(4) 单击"自动校正"选项卡，然后取消选中"自动缩放图像"(如果已选中)。

(5) 单击"自定"选项卡，然后将"垂直透视"滑块拖到 -50。该建筑看起来已经校正 (图 6.87)。

➕提示 在"自动校正"选项卡中选中"自动缩放图像"来确保通过缩放图像填充画布。取消选中该选项后，稍后可能需要裁剪图像来删除透明像素，或者需要使用本章介绍的某些润饰技术来填充透明区域。

使用此滤镜需要权衡。作为校正的代价，照片显示的区域变少了。如果图像已被紧密地裁剪过，可能会出现问题。注意，建筑物顶部的旗杆跑到框架之外。

(6) 将"缩放"滑块拖动到 92%，使整个建筑物重

新回到视图中。单击"确定"按钮接受修改 (图 6.88)。

最后一步是填充滤镜创建的空白区域。最快的解决办法是把图像裁剪为新尺寸。但通过在自由变换中使用变形功能，相当多的信息会填充进去。

(7) 选择"编辑"|"自由变换"或按 Cmd|T/Ctrl+T 键。单击选项栏中的"变形"图标。拖动两个右下角控制点，使图像转换出边缘之外。对两个左下角控制点执行相同的操作，把图像瞄准回原始边缘。按 Return / Enter 键应用转换 (图 6.89)。

图像现在看起来很直了，旁边也已填充，但还与最初的维度不同。再使用一个工具，问题就可以解决。

(8) 选择"编辑"|"内容识别缩放"或者按 Cmd+Option+Shift+C/Ctrl+Alt+Shift+C 键。拖动中间底部的控制点图像将原始画布填满。然后按 Return/Enter 键 (图 6.90)。

图 6.87 调整"垂直透视"滑块来拉直倾斜的建筑。使用网格作为协助

图 6.88 调整"缩放"滑块把图像的顶部移出视图范围，图像底部留出一些空间

图 6.89 "自由变换"工具的变形设置填充了左右两边，但还有一些区域需要被填上

▶ 试一试　你可能注意到教堂顶部的旗杆还是有些拉长，使用"多边形套索"工具选择旗杆顶部，请确保选取了两边足够的天空部分。然后使用"内容感知移动"工具将旗杆向下移动让其变短。

6.5.2　消除曲率

使用广角镜头拍摄会导致图像出现非常不自然的曲率，可能需要从自适应广角滤镜获得更多校正辅助，同时解决来自不同角度的失真。滤镜还可通过读取图像的元数据自动进行多次校正。这张全景图像是从胶片中提取的，显示了由于相机未处于水平状态导致的严重失真，使左边的山看起来像是翻倒在右边的路上了。自适应广角滤镜可很容易地解决这两个问题（图 6.92 和图 6.93）。

图 6.90 内容识别缩放可在不扭曲图片的前提下将其延展

在 ACR 中进行镜头校正

Adobe Camera RAW 滤镜和 Lightroom 中提供了此滤镜的一种变体，唯一区别是校正倾斜的能力 (图 6.91)。

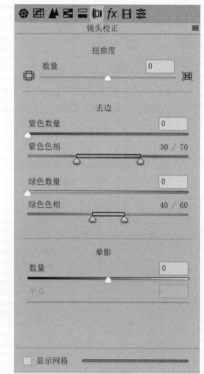

图 6.91 在 Camera RAW 数据和 Camera RAW 滤镜中也可找到镜头校正功能

图 6.92 图像出现了严重扭曲

ch6_zion.jpg

（1）复制背景图层。自适应广角滤镜和智能滤镜一样是无损处理的，但最后一步要求图像栅格化，所以这就像在复制图层上处理一样容易。

（2）选择"滤镜"|"自适应广角滤镜"或者按 Cmd+Option+Shift+A/Ctrl+Alt+Shift+A 键。如果没有元数据提供给滤镜，则默认选择"鱼眼"校正。将"缩放"设置为100%，将"裁剪因子"保留为0.1，并将"焦距"滑块调整为最大值（图6.94）。

★ **注意**　"裁剪因子"定义图像如何被剪裁，它经常与"缩放"因子结合使用，来控制滤镜产生的透明区域尺寸。

（3）选择面板左上角的"约束"工具。在左侧山峰上绿色消失的地方单击，然后再次单击右侧山峰上的相对位置（图6.95）。

✚ **提示**　单击然后按 Shift 键单击来创建一条水平约束线。想要删除约束线，可按 Option/Alt 键点单击线。

（4）此时一个带有数个控制点的圆圈会出现，你可用它进行多个校正。向下拖动中间的控制点，将道路校正到正确的水平位置上（图6.96）。

图6.93　自适应广角滤镜可将其拉直

图6.94　使用鱼眼设置然后调整滑块，图像不会被改变

图 6.95 "约束"工具在两点之间绘制一条曲线。这就是曲线拉直后的结果

图 6.96 通过拖动中间的控制点来弯曲这条线能够拉直图像，但也带来一些缝隙

提示 要拉直图像中的弯曲区域，可使用约束工具拉一条较短的线条穿过图像。部分被拉直后，你可选择圆圈中的一个点，拖动它来旋转到水平位置。如有必要，也可添加多条线。

(5) 拖动缩放滑块，直到你对滤镜生成的剩余透明区域的大小感到满意为止。这填补了大部分缝隙而没有对图像进行明显裁剪 (图 6.97)。单击"确定"按钮并隐藏"背景"图层。

可使用"内容识别填充"工具来填充剩余的空白。

(6) 选择"魔术棒"工具，然后在选项栏中取消选中"连续"。单击透明区域来同时选择所有透明区域。

通过选择"选择"|"修改"|"扩展"来扩展选区，然后在"像素数"中输入 10。单击"确定"按钮。

(7) 选择"编辑"|"填充"，然后将"内容"更改为"内容识别"(图 6.98)。单击"确定"按钮以应用填充，然后按 Cmd+D/Ctrl+D 键取消选择。

图 6.97 使用范围滑块更接近它的原始形状。还是有一些填充工作需要完成

图 6.98 通过将图片延展到空白区域来填充缝隙

6.5.3 拉直工具

Photoshop 中的 Camera RAW 滤镜界面几乎与 ACR 相同。首先转换为智能滤镜，Camera RAW 滤镜是无损的，允许在一个界面内进行多项重大润色更改。

Katrin 非常喜欢 ACR 和 Camera RAW 滤镜中的"拉直"(Upright) 工具，该工具是变换工具的一部分。图 6.99 中曼哈顿天际线的透视校正，由很短的几步完成 (图 6.100)。

⊙ ch6_nighttime_skyline.jpg

图 6.99 **图像显示了严重的扭曲，所有建筑物都向中间倾斜**

图 6.100 **"拉直"工具可快速校正倾斜问题**

图 6.101　在 Camera RAW 滤镜或 ACR 中使用拉直工具可快速将透视扭曲拉直

(1) 在"图层"面板中右击，然后选择"转换为智能对象"对"背景"图层进行转换。

(2) 选择"滤镜"|"Camera RAW 滤镜"或按 Shift+Cmd+A/Shift+Ctrl+A 键。

(3) 在对话框顶部的工具栏中选择"变形"工具。

(4) 单击"拉直"(Upright) 选项下的"全部"(Full) 图标。这样可以完全将图像两侧建筑物的倾斜度拉直(图6.101)。单击"确定"(Ok) 按钮接受拉直校正。

最后一步是裁剪图像，此功能不是 Camera RAW 滤镜的一部分，而是 ACR 中的一部分。

(5) 使用"裁剪"工具从图像中将丢失的区域裁剪掉。为保证无损编辑，请确认在选项栏取消选中"删除裁剪的像素"。

6.6　结语

修复图像可能有些沉闷和重复，但也可以是一个创造性过程——就像回收图像的碎片然后重新拼接它们一样。下一章将介绍充满创造性的方法，来修改更大的区域。

第7章

重构和重建图像

你面临的最糟糕图像就是被霉斑、火烧、水浸或因疏忽而受损的图像，要么图像的一部分完全丢失，要么被损坏而无法识别。出现这些灾难时，向客户寻求原始负片或更好的印刷品是徒劳的，因为可能根本就没有。更换、重建和修复所有图像的秘诀是乞求、借用和窃取原始图像中剩余的图像信息，或找到适合的替代品来重新创建缺失的背景和身体部分。

没有损坏的图像也需要重建，因为人的表情会出现错误，例如他们的眼睛闭上了，或者摄影师恰好错过了完美时刻。甚至在改变家庭成员上也有一些有趣的要求，例如从婚礼照片中擦掉新郎，或者从人群里提取人物照片来强化葬礼肖像的悲伤气氛。

幸运的是，使用数字化手段添加或移除人、替换面部和头部是 100% 无痛的。磨利你的数字手术刀，我们一起来学习：

- 重新创建背景
- 重建肖像
- 添加或删除人员
- 解决漏光和镜头眩光问题
- 创建小插曲
- 用到的工具和技术
- 蒙版
- 纹理和锐化滤镜
- 仿制和修复工具
- 选择并遮住
- 内容识别缩放

★注意 第5章和第6章中用来清除灰尘和划痕的很多工具会在这章修复几乎无法挽救的例子中作为基本功能。

在进入一个项目前，请花一点时间来预料一下结果。通常，可信度要放在首位，最后的目标不是让它看起来像超市小报封面。计划是必要的。从图像中清除某些东西不一定很难，有难度的是确定在创建的空白空间里要放什么。同时，应该考虑添加人物或物体时要覆盖的内容以及是否需要调整画布大小来腾出一些空间。处理不同质量的图像时，可能需要将较高质量的图像缩小让各个部分看起来像本来就是一体的。其他需要考虑的因素包括尺寸和分辨率、颜色和色调、颗粒的构成方式和视角的差异。

7.1 改变背景

一幅图像的背景被认为是不重要的，替换一张图像的背景可将图像中的对象紧密联系在一起，或者为修复严重损坏的照片提供坚实基础。将这些更改更好地融合在一起是成功重建图像的关键。这通常取决于良好的蒙版技巧。"Photoshopping"的 Telltale 附赠部分是沿着合成边缘的可见线条或由调整图层的蒙版创建的硬线。创建一个可信的蒙版可能是 Photoshop 中最耗时的任务之一，而且有许多复杂的方法可以实现它，正如我在 *Photoshop Masking Compositing* 第 2 版中所述。在本章中，我有时会用更简单的技术来处理。请记住，大多数"选择"工具只是制作一个优质蒙版的起点，并且通常需要一些额外步骤才能使它们变得更可靠。最后请记住蒙版口诀"黑色隐藏，白色显露"。

7.1.1 结合图像

有时，图像不会自然地出现，就像这两个三岁孩子的情况一样，她们很难保持站着的时间足够长并同时出现在一个镜头里，而且还看着相机（图 7.1）。严格来说，我们并不是说要把女孩中的任何一个当作背景，这里使用的选择和蒙版技术是替换背景的基础。按照这些步骤，来使用这两个过度活泼的女孩的单独图像制作一个可信的合成图像（图 7.2）。

⬇ **ch7_girl_in_pink.jpg**
  ch7_girl_in_stripes.jpg

图 7.1 **两个图像**

图 7.2 **合二为一**

(1) 打开图像 ch7_girl_in_stripes。

➕提示 向图像中添加元素时，使用"置入嵌入对象"命令将添加物转换为智能对象，从而实现无损缩放。

(2) 选择"文件"|"置入嵌入对象"，然后选择 ch7_girl_in_pink。第二张图像将在背景上方的图层上打开。如图 7.3 所示，图像上的大 X 符号表示你可以根据需要来缩放图像。

(3) 单击"提交"或按 Return/Enter 键接受大小。图层会成为智能对象，并可根据需要进行无损缩放（图 7.4）。

(4) 选择"快速选择"工具，然后选择这个女孩、椅子和毛绒玩具。"选择"工具可能带上一些超出本意的内容。按住 Option/Alt 键从选区中减去内容，直到你的选区出现如图 7.5 的效果。

图 7.3 放置的图片上的大 X 显示该图层可以按照需要进行缩放

图 7.4 "图层" 面板上那个额外的小图标指示该图层是智能对象

图 7.5 "快速选择" 工具很快创建了一个选区

(5) 在 "图层" 面板中，单击添加图层蒙版图标或者选择 "图层" | "图层蒙版" | "显示选区"，这会隐藏未被选中的区域，并在 "背景" 图层中显现出女孩的图像 (图 7.6)。

图 7.6 添加一个蒙版来隐藏所有没被选中的内容

(6) 选择 "移动" 工具 (V) 然后将图层移到左侧，让毛绒玩具出现在图像画面的角落里。

(7) 关掉显示较低层的图层，你会发现蒙版需要更多修改 (图 7.7)。选择 "画笔" 工具 (B)，将颜色设置为黑色，然后使用柔和边缘的画笔来处理选区中脸部边缘、衬衫、胳膊的位置。

图 7.7 制作蒙版时要格外小心，目的是要让结合更加可信

(8) 只需要对蒙版进行一点额外的调整，就可以让穿粉红色上衣的女孩看起来像在穿条纹上衣的女孩的身后了。选择 "图层 1 拷贝" 蒙版并擦除掉足够的手臂和衬衫，让下面的图层显示出来，这可以让穿粉红色上衣的女孩看起来在穿条纹上衣的女孩的身后 (图 7.8)。

图 7.8 蒙版可创建一种女孩变换位置的视觉效果

（9）两幅图像的曝光存在差异，导致缺乏真实感。在"背景"图层上方创建"曲线"调整图层，并调整中间调使"背景"图层更暗。在顶部图层上方创建第二个"曲线"调整图层，并确保选中"剪切到图层"选项，以便仅在该图层上操作（图 7.9）。微调中间调，让两个图层的曝光更接近。

提示 "置入"和"插入链接"会产生相同的结果，两种选择之间的区别在于 Photoshop 如何处理放置的文件。"置入"会将整个文件合并到 PSD 文件中，让它变得更大。"插入链接"对文件进行引用，仅使用当前文件所需的信息。这两种方法各有优点，但如果你预料可能会移动这些已放置的文件，那么选择置入"选项会更简单。

7.1.2　重新创建背景

重新创建或者重构背景可以像把人物从原始图像中移出并放在空白背景上，或者寻找合适的背景图像的替代品来创建全新环境一样简单。背景可来自各种素材，包括其他照片、仓库里的摄影、国会图书馆、在 Photoshop 或 Adobe Illustrator 中创建的数字文件，甚至是你用平板扫描仪采集到的布料、纹理或物体信息。当要求把一架固定好的飞机放在天空背景中时，Wayne 已经远远地从山顶拍摄了一张可用来创建空中背景的图像。

当你正在替代或者重建背景时，可从以下几种工作选项中选择：

- 复制受损区域的现有背景。
- 盖住背景并使用新背景将其替换。
- 将对象或人物从原始图片中取出，放在新背景上。
- 重新排列人物或物体，以尽量减少背景的比例。

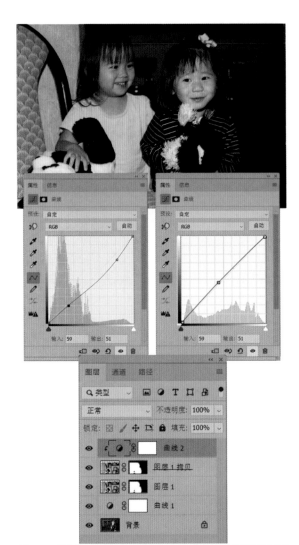

图 7.9 在每个女孩的图像图层上添加曲线图层能够让色调的不平衡被校正

你在损坏区域复制或修复现有背景的第一个选择是不言自明的，只要使用"仿制图章"和"修复画笔"工具在空白图层上处理，就不会遇到麻烦。以下各节将介绍其他方法，这将为你提供极大的创作灵活性。

1. 盖住背景

正如画家不仅限于模仿摄影作品，摄影师也不仅限于拍摄新闻图像。这个风景照片里，蓝色的天空看起来有点乏味（图 7.10）。让我们用其他更有趣味的云彩结构来取代它，图像变得更具新意了（图 7.11）。按照以下步骤将无聊的背景换成更有吸引力的背景。

ch7_hopewell_rocks.jpg
ch_7_add_in_clouds.jpg

图 7.10 蓝色天空有点乏味

图 7.11 添加云彩

(1) 打开 ch7_hopewell_rocks.jpg 文件，双击"图层"面板中的"背景"图层名称，打开"新建图层"对话框。单击"确定"按钮，将图层重命名为"图层 0"并将其解锁。

(2) 使用"快速选择"工具，选择天空和靠下部分水面边缘的区域，如图 7.12 所示。

图 7.12 "快速选择"工具对天空进行了快速选取

(3) 按住 Option/Alt 键，然后单击"图层"面板底部的"添加图层蒙版"按钮。该操作会转换蒙版，隐藏旧的天际线，并保留岩石和海岸线。如果你在添加蒙版之前忘记单击调整键，可按 Cmd+I/Ctrl+I 键来轻松地转换蒙版。无论选择哪种方式，结果都应该如图 7.13 所示。

图 7.13 背景已经被遮盖上了，准备好被替换

(4) 单击"图层"面板中的"锁定图像像素"和"锁定位置"图标，从而避免图像在破坏性的错误中受到损伤 (图 7.14)。

图 7.14 锁定像素和位置来避免不想要的更改

(5) 选择"文件" | "置入嵌入对象", 单击 ch7_add_in_clouds.jpg, 然后单击"提交变化"。按 Return/Enter 键接受文件 (图 7.15)。

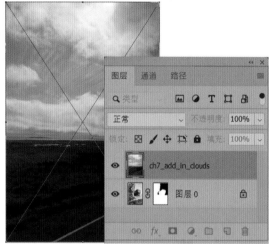

图 7.15 一个被放置的图层成为智能对象

(6) 因为原来只有一个图层, 所以放置的文件位于所有图层堆栈的顶端。在"图层"面板中, 可通过将放置图层拖放到原始图层的下方来改变图层顺序 (图 7.16)。

图 7.16 被放置的图层在包含前景的图层之后移动

(7) 请确保云图层被选中, 然后使用"移动"工具 (V) 拖动图像, 让细细的云图层看起来像是从镜头中心的岩石后面散发出来的。移动到位后, 你可在添加的图像中看到地平线。

(8) 因为这个图像没有透视参考, 所以可被拉伸以适应画面。按 Cmd+T/Ctrl+T 键启用"自由变换"工具。从顶部或底部拖动控制点, 根据覆盖区域的实际需要来拉伸云 (图 7.17)。注意, 控制点会出现在图像外部, 你可能需要通过缩小图像来执行此操作。可通过在"自由变换"工具的边界框内拖动来移动图层。按 Return/Enter 键或单击选项栏中的对勾符号来接受变形。

图 7.17 添加的云彩图像经过拉伸后可填充被遮盖的区域

★ 注意 将图层变形看起来是个破坏性操作, 但其实并非如此。因为放置的图层是智能对象, "自由变换"工具可被重新打开, 也可回到原本的尺寸或纵横比。但对云图层进行复制只需要更少的步骤, 或只是重复放置图像的步骤。

(9) 蒙版的边缘太尖锐, 让岩石看起来不太自然。单击选中蒙版, 选择"滤镜" | "模糊" | "高斯模糊", 然后将"半径"设置为 1.0, 消除锐利的边缘 (图 7.18)。

(10) 尽管使用滤镜产生了模糊效果, 但水面和地平线上的天空之间的过渡仍然很明显。选择"矩形选框"工具, 选择两个区域相交的蒙版边缘, 并在高斯模糊滤镜中将效果增加到 20 像素来混合这两个区域。满意后, 取消选择 (按 Cmd+D / Ctrl+D 键)(图 7.19)。

2. 专注于本质

"修复画笔"和"仿制图章"工具的威力和精巧程度既有利也有弊。将修复和替代图像损伤信息可视化的能力看起来像变魔术。但这种魔术可能导致你浪费大量时间和精力去做原本可以被裁剪掉或替代掉的工作。

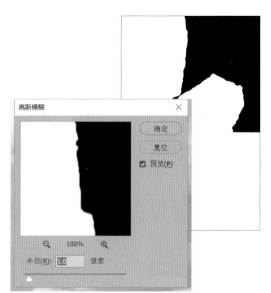

图 7.18 模糊蒙版边缘可更自然地合成两个图像

图 7.19 选择性地模糊地平线，进一步隐藏这种突然的过渡

图 7.20 背景杂乱

图 7.21 处理后的效果

　　图 7.20 中的女人非常喜欢她自己在照片中即兴摆出的动作和表情，但杂乱的背景里甚至还有只猫，分散了人的注意力。与其浪费大量时间在遮盖背景上，还不如将对象与背景用蒙版分离，而数码摄影工作室的背景效果已创建完毕（图 7.21）。请按照以下步骤将一张随意的快照转变为看起来更正式的肖像照。

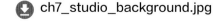

ch7_studio_background.jpg

(1) 使用"快速选择"工具沿着女人的外轮廓进行选择。该工具可能无法分辨背景和主体物，按住 Option/Alt 键并拖动这些区域，将其从选区中减去。注意耳环周围的区域，请确保去掉耳环的中心，如图 7.22 所示。

图 7.22 "快速选择"工具创建了一个不错的初始选区

(2) 单击"添加图层蒙版"图标来创建蒙版。请将"背景"图层解锁，重命名为"图层 0"。在"图层"面板中，单击"锁定图像像素"和"锁定位置"图标进行无损处理 (图 7.23)。蒙版显示了选区并不完美，在新创建的"背景"图层中这个问题可以被解决。

(3) 创建新的空白图层并将它移到第一个图层之下 (图 7.24)。

(4) 使用在图像中已经找到的颜色，让它的组成部分的可信度更高。选择"吸管"工具 (I)，然后在毛衣上找到的灰色阴影里进行选择。按 X 键来切换前景色和背景色。在"工具"面板中单击"设置前景色"图标，将颜色更改为白色。

(5) 选择"渐变"工具 (G)，然后在选项栏中选择"径向渐变"，单击女人的眼睛，然后向头部之外的上方拖动，如图 7.25 所示。这会在主体背后创建一种打在墙上的摄影工作室灯光的效果。这个步骤还指出了蒙版部分尚需改进。蒙版不需要体现每一根飘逸的头发，但有一个明显的边缘问题需要解决。

图 7.23 选择"锁定图像像素"和"锁定位置"可保护原始的"背景"图层免遭破坏性编辑

图 7.24 放在目标图层后面的空白图层将是一个新背景的开始

图 7.25 一个径向渐变可带来摄影工作室的视觉效果

(6) 单击"图层 0"上的蒙版，打开图层的"蒙版属性"面板。然后单击"选择并遮住"按钮或双击蒙版图标，打开"选择并遮住"工作区。

将"羽化"滑块拖动到"3.4 像素"，这将创建一个柔和的边缘。在羽化扩展选区的同时，将"移动边缘"滑块拖动到 -71%，这会使蒙版收缩。在"输出到"菜单中选择"新建带有图层蒙版的图层"，然后单击"确定"按钮 (图 7.26)。生成新图层和新蒙版，此时旧图层会被关闭；为便于重新访问原始蒙版，可将其保留 (图 7.27)。可花费更多的时间来制作更详细的蒙版，但还是要强调，在蒙版上花费的时间和要打印或显示的最终图像的尺寸紧密相关。

图 7.26 "属性"面板比"蒙版属性"面板提供了更多选项，但你做的所有更改都将是破坏性的

图 7.27 一个新图层和一个新蒙版生成了

提示 在蒙版属性面板中进行的更改可以被撤回，但使用"选择和蒙版"工作区进行的更改是永久性的。

(7) 最后创建一个"色阶"调整图层，同时移动白色点和黑色点，为图像添加一些对比度，如图 7.28 所示。

图 7.28 添加一点对比度，结束最后的工作

提示 "渐变填充"调整图层同样可用来制作调整图层。渐变填充提供精确和可重新调整的选项，但比起使用"渐变"工具简单地拉出一条线来说可能需要附加的几个步骤。

3. 使用图层样式创建背景

Lorie Zirbes 在传统和数字润饰方面拥有广泛的经验背景。她充分利用自己的艺术技巧,尽力恢复了这个受到严重损害的图像 (图 7.29 和图 7.30)。过程包括丢弃原始背景并使用图层样式创建新背景。她创建了一个空白图层,并用 50% 灰色填充它,因为一些图层样式需要色调信息才能显现。从"添加图层样式"菜单中选择"渐变叠加",创建了一个浅蓝色渐变 (补充在主体的后面),然后降低不透明度,以便进行下一步工作。为在新背景中添加纹理,从"图层样式"菜单中添加了"图案叠加",并从 Artist Surfaces 图案库中选择了水洗水彩纸 (图 7.31)。通过背景设置 (图 7.32),她巧妙地填补了其余的损伤部分,她将更多的时间和注意力放在主体物上,而不是背景上。

图 7.29　一幅严重受损的图像　　图 7.30　修复后的图像

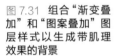

图 7.31　组合"渐变叠加"和"图案叠加"图层样式以生成带肌理效果的背景

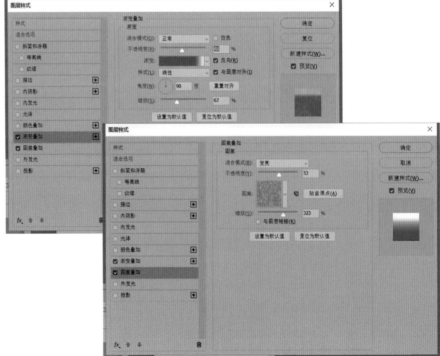

图 7.32 **完成后的背景**

4. 使用外面的素材

Lorie Zirbes 制作的另一个戏剧般修复案例在这张受到水浸损伤的印件中得到体现 (图 7.33)。最初，看起来似乎毫无希望，但她意识到这对新人是可以被修复好的，可能需要从其他地方找一些素材来代替背景。Lorie 使用了在最后一个例子中用到的技术重建了背景中的一部分，而后用仓库中的一张照片完成了修复 (图 7.34)。

以下是她在修复中用到的步骤。

(1) 将图像转换为黑白，从而简化修复，及隐藏不正确的颜色 (图 7.35)。

(2) 然后她精心使用仿制和修复功能完成了对这对新婚夫妇和地板损伤的修复 (图 7.36)。

(3) 接下来，使用蒙版盖住了严重受损的背景，但保留了拱门部分 (图 7.37)。

(4) 她喜欢在背景中添加窗帘的想法，并在网上找到了一张素材照片。她在这对夫妇身后添加了窗帘，这消除了遮盖的必要性 (图 7.38)。

图 7.33 **起初的照片**

图 7.34 **修复后的效果**

图 7.35 提取一个通道或转换为灰度图像有助于隐藏一部分损伤

(5) 为填充拱门内的区域，她在窗帘和这对夫妇之间创建了一个新图层。使用"矩形选框"工具选择一个需要填充的区域，然后用灰色填充选区。对于图层样式，她选择了图案和渐变对区域进行填充 (图 7.39)。

(6) 最后，她使用在第 4 章中提到的手工上色技术重新赋予图像鲜活的生命力 (图 7.40)。

图 7.36 通过仿制和修复功能，这对新婚夫妇和地板被修复完整了

图 7.37 背景严重损害的部分，与其进行修复，不如直接用替代部分遮盖在上面

图 7.38 这张帷幕的库存相片用来做新背景

图 7.39 使用图层样式创建一个仿真墙

图 7.41　这种基于胶片的天文摄影图像中出现了由于长时间曝光导致的强烈颗粒感

图 7.42　这张当代图像中出现了由于使用高 ISO 设置导致的数码杂色

图 7.40　完成后的图像以及"图层"面板

7.1.3　胶片颗粒与数码杂色

胶片颗粒和数码杂色以微小颗粒的形式出现在图像中。尽管一部分摄影师想要使用这些微小颗粒达到磨砂效果，对于那些想要清除它们以及清理摄影作品的摄影师来说，颗粒仍旧是个麻烦。颗粒 (图 7.41) 源于胶片基底的图像，在图片被放大时会变得很明显。在高速胶片或者经过压缩的、过度曝光的胶片中会格外明显。杂色 (图 7.42) 对于数字图像来说是一个较新的问题。数码相机中的传感器将光线转换为电荷，当使用更高的 ISO 设置时，电荷会被提升。就像使用胶片一样，ISO 越高，杂色就越明显。

尽管颗粒和杂色是由不同原因造成的，但两者都会形成交织在图像中的随机颗粒。所以，根据你的参考出发点，杂色可以是朋友或敌人。第 5 章介绍了降低图像杂色的方法。但在修复过程中添加杂色可让图像看起来更真实，不那么生涩。

1. 隐藏低分辨率

在下例中，添加的背景看起来非常平滑，对于图像来说可能不会一直是最好的选择，特别是如果已经包含了颗粒或者杂色。如果区别很明显，那么图像的可信度就会受到质疑。杂色可以增添真实感，并有助于融合不同分辨率的合成图像。图 7.43 中的图像是使用 130 万像素的摄像机拍摄的，它没有提供足够的分辨率来制作 8×10 尺寸下的细节，更不必提它的裁剪部分了。客户要求 Wayne 为这位绅士画像，以表达最后的纪念。添加杂色的最后一步有助于隐藏柔度，并通过调整大小来显示 JPEG 格式的人工图像 (图 7.44)。

首先将图像裁剪为 4:5 比例并使用"图像大小"命令将图像重新取样为所需大小 (图 7.45)。反光被消除了，并添加调整图层将西装外套的色调下调，上面的杂色和人工痕迹是明显的 (图 7.46)。背景被盖住了，并创建了新背景 (图 7.47)。由于低分辨率和插值，图像看起来非常平滑柔和 (图 7.48)。作为最后一步，Wayne 添加了一个空白图层，用 50% 的灰色填充，并添加了杂色，来帮助隐藏一些存在的问题。

2. 添加纹理

这张快乐的新婚夫妇的图像 (图 7.49) 因为较低的分辨率文件导致看起来皮肤有一些塑料质感。请跟随以下这些步骤创建一个无损杂色图层，从而赋予图像一些纹理质感。首先使用"红眼"工具轻松

解决这些闪着光的反射。"红眼"工具是破坏性的，所以在执行操作前，请复制"背景"图层。保存最后的图层文件会创建一个新文件，同时自动保持原始图像的完整性 (图 7.50)。

图 7.46 反光被移除，外套颜色变得更深

图 7.43 用 130 万像素的摄像机拍摄的照片

图 7.47 背景部分被遮盖，新的背景被创建

图 7.44 绅士像

图 7.45 裁剪图像并调整大小以便输出

图 7.48 图像因为低分辨率和重新调整尺寸导致了非常光滑的外观

➕提示　"红眼"工具有两种运作方式。第一个是它可像吸管一样使用，在红色区域内单击就可以了。第二种方法就像你使用"椭圆形选框"工具一样圈选出眼睛，但这种方法一次只能识别出一只眼睛。

⬇ ch7_bridal_couple.jpg

(1) 选择"红眼"工具，它嵌套在工具栏中的"修复画笔"之下。可根据需要进行放大，然后依次单击红色的眼睛 (图 7.51)。

图 7.49　新婚夫妇

图 7.50　处理后的效果

图 7.51　红眼工具可很快地移除红色

(2) 在"图层"面板中添加一个新图层。选择"编辑"|"填充"，然后在"填充"对话框的"内容"菜单中选择"50% 灰色"，"混合模式"菜单选择"叠加"。单击"确定"按钮。

(3) 将图层转换为智能对象，选择"滤镜"|"转换为智能滤镜"。也可在"图层"面板中右击相应的图层，然后选择"转换为智能对象"。

(4) 选择"滤镜"|"杂色"|"添加杂色"。除了进行试验之外，没有添加杂色的经验法则。杂色滤镜有一个用于调整数量的滑块，一个"平均分布"或"高斯分布"(随机图案) 选项，以及一个"单色"复选框，在选中它时只添加随机灰色斑点。如果杂色看起来有点明显，请不要担心。遇到这种情况，可将"数量"滑动到 10% 并单击"确定"按钮 (图 7.52)。

图 7.52　创建一个基本杂色图层

(5) 选择"滤镜"|"模糊"|"高斯模糊"。从一个小的半径开始，调整柔化杂色直到自然地融入画面，又不至于消失的程度。单击"确定"按钮 (图 7.53)。

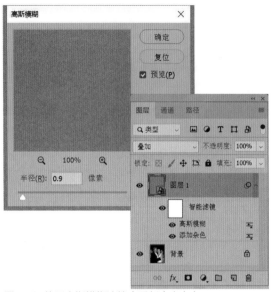

图 7.53　使用高斯模糊滤镜来重新定义杂色

添加的杂色让图像有了真实的视觉效果，结果是很主观的，要在两种滤镜之间达到平衡来获得令人满意的视觉效果 (图 7.54)。

以下是杂色滤镜的其他提示。

● 使用杂色帮助减少图层组件中看起来清晰锐利的图层。

● 使用柔光或强光混合模式可得到多种纹理的效果。

● 调整较低层的不透明度来获得更微妙的效果。

● 使用非单色选项创建彩色杂色，可以产生更逼真的视觉效果，尤其是在古老的彩色图像中。

7.1.4　利用其他图像进行重建

有时，图像可能被破坏，以至于没有任何值得从图像内部提取的东西，此时可能需要从别的地方找到替换信息。这就是 Lorie Zirbes 为修复图 7.55 所做的事情。这张糟糕的图像是组合图像的一部分，咖啡溅到了上面。通过一些从库存摄影借来的部分，Lorie 将它重新组合起来 (图 7.56)。

图 7.54　看起来很微妙，但添加的质感隐藏了由于低分辨率文件导致的塑料质感

图 7.55　原始图像

(1) 首先盖住背景，然后在它下面的空白图层上创建一个带有图层样式的新图像，修复背景就会是一个简单的事情 (图 7.57)。

图 7.57　背景被一个应用了新图层样式的新图层替代了

(2) 修复前景中的小毯子图案可能要多花一些时间来处理。Lorie 选择了上面完好的一部分，然后复制它来填满整个前景 (图 7.58)。

图 7.56　重新组合的效果

图 7.58　填充毯子的部分需要用到毯子上完好的部分

(3) 当处理到头部和丢失的手臂时，没有什么可用来进行仿制以遮盖住丢失画面的图像信息。是从同一位置上重新拍一张(全凭运气)不是借用在网上找到的一只手的素材？Lorie采用独特的方法来填补损坏的部分(图7.59)。

(4)她复制了头顶未损坏图像，并粘贴到图像的受损部分中。她盖住了多余的材料，并使用"变形"工具暂时降低了不透明度，此时她能匹配好头部形状，如图7.60所示。

图7.59 这个图像提供了用在手臂和头顶的素材

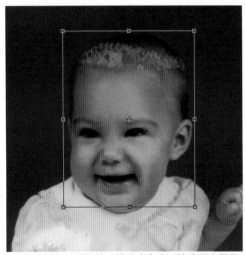

图7.60 降低添加图层的不透明度有助于校准两个图层

(5)然后她从另一张照片中复制并翻转了手臂部分，再用遮盖功能将新手臂融入现有的图像中(图7.61)。

图7.61 从另一张照片复制来的手臂部分经过水平翻转，几乎完成了图像的修复

(6)当手臂放在恰当位置后，Lorie就可以填充裙子剩下的部分了(图7.62)。

图7.62 从完整的裙子部分取样为最后的处理提供了素材

(7)Lorie不满足于只是从另外的图像上将手臂移过来。她想更进一步，在素材照片中找到一只婴儿手部的照片，并使用了手指部分，颜色和尺寸正好匹配(图7.63)。

图 7.63　延长添加的手指，这样图像里的手臂将有别于素材来源

当面对损坏程度如此之深的案例时，你可能需要跳出固有思维来寻找答案。

7.2　移除和添加人物

改变图像中的人物数量是很常见的要求，无论是添加还是减少。移除或者添加人物改变图像的主要部分是一个很有难度的挑战。

7.2.1　填补空缺部分

当面对从一个图像中"擦除"人物的情况时，麻烦在于该如何填充空缺部分。有时使用本图像中已经存在的信息进行填补，有时从其他图像中获取信息进行填补。

这张照片中的新娘一直都很喜欢她和丈夫的表情，但前景中出现了一个男人的头产生了一些干扰，让这一切不那么完美 (图 7.64)。Wayne 被要求把这个人从画面中移除。客户手里还有一些在当时拍下的照片，从这些照片中提取素材，以及对其他素材重新利用，就能填补因为移除掉这个男人导致的空白区域 (图 7.65)。以下就是他采取的步骤。

(1) 红色通道被抽出，并被保存为另外的文件，因为它具有最佳对比度，同时消除了老化的、泛黄的视觉效果，如图 7.66 所示。该技术在第 4 章中有相关解释。

图 7.64　原始照片

图 7.65　完善后的照片

图 7.66　**红色通道用于创建新文件，消除了老化的样貌**

✚ **提示** 在灰度模式下处理可减小整体文件大小，因为与 RGB 或 CMYK 相比，灰度模式的通道数量较少。如果没有理由保留颜色信息，请考虑使用此选项。

（2）前景中的男人被盖住了（图 7.67），这让需要被填充的区域显现出来，以便执行下一步工作。

图 7.67　**要填充的空隙几乎是图像的四分之一**

（3）另一个图像提供了可用的穿上婚纱的肩膀部分的素材（图 7.68）。从这个图像的红色通道复制肩膀部分，粘贴到第一幅图像中，并按比例缩放来匹配现有的肩部，用蒙版盖住不需要的区域（图 7.69）。

（4）要完成裙子的部分，Wayne 复制了图层，进行了翻转，然后遮住不需要的额外内容。

图 7.68　**另一张婚礼上的照片为填补空白提供了素材**

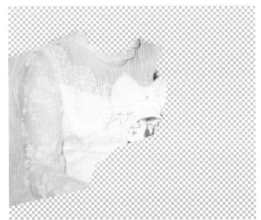

图 7.69　**新娘的肩膀是从另一幅图像上复制来的**

（5）在上面的空白图层上，他使用仿制和修复功能来盖住由于连接两个部分产生的接缝（图 7.70）。

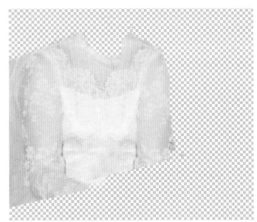

图 7.70　**通过修复来盖住可见缝隙**

(6) 新娘的部分完成后，将桌子的一部分复制到新的图层上，然后移动它来保持透视的对齐状态。

(7) 利用从另一幅图片复制的蛋糕图像，并利用一点仿制功能，为填充剩余的区域提供足够的素材。调整蛋糕的亮度需要使用一个裁剪过的 Levels 调整图层，来使它匹配桌面的亮度 (图 7.71)。

(8) 最终，正如图 7.72 中所示的 Levels 调整图层，为图像添加了一点点对比度。

图 7.71　通过复制桌面的一部分和另一幅图像中的蛋糕来填充空白区域

1. 重新排列快照

这张照片 (图 7.73) 是用手机相机拍摄的，被拿给 Wayne，请求他将其改为 5 × 7 的尺寸，移除掉邻居家的两个孩子 (图 7.74)，让剩下的孩子全部都是家庭成员，并且，如果可能，要保留汽车 (以帮助确认图像的日期)。结果如图 7.75。

📥 ch7_rearrage_snapshot.jpg

(1) 其中一个孩子可通过 "按照目标尺寸进行剪裁" 的方式移除掉。选择 "矩形选框" 工具 (M)，在选项栏中的 "样式" 菜单下选择 "固定比例"，在 "宽度" 中输入 7，"高度" 中输入 5，从右下角开始拖动，直到右边的五个孩子和车子都被选中，如图 7.76 所示。通过裁剪，图像没有直角角落的问题被解决了。

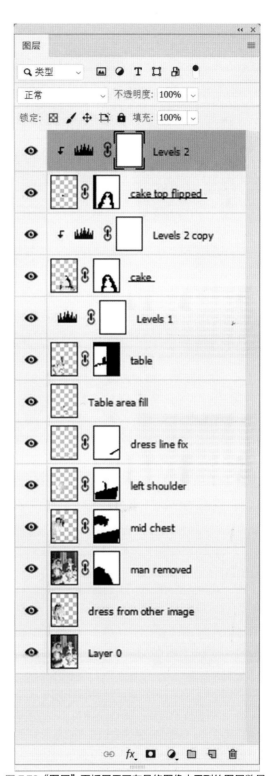

图 7.72　"图层" 面板展示了在最终图像中用到的图层数量

图 7.73 最初的照片

图 7.74 需要移除邻居家的两个孩子

图 7.75 最终效果

图 7.76 定义最终图像的区域

图 7.77 参考线标出最终图像的区域

图 7.78 使用蒙版功能移除第二个孩子

(2) 如果标尺不可见，按 Cmd+R/Ctrl+R 键。从每个标尺拖出一条线来，并将它们放在选框的移动小点对应的位置上。按 Cmd+D/Ctrl+D 键取消选择。图 7.77 显示了参考线和最终图像的区域。

(3) 复制"背景"图层，然后将原始图层的可见功能关闭。创建一个图层蒙版，选择"画笔"工具 (B) 设置为黑色，将这个举起手臂的男孩隐藏起来 (图 7.78)。

(4) 使用"套索"工具，选择头戴蝴蝶结的女孩和穿印花衬衫的女孩。复制选区 (按 Cmd+C/Ctrl+C 键)，然后将其粘贴 (按 Cmd+V/Ctrl+V 键) 到新图层上。使用"移动"工具 (V)，将两个女孩向右移动，盖住举起手臂的男孩，如图 7.79 所示。

(5) 如果你的选区宽裕了一点，请为复制的女孩创建一个图层蒙版，盖住与戴大帽子中的女孩重叠的任何多余信息，如图 7.80 所示。

图 7.79 **两个女孩被复制到她们自己的图层上，并移动到男孩所在的位置上**

图 7.80 **多余的素材被盖住了**

(6) 添加的女孩旁边有一个需要填补的小区域。在背景的复制图层下创建一个空白图层。使用"仿制图章"工具，在选项栏的"样本"菜单中选择"所有图层"，将男孩曾在的位置的剩余区域填充上。注意，通过复制背景复制图层后的图层，不必担心盖住任何可见的前景素材（图 7.81）。

(7) 第一个被移除掉的女孩的手依旧可见。在复制的女孩之上创建一个空白图层，并将其复制出来（图 7.82）。

(8) 在时光的流逝和拍摄时使用的白炽灯照射的共同作用下，图像有一点发橙色。创建一个"色相 / 饱和度"调整图层，选中"着色"选项，然后将"色相"设置为 +32，"饱和度"设置为 11，让图像拥有经典老照片的色彩氛围（图 7.83）。

图 7.81 **在后面的图层上复制可保持前景完好无损**

图 7.82 **通过复制部分来覆盖被裁剪掉的女孩的手**

图 7.83 **使用"色相 / 饱和度"调整图层来添加复古色彩**

(9) 选择"裁剪"工具 (C)，请确认取消选中了"删除裁剪的像素"选项，而且"视图"|"对齐"处于不

可用状态，然后将裁剪标记拖动到先前创建的参考线上。按 Return / Enter 键或单击"接受"。

试一试 这是 Lorie Zirbes 手中的另一个例子。继续移除图像中第三个人的部分，这就成为这对夫妇的照片。需要的所有信息已经包含在图像中 (图 7.84 和图 7.85)。

图 7.84 **三个人的照片**

图 7.85 **夫妇照**

⬇ ch7_cruise_couple.jpg

7.2.2 在图像中添加人物

将人物添加到图像的原因有很多。最常见的原因可能是没有其他方式来获得图片。我们的生活过于忙碌，这让我们同时出现在两个地方。当今的家庭不仅被国家分开，有时甚至被大陆分开。遗憾的是，被添加到图像中的人可能已经不在人世了。

1. 使用现有图像进行处理

为 Omni 工作的 Phil Pool 曾多次创作那些事件没有真正发生过的集体照片。客户提出的一个要求是使用孩子们的毕业照来制作家庭照片 (图 7.86)。这有些难度，因为这些照片间隔的时间太长了，最大的孩子毕业时使用 2¼ 胶片，令人感到惋惜的是，其中一个孩子已经去世 (图 7.87)。

图 7.86 **三张高中毕业照将合成为一张家庭相片**

图 7.87 **最后和父母在一起的相片**

幸运的是，Phil 已经拍摄了三张毕业照片中的两张，并使用了相似的照明光线。从已经过世的儿子开始，Phil 计划让合影看起来尽可能真实。他拍了一张母亲靠着父亲的照片，然后用儿子替换掉父亲 (图 7.88)。他分开拍下了父亲的照片，如图 7.89 所示。Phil 为女儿使用了相同的照明设置，但方向相反。通过水平翻转图像，就能和其他图像的照明匹配上 (图 7.90)。所有组件都使用蒙版进行保护，他在背景中使用了统一的图像，然后调整了衬衫的蓝色，使其变得不那么引人注目。

图 7.89 父亲是被分开拍摄的

图 7.90 水平翻转女儿的图像可让光线方向和其他图像相匹配

2. 把家人团聚在一起

在 Phil 的第二张图片中 (图 7.91)，由于时间限制无法让所有家庭成员出现在同一个房间，Phil 他使用自己的技能，从一系列单独的图像中提取素材，创建一幅全家福。通过对每个家庭成员子群使用相同的照明布置并在白色背景下拍摄，可克服将不同图像组合在一起的任何技术问题。

Phil 先在想法上规划了分组拍摄的情况，然后按照将它们组合在一起的计划分开拍摄照片，如图 7.92 所示。

图 7.88 分段式拍摄可让组合更具真实性

图 7.91 这张家庭相片是由分开四次拍摄的相片组成的

图 7.92 每个分开的组都被蒙版保护，然后成功组合在一起

Phil 不打算拍摄完整长度的图像，而是集中在腰部以上。这样的话，组合图像就没那么复杂了。为弥补合照边上下的差异，在底部添加了一个白色的虚边渐晕效果。稍后将介绍渐晕技术。

3. 添加一个不在现场的人物

这些游客轮流拍照，但他们希望可以出现在同一张图片中 (图 7.93)。请按以下步骤从一张图像中拉出一个人物，并将其放入另一张图像中，你也可以校正广角镜头产生的视觉扭曲，并将图像裁剪成常见的照片尺寸 (图 7.94)。

⬇ ch7_tourist1.jpg
ch7_tourist2.jpg

(1) 打开 ch7_tourist1.jpg 文件。复制"背景"图层，完好保存它，然后关闭原始图像的可见功能。

(2) 打开第二张图像 ch7_tourist2.jpg。使用"选框"工具 (M) 对穿红色夹克的女人进行选择。然后复制选区 (按 Cmd+C/Ctrl+C 键)。接着切回到第一个图像并进行粘贴 (按 Cmd+V/Ctrl+V 键)，如图 7.95 所示。你可以使用"置入嵌入对象"命令，但它会为图像增加不必要的文件大小，其中的一些步骤需要先对图层进行栅格化。

(3) 使用"快速选择"工具对这个女人进行初始选择，然后单击蒙版图标隐藏背景。这个女人的脸上闪着光芒，与其他人相似。使用"移动"工具 (V)，将她移到两个男人之间的空隙，让她脸上的光线看起来像是与其他人统一 (图 7.96)。

(4) 这个女人看起来比同组的其他人的体型稍大一点，接下来的几个步骤中有一些是破坏性的，所以请将图层复制作为备份，并关闭下方图层的可见功能。

图 7.93 游客轮流拍照

图 7.94 合成的图像

图 7.95　穿红色夹克的女人被复制并粘贴在另一张图像上

图 7.96　这个添加的女人使用了蒙版，并被放在合适的位置上

(5) 返回复制的图层，然后选择"编辑"|"自由变换"(按 Cmd+T/Ctrl+T 键)。按住 Shift 键以限制比例，并略微将女人的尺寸缩小，使她的头部大小与其他人相当 (图 7.97)。按 Return / Enter 键接受变形。

图 7.97　女人按比例缩放以匹配其他人

(6) 蒙版的边缘需要进一步润饰。请选择一个小尺寸的软边画笔，让这个女人和背景之间的过渡更平滑。

(7) 照片两端的男性身上出现了因为使用广角镜头而导致的视觉失真。"内容识别缩放"可用于纠正这个问题，但需要选择性地应用这个功能。首先选择"背景"图层的副本，选择"矩形选框"工具 (M)，然后选择图像的整个右侧部分，包括男人，如图 7.98 所示。

(8) 在"编辑"菜单中选择"内容识别缩放"(或按 Cmd+Shift+Option+C/Ctrl+Shift+Alt+C 键)。单击将控制点拖到男人左侧手臂的右侧，向左拖动，直到在其脸部和肩部的变形程度最小时停止 (图 7.99)。按 Return/Enter 键接受更改。按 Cmd+D/Ctrl+D 键取消选择。

图 7.98　只选中这个男人　图 7.99　"内容识别缩放"
以避免缩放整个图像　减少了广角镜头导致的变形

(9) 目标的最终图像大小为 8×10，确定边界的位置有助于减少一些不必要的工作量。拍摄另一张照片的摄影师没有以同样的方式构图，因此添加的这个女人的身体部分没有延伸到图像底部。而且，她的手也没有在图像中，但其他人的手是可见的。选择"矩形选框"工具 (M)，然后在"样式"菜单中选择"固定比例"。在"宽度"中输入 10，在"高度"中输入 8。从图像的右上角开始向下拖动，直到左边的人大部分都包含在内，如图 7.100 所示。

(10) 如果看不到标尺，请按 Cmd+R/Ctrl+R 键让其出现。然后切换到"移动"工具 (V)，
从每个标尺位置将参考线拖动到选区边缘。按 Ctrl+D/Cmd+D 键取消选择 (图 7.101)。

图 7.100 "矩形选框"工具有助于设置参考线

图 7.101 参考线用来定义将保留的图像区域

(11) 在图像左侧，男人的肩膀看起来偏大了一点。选择"矩形选框"工具，在"样式"菜单中选择"正常"，在图像的左侧拉出一个选区，包括肩膀部分，如图 7.102 所示。

(12) 选择"编辑"|"内容识别缩放"。向右拖动图左侧的控制点，直到手臂部分进入参考线的范围内。按 Return/Enter 键接受更改 (图 7.103)。按 Cmd+D/Ctrl+D 键取消选择。

提示 可按照 8×10 的比例进行裁剪，注意取消选中"删除裁剪的像素"选项，从而保证你的处理是无损的，但比较前后结果可能有点难度。

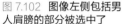

图 7.102 图像左侧包括男人肩膀的部分被选中了

图 7.103 "内容识别缩放"减轻了视觉上的变形

图 7.105 "内容识别缩放"将选区中的内容转变为初始选区中的信息

(13) 穿红色衣服的女人需要被延伸到底部的参考线上。"内容识别缩放"在图层蒙版上不能运行，所以接下来的这步是破坏性的。请确保采用蒙版是最后一步，右击图层蒙版，然后选择"应用图层蒙版"，对女人肩部及以下部分进行选择 (图 7.104)。

图 7.106 红色外套被拉长到填满这个框架

(15) 在延长外套时，"内容识别缩放"功能让这个女人看起来更重了，而且她的右臂有些变形。按 Cmd+T/Ctrl+T 键进行自由变换。按 Cmd/Ctrl 键，同时从左下角向内拖动，返回正常的透视状态，如图 7.107 所示。

图 7.104 仅对红色夹克进行选择，避免使女人的面部变形

(14) 再次使用"内容识别缩放"功能将女人的身体延伸到参考线上，如图 7.105 所示。请注意，闪动的小点从使用"矩形选框"工具选择的区域切换到选区内部的信息。向下拖动控制点，将红色外套拖到参考线位置 (图 7.106)。

图 7.107 "自由变换"纠正了因为拉长外套而导致的变形

(16) 镜头的变形同时让后排的女人看起来比她实际所处的位置要远。把她的尺寸扩大能解决这个问题。选择"背景"图层的副本，然后使用"快速选择"工具选中这个女人 (图 7.108)。

图 7.108 "快速选择"工具轻松地将背景中的女人选中

(17) 对选区进行复制和粘贴,这会创建一个新的图层。

(18) 按 Cmd+T/Ctrl+T 键打开"自由变换"功能,按住 Shift 键约束比例。拖动角落的控制点,放大这个女人,直到她的脸的尺寸看起来和别人差不多。然后按 Enter 键接受更改。最后使用"移动"工具,将她移到相应的位置上 (图 7.109)。

图 7.109 使用"自由变换"工具放大这个女人,让她和整体比例更匹配

(19) 因为女人被放大了,所以她前面的一些人在图层中被遮住了。通过单击"添加图层蒙版"图标创建一个图层蒙版。选择一个柔和边缘画笔,设置为黑色,将前景中盖住的部分绘制上。

(20) 在参考线的帮助下裁剪图片。

让照片能装进从商店里买来的相框中

关于市面上流行的 4×6、5×7 和 8×10 这些打印尺寸的一个常见的误解,就是它们是同一个图像区域逐渐增大的视图版本。虽然它们的确越来越大,但宽高比不同。8×10 是 4×5 负片的精确放大尺寸。但大多数摄影师都习惯于 35mm 胶片的宽高比,也就是 2:3,与数码摄像的比例相同。这让许多刚入行的摄影师感到困惑,他们不明白从 2:3 比例提升到 8:12,8×10 的印刷中会缺少 2 英寸。拍照时请记住这一点。如果预计会有不同的宽高比,或不同尺寸的打印件,请不要在操作相机时进行严格裁剪,这样才能适应宽高比的差异。

4. 有计划地添加一个人物

协调完成一张合照往往是一项艰巨任务。正如以下这种一群音乐学生中的一个人不在场时,就属于这种情况 (图 7.110)。经过一番规划,他们为没来的学生留下了空间。那个学生后来完成了拍摄。在摄影棚中拍摄,摄影师可以更好地掌控图像。在室外的不同的照明条件下工作会带来不同挑战。请按步骤查看那些使最终结果变得更可信的细节 (图 7.111)。

⬇ ch7_music_students.jpg
ch7_music student_add.jpg

图 7.110 原始照片

图 7.111 添加一个人物

(1) 打开文件 ch7_music_students.jpg,选择"文件"|"置入嵌入对象",然后打开 ch7_music_student_add.jpg,它会以智能对象的形式出现 (图 7.112)。

图 7.112 添加的人物放在初始图像中

(2) 将图层的不透明度降到约 75%，然后大致将添加的人物移到相应位置上。这个人有一点倾斜，而且需要调整得更大一点。可使用拱门边的墙壁作为参考来校正倾斜的角度，并通过单击边界框角落控制点的外部来旋转图像。鼠标指针将显示为一个双向箭头，如图 7.113 所示 (请确保在选项栏中选择了"显示变换"控件)。稍微旋转图像，使其匹配墙壁的方向。按住 Shift 键可约束比例，然后缩放这个添加的人物来匹配其他人的大小 (图 7.114)。按 Enter 键接受新尺寸，并将图层的不透明度调回到 100%。

图 7.113 调整图像的倾斜度来匹配"背景"图层

(3) 使用"快速选择"工具对新添加的人物进行初始选择。使用这个工具进行选择会有一些难度，有些区域的对比度可能不是那么明显。按住 Shift 键添加到选区，按 Option/Alt 键从选区中减去。不要在意落下的手的部分，完成如图 7.115 所示的选择。

(4) 单击"图层"面板中的"添加图层蒙版"图标，让背景消失 (图 7.116)。

图 7.114 缩放图像来匹配其他内容

图 7.115 要遮住背景的部分被选择出来了

图 7.116 这个内容出现在其他内容的上方

(5) 让添加的人物出现在另外两个学生的前面看起来不是很自然。选择"画笔"工具 (B)，使用柔和边缘的画笔，设置为黑色，使用蒙版盖住让人物看起来靠前的那些部分 (图 7.117)。

图 7.117 小心地使用蒙版，让这个添加的人物看起来是在另外两个学生的后面

(6) 添加的人物放到相应的位置上。使用蒙版后，我们能够发现添加的人物不像其他人一样有影子。在添加的人物的图层之下新建一个空白图层。按 Cmd/Ctrl 键单击"图层蒙版"图标，这会在一个新图层中创建选区。使用黑色填充这个选区，选择"编辑"|"填充"|"内容"|"黑色"，如果你的前景色已经设置为黑色，可使用快捷键 Option+Delete/Alt+ 空格。按 Cmd+D/Ctrl+D 键取消选择 (图 7.118)。

图 7.118 在添加的人物图层后面创建了一个影子图层

(7) 影子没有立刻显现，因为它藏在上面的图层之后。选择"移动"工具 (V)，然后把影子移到和其他学生相同的对应位置上 (图 7.119)。

(8) 将图层的不透明度降到 50%，这样影子的透明度就会匹配上其他影子 (图 7.120)。

图 7.119 影子被移动到和另外两个人的影子相匹配的位置

图 7.120 降低影子的透明度使其与另外的部分相匹配

(9) 为影子图层创建一个图层蒙版，然后将墙面之外或与相邻学生的裤子重叠的部分遮盖住 (图 7.121)。

图 7.121 通过蒙版隐藏多余的影子

(10) 影子的长度和其他两人的不太匹配。使用"自由变换"工具 (按 Cmd+T/Ctrl+T 键) 将影子延伸到和其他影子相匹配的程度，如图 7.122 所示。

图 7.122　使用"自由变换"工具让影子与另外的部分相匹配

(11) 添加的图像中没有阴影，因为图像是在阴天拍摄的。这使添加的人物看起来有点平面化。请创建一个"曲线"调整图层，单击"剪切"图标，使更改仅对添加的人物产生影响，同时调整中间调 (图 7.123)。

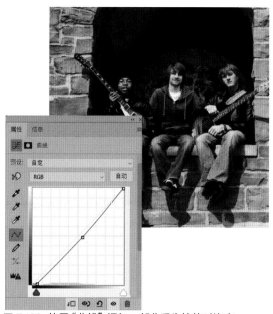

图 7.123　使用"曲线"添加一部分丢失掉的对比度

(12) 脸部缺失一些颜色。创建一个"自然饱和度"调整图层，再次单击"剪切"图标，然后将"自然饱和度"数值调整为 32，将色阶调整到与其他人的脸部相

匹配的程度 (图 7.124)。

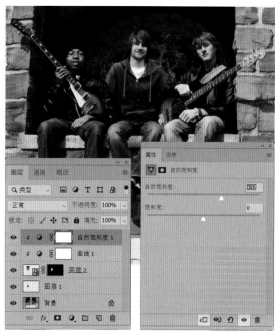

图 7.124　"自然饱和度"提升了颜色

5. 调整到合适的比例

"内容识别缩放"工具在不对图像进行裁剪的前提下重新调整尺寸会非常实用。这个渔村的图像需要进行适合尺寸的剪切预览，以适应背衬垫 (图 7.125)。裁剪会删掉图像中的一些有趣的元素，但"内容识别缩放"功能可将所有内容挤下，保留图像的全部魅力 (图 7.126)。

⬇ ch7_peggys_cove.jpg

(1) 图像的尺寸为 14 英寸宽，但需要安装 12.5 英寸的背衬垫。在标尺可见 (按 Cmd+R/Ctrl+R 键) 的情况下，将垂直参考线拖到 14 英寸标记处，如图 7.127 所示。

(2) 复制"背景"图层，并关闭原"背景"图层的可见功能。

"内容识别缩放"可能让一个图像变形，特别是一整张图被缩放时，如图 7.128 中锯齿状的屋顶线所示。为防止这种情况发生，请在图像的一部分中应用"内容识别缩放"功能。

(3) 选择选框工具 (M)，并将"样式"设置为"正常"，选择图像的整个右侧，包括老旧的龙虾小屋的大部分 (图 7.129)。

图 7.125　原始图像

图 7.126　调整后的效果

图 7.127　使用垂直参考线标记所需的最终尺寸

图 7.128　"内容识别缩放"对整张图像使用时会导致变形

图 7.129　使用选框工具将缩放限制在图像的较小范围内

(4) 选择"编辑"|"内容识别缩放"，向内拖动边界框右侧的控制点，直到图像边缘与参考线对齐。按 Return/Enter 键或单击选项栏中的复选标记图标来接受更改 (图 7.130)。

可以在不会永久丢失任何信息的前提下裁剪图像 (确保取消选中"删除裁剪的像素")。

图 7.130　"内容识别缩放"成功压缩了小屋

7.3　减少反光和漏光

光线是摄影中非常基本的内容，也是摄影中最大的问题之一。太强的光线，太少的光线，或者从错误的方向来的光线都会导致各种具有挑战性的难题。

7.3.1　减少反光

透过窗户摄影是一项有挑战性的任务。想要减少在拍摄时的反光，请使用偏振滤镜。但有时不管最终结果如何，都必须要拍。这对夫妇就遇到了这种情况，他们看着相机并快速摆出姿势 (图 7.131)。遗憾的是，窗户中的反光令人分心，重新拍摄会破坏自然的感觉。用调整图层去除反光，并使用"拉直"图层拉直图像 (图 7.132)。

⬇ **ch7_happycouple.jpg**

(1) 要使反光变暗，首先使用"套索"工具选择窗户的内部。按住 Option/Alt 键切换到"多边形套索"工具，从右下角开始用你自己习惯的方式将这对年轻人选中。松开 Option/Alt 键，返回到"套索"工具，并对这对情侣进行自由选择，返回到选择开始时的窗口角落，如图 7.133 所示。

图 7.131　初始照片

图 7.132　处理后的效果

图 7.133　使用"多边形套索"工具开始建立一个选区，使用标准"套索"工具完成它

(2) 添加"色阶"调整图层，将黑色滑块移到右边，直到窗户上的反光接近消失，如图 7.134 所示。保留一点反光痕迹能够保留环境的融入感，以及一些趣味。

图 7.134　提高黑色的色阶强度可消除掉大部分眩光

(3) 如果选区的边缘太锐利，单击图层蒙版，在"属性"面板中将"羽化"滑块调到 5，让过渡变得柔和 (图 7.135)。

图 7.135　使用"属性"面板中的羽化滑块可让图层蒙版的边缘变得柔和

(4) 要使这对情侣变暗，使用"椭圆选框"工具 (图 7.136)，添加一个"曲线"调整图层，让阴影变暗，如图 7.137 所示将"属性"面板中的"羽化"值调到 5 让过渡变得柔和。

图 7.136　仅对这对情侣进行选择

图 7.137　将情侣的区域变暗，以及让过渡变得柔和可移除大部分眩光

(5) 添加一个新图层，使用"污点修复画笔"，设置为"对所有图层取样"，将剩下的污点移除掉，清理整个窗户 (图 7.138)。

(6) 使用 Cmd+Option+Shift+E/Ctrl+Alt+Shift+E 键将所有图层合并为一个新的"正在处理"图层，关闭下层图层的可视功能。

(7) 选择嵌套在"吸管"工具下的"标尺"工具，沿底部窗框绘制一条线 (图 7.139)。在选项栏中选择"拉直图层"，这会解决图像的倾斜问题 (图 7.140)。

(8) 对图像进行裁剪 (C)，裁掉由于拉直导致的透明角落，如图 7.141 所示。

图 7.138 背景中可见的光线被移除

图 7.139 "标尺"工具有拉直图层的选项

图 7.140 拉直图像会创建透明区域

当然最好还是在镜头前构建最好的画面,但有时速度和自发性比普适性的构图规则重要得多,这时Photoshop 帮助创造更好的图像。

7.3.2 修正镜头光晕

镜头眩光是由镜筒内部和周围的光线反射引起的,大多数情况下可通过遮挡镜头来避免阳光直射,或通过使用大镜头遮光罩来避免。有时镜头光晕可以被认为是为图像添加的艺术效果 (渲染滤镜组中有一个镜头光晕滤镜),但很多时候它会分散注意力。

图 7.141 剪裁图像到一个新的尺寸来摆脱透明区域的问题

1. 修复极端镜头光晕

对于极端情况的镜头光晕 (图 7.142),可能需要对图像密度重新进行调整,然后复制信息,并使用仿制和修复将破坏的照片转换为最终图像 (图 7.143)。

⬇ ch7_flare2.jpg

(1) 光晕总是会降低对比度,提升对比度是重建图像的第一步。添加"曲线"调整图层 (图 7.144),按Option/Alt 键单击"自动"按钮,打开"自动颜色校正"选项对话框。选中"增强每个通道对比度";并选中"对齐中性中间调",单击"确定"按钮。

(2) 使用带有 10 像素羽化的"套索"工具选择大范围的光晕区域,在暗部区域添加一个"曲线"调整图层,如图 7.145 所示。通过在图层蒙版上绘制来定义过渡区域。

(3) 复制图层,并将图层合并为一个新图层,键盘快捷键是 Cmd+Option+Shift+E/Ctrl+Alt+Shift+E。

(4) 使用"修补"工具,对每部分光晕区域进行选择,并将选区拖动到适合进行填充的区域,如图7.146 所示。使用"修复画笔"或者"仿制图章"工具对需要润饰的区域进行处理。

图 7.142 镜头光晕

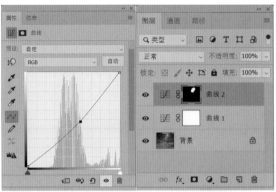

图 7.145 一个使用了蒙版的曲线图层可使图像局部变暗

图 7.143 修复后的效果

图 7.144 提高全局对比度

图 7.146 "修补"工具移除掉大部分眩光

(5) 仍旧留下一些因为光晕导致的痕迹 (图 7.147)。创建一个空白图层,将"混合模式"设置为"柔光"(图 7.148)。

使用"画笔"工具 (B),设置为黑色,不透明度设置为 8%,在剩下的痕迹上进行绘制,以减少多余的光线。

图 7.147 在移除掉反射之后依旧残留一些光线痕迹

图 7.148 移除最后一部分光线痕迹

2. 修复漏光

如第 4 章所述，校正整体偏色可以缓解许多问题，但是文件中的实际颜色信息通常会因漏光、化学染色或染料耦合器故障而严重损坏，从而导致严重的色斑或根本上的变色。图 7.149 中展示的损坏可能是由于在胶卷完全重绕之前打开相机或相机或胶卷上的漏光造成的。使用最适合的通道信息，减淡和加深图层以及多个纯色图层，瞬间就可以恢复生机 (图 7.150)。当然，只要是修复过的图像，就永远不会像一开始就没有损坏的那样完美。

ch7_lightleak.jpg

图 7.149 发生漏光

图 7.150 修复漏光

(1) 查看每个颜色通道 (按 Cmd/Ctrl 和 3、4 和 5 键)，确认最严重的损伤出现在哪部分。请注意蓝色通道包含有用的信息 (图 7.151)。由于照片遭受极端损害，我决定将其转换为黑白图像然后重新上色，而不是尝试重建色彩。

(2) 添加一个"通道混合器"调整图层，选中"单色"，将蓝色滑块移到 100%，同时将红色和绿色滑块设置为 0，这会在很大程度上解决条纹问题 (图 7.152)。

(3) 要增加强度，选择"图层" |"新建" |"图层"，将模式转换为"叠加"，然后选择"填充叠加中性色 (50% 灰)"，然后使用一个边缘柔和的低不透明度的黑色画笔，使剩下发亮的条纹变暗 (图 7.153)。如果你的图像有黑色条纹，就使用白色画笔让其变亮到合理的程度。

红

绿

蓝

图 7.151　蓝色通道显示了最完整的图像信息（红、绿、蓝）

➕提示 使用灰色填充图层可以帮助辨别哪些部分是处理好的，这个操作对结果没有影响。

（4）按 Cmd+Option+Shift+E/Ctrl+Alt+Shift+E 键创建一个 WIP 图层，然后使用"污点修复画笔"和"仿制图章"工具移除孩子们身上和前景中那些最显眼的灰尘。

（5）要移除天空中的灰尘，使用带有 3 像素羽化的"套索"工具，然后选择"滤镜"|"杂色"|"蒙尘与划痕"，将"半径"和"阈值"设置为 2。在取消选择后，使用"修复画笔"修复天空云彩中剩下的条纹（图 7.154）。

图 7.152　一个选中"单色"的"通道混合器"调整图层修复了大部分损伤

图 7.153　在将混合模式设置为"叠加"的中性图层上绘制可平衡密度

在保持灵活性的前提下对图像进行着色，使用"纯色"图层，如下所述。

（6）让我们从天空的部分开始，首先对其进行粗略选择。创建一个"纯色"图层，选择浅蓝色，单击"确定"按钮。将混合模式改为"颜色"。使用一个边缘柔和的白色画笔在选区内进行绘制，如果超出了你想要绘制的区域，请使用黑色绘制。如果蓝色过于强烈，降低图层的不透明度或者双击"图层"小图标，选择一个新的蓝色。

图 7.154 在 WIP 图层上，灰尘点和云彩的部分被修复了

(7) 为草地、皮肤色调、颜色、头发、靴子和泥土分别创建图层。为让效果更逼真，在着色时从原始"背景"图层上取样 (图 7.155)。

图 7.155 使用 7 个纯色图层后，图像看起来接近它本来的颜色了

★ 注意 进行手工上色时，请将最不重要的图层放在图层堆栈底部，而顶部则是最重要的。

(8) 对这个图像处理几分钟后，我注意到右边的汽车还是保留了一些原始的颜色。为添加高度写实的感觉，复制"背景"图层并将其放在图层堆栈的顶部。按 Option/Alt 键单击"添加图层"按钮来添加一个黑色图层蒙版，然后使用一个边缘柔和的白色画笔将汽车还原成原貌 (图 7.156)。

图 7.156 重新利用原始图像中的色彩

(9) 要隐藏最后的漏光痕迹，选择"图层"|"新建"|"图层"，将混合模式设置为"叠加"，然后选择"填充叠加中性色 (50% 灰)"。使用一个边缘柔和的、不透明度较低的黑色画笔让剩下的漏光区域变暗，然后使用白色画笔提亮暗色条纹 (图 7.157)。

图 7.157 最后一个 dodge & burn 图层移除掉了大部分漏光

7.3.3 完成润色：渐晕

渐晕就是让图像的角落变亮或变暗。比较传统的做法是，褪色为黑色或者白色，但是其实你可以使用任何颜色。随意的渐晕效果（图7.158）通常是照片设备受限的结果，这可能是由于全画幅相机上的镜头遮光罩或 APS 设计的镜头不匹配造成的。而渐晕是一种将观众的目光吸引到特定对象的创造性技术（图7.159）。

图 7.158 这个与意愿相背的渐晕效果是由于使用了错误尺寸的镜头遮光罩导致的

图 7.159 渐晕效果可以将观者的注意力集中在主体物（而不是背景）

在流行使用暗房的年代，渐晕效果是通过减淡加深技术，或者在对相纸进行曝光时使用物理蒙版来实现的。这在 Photoshop 中就变得容易多了，有几种方式可以实现渐晕，经常是完成一个图像的完美收尾。

1. 自己动手

要创建渐晕效果而看起来不死板，请使用"减淡"和"加深"工具。可能会花上一些时间，但能最大限度地掌控最后的效果（图7.160 和图7.161）。

⬇ **ch7_horse_rider.jpg**

(1) 创建一个空白图层，将混合模式改为"叠加"。

(2) 选择一个大号的、柔和边缘的画笔，尺寸控制在几笔就能覆盖角落的程度。首先设置低于 10% 的不透明度，根据想要的效果，使用黑色或白色进行绘制，从而创建最后的结果（图7.162）。如果你不喜欢最后的效果，可以轻松擦除或者重做。

此方法的一种变体是将"渐变"工具替换为"画笔"工具，并使用"前景色到透明渐变"预设。

(1) 创建一个空白图层并将混合模式设置为"叠加"。

(2) 选择"渐变"工具，在选项栏中选择"线性渐变"，然后选择"前景色到透明渐变"预设。此预设很重要，因为它允许在同一层上进行多个渐变，而不是用一个替换另一个（图7.163）。

(3) 按 D 键将拾色器重置为默认颜色。将前景色设置为所需的渐晕类型。

(4) 如果你不想让角落变成纯黑或纯白色，那就在图像之外开始渐变，拖向主体的方向。然后在剩下的角落重复。如果角落仍然太暗，只需要降低图层的不透明度（图7.164）。

图 7.160　初始图像

图 7.161　处理后的图像

图 7.162　在分开的图层上进行加深处理可保持操作的无损化

图 7.163　使用"前景色到透明渐变"预设，可在同一图层上添加多个渐变

图 7.164　在图像外部开始渐变可防止角落变成全黑

2. 使用 Camera RAW 滤镜

创建晕影的最简单方法是使用"效果"选项卡上Camera RAW 滤镜中的选项。有一个滑块可用于控制暗或亮渐晕效果的强度。其他选择包括中间点，用于控制渐晕的宽度。请务必先将图层转换为智能对象/智能滤镜，以使更改保持无损性 (图 7.165)。如果要将渐晕效果应用于多层文件，请首先创建 WIP 图层；选中顶层，按键盘快捷键 Shift+Cmd+Option+E/Shift+Ctrl+Alt+E 将可见图层复制并合并到新图层。

提示 "镜头校正"滤镜中的"自定义"选项卡也允许你创建晕影，但选项较少。

3. 使用纯色

在你想要让渐晕的颜色和背衬的卡纸相匹配时，"纯色填充"图层会非常实用，也是制作经典款式的便捷方法 (图 7.166 和图 7.167)。

(1) 使用选框工具之一，选择你想要开始渐晕效果的区域。通常情况下，"椭圆选框"是最佳选择。当单击鼠标不放时按下空白键还可移动选区 (图 7.168)。

⬇ *ch7_man_in_chair.jpg*

提示 针对同样的任务，Photoshop 通常可以提供多种解决方案，另一种选择渐晕范围的方法是在想要强调显示的对象的中心拖出椭圆的同时按住 Option / Alt 键。

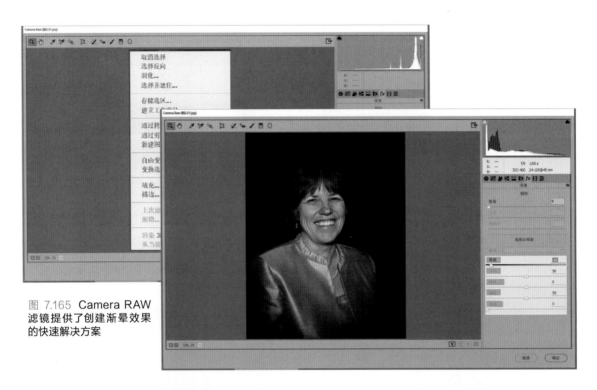

图 7.165 Camera RAW 滤镜提供了创建渐晕效果的快速解决方案

图 7.166 原始图像

图 7.167 处理后的效果

图 7.168　使用"椭圆选框"工具进行粗略选择

(2) 打开"创建新的填充或调整图层"菜单，然后选择"纯色"。你可以选择任何喜欢的颜色，但这里选择"白色"。

(3) 效果和我们预期的相反。请确保选中了蒙版，然后按 Cmd+I/Ctrl+I 键将其反转，可在这步之前反转选区，但如果决定取消连接蒙版，并将其移动，可能需要做更多工作 (图 7.169)。

图 7.169　早期的效果有一个锐利的边缘

(4) 选中蒙版时，拖动"属性"面板中的"羽化"滑块来定义渐晕效果的边缘。调整到 111 像素可以创建一个不错的褪色效果，在任何时候也可以重新调整 (图 7.170)。

+提示 当褪色为黑色或者其他深色时，如果角落太暗，可降低调整图层的不透明度。

图 7.170　通过"属性"面板可使羽化操作无损化

+提示 如果蒙版的位置不是你想要的确切位置，单击位于图层缩略图和蒙版之间的连接符号，从而对蒙版解锁，然后使用"移动"工具来重新调整位置。

4. 使用"色相 / 饱和度"调整图层

最后一种技术将"色相 / 饱和度"调整图层的"明度"滑块与图层蒙版"属性"面板上的"羽化"滑块组合在一起。该方法为改变效果提供了很大的灵活性 (图 7.171 和图 7.172)。

图 7.171　原始图像

图 7.172　调整后的效果

⬇ ch7_butterfly.jpg

(1) 选择想要开始渐晕效果的区域，可使用"椭圆选框"工具做一个标准选择，或者使用"套索"工具进行随机选取，如图 7.173 所示。

图 7.173 针对目标的一个不规则选区

(2) 通过按 Shift+Cmd+I/Shift+Ctrl+I 键来反转选区。

(3) 在"图层"面板中，打开"创建新的填充或调整图层"菜单，然后选择"色相/饱和度"。将"明度"滑块向左或向右拖动，创建变暗或变亮的渐晕效果 (图 7.174)。

图 7.174 使用"色相/饱和度"图层让无蒙版的区域变暗

(4) 蒙版会有一个锐利的边缘。单击蒙版，在图层蒙版的"属性"面板中调整"羽化"滑块，使渐晕的过渡效果更加柔和 (图 7.175)。

图 7.175 使用"属性"面板中的"羽化"滑块无损地将渐晕效果的边缘变得柔和

此方法的一个好处就是能够扭转渐晕效果。设置会被保存，而且可通过在之后访问"色相/饱和度"图层及其蒙版来重新进行调整。

7.4 结语

替换、重建和重构要求采用创意性的技巧，要有在文件中挖掘有用材料的意愿，以及从其他图像素材中提取适合部件的能力。综合以上素质，就能成就一张更受人喜爱、更具展示意义以及更让人珍惜的图像。

第IV部分

专业润饰

第8章

肖 像 润 饰

想完成一个好的润饰项目，在开始时心里就要有对于最终效果的预估。如果你是为客户服务的图像润图师，首先要讨论摄影师或客户对特定照片最终效果的要求。这要求你用灵活方式应对整个工作流程，从而调整润饰项目的各个方面，这样就可以轻松达到客户想要的最终效果，又免去了大量的重复劳动。

对于肖像的工作目标应该是将对象最好的一面表达出来，强调面部特征，同时让他们看起来神清气爽、精神放松。在润饰时一个推荐的目标就是使干扰元素尽量最小化，同时让图像呈现对象积极的一面。

在本章中你将学会如何运用颜色、对比度和细节使人物在保持个人特征的前提下呈现出状态最佳的面目。我们将集中讨论以下几个主题：

- 制定润饰策略
- 消除干扰并改善轮廓
- 改善肤质和重要的面部特征
- 添加创意阐释
- Lightroom 和插件作为 Photoshop 的替代品

MORIES · FLATTERING SHAPE · DIGITAL TAILOR · STAIN REMOVAL · HISTOGRAM · QUICK SELECTI
L · LAYER GROUPS · NOISE AND GRAIN RESTORATION · GRAYSCALE · PORTRAIT RETOUCHING · ADC
ERA RAW · TEXTURE MATCHING · GEOMETRIC DISTORTION · MOIRÉ REMOVAL · ARCHITECTUF
OUCHING · LAYERS · BACKUP STRATEGY · MOLD AND FUNGUS REMOVAL · HDR · SCANNING RESOLUTI
AUTY WORKFLOW · MONITOR CALIBRATION · BLENDING MODES · FILM GRAIN · SELECTIVE RETOUCHI
AMOUR RETOUCHING · SMART OBJECT · BLUR GALLERY · BRUSH TECHNIQUES · CAMERA NOIS!
TOSHOP ESSENTIALS · CHANNEL MASKING · CHANNEL SELECTION · CLIENT APPROVAL · SKIN RETOUCHI
MORIES · FLATTERING SHAPE · DIGITAL TAILOR · STAIN REMOVAL · HISTOGRAM · QUICK SELECTI

!警告 如果你先跳到了这一章，请明白在处理任何数码图像的最先一步就是在 Adobe Camera Raw 或者 Photoshop 中应用全局曝光处理或者颜色校正，正如前几章中所述。在开始本章所述的修正和提升肖像工作前，我们推荐首先建立正确的色调和颜色基础，从而开始增强图像的工作流程。

8.1 润饰策略

在润饰一张肖像时，首先要记住的事之一就是我们如何看待照片以及如何在现实生活中感知一个人。照片是二维表示的，其中人脸的形状和细节受限于色调和颜色的变化。相比之下，当我们在现实生活中看到同一个人时，可以更准确地了解他们脸部的实际形状和特征。

优秀的摄影师了解这一点，并使用适当的光线来体现人物的优点。当我们进入润饰阶段时，照明光线是设置好的，但我们拥有一套全面的工具，不仅可清理皮肤、眼睛，突出人物特征，还可增强照明光线的效果。

润饰的第一项工作是与客户合作，以确保了解他们想要的最终图像效果以及需要进行润饰的范围。虽然每个人都希望自己看起来状态是最理想的，但不是每个人都需要完整的好莱坞级别的美容护理。与客户进行明确的讨论，使他们的预期与预算相匹配变得非常重要，这样就可以知道需要做多少工作。

这样做的一个理想策略是确定润饰的范围，如图8.1(原版) 和图 8.2~ 图 8.5 所示。

这种四级方法可以很容易地向客户展示他们可以预期的结果以及完成这项工作所需的费用。例如，级别 1 通常使用基本的颜色校正和污点去除功能，可以快速完成，然而级别 3 或 4 会完成更细致的工作，加上一些艺术效果，而这些工作显然要花上多得多的时间。

在客户需求和预算上沟通清楚能够帮你工作得更有效率，以及获得利润的最大化。

8.1.1 级别 1

颜色校正、移除明显的痣或者斑点、对于光线的处理可以减少对象脸上的线条和皱纹，这个级别的处理通常在每张图像上要花掉 5~10 分钟 (图 8.2)，而且通常可在 Lightroom 或 Adobe Camera Raw(ACR) 中完成。

8.1.2 级别 2

在级别 1 的工作基础之上进行拓展，进一步提升

对象的特征。包括让对象的皮肤变得光滑、进一步减少线条和皱纹、移除令人分心的飘逸头发、加强眼部、减少皮肤上的眩光。这个级别通常要花上额外的20~30 分钟 (图 8.3)。

图 8.1 原版

图 8.2 级别 1

8.1.3 级别 3

这个更进一步的处理级别包括让头发变得顺滑，去除交叉的毛发，为眼睛增添戏剧性，通过减淡和加深来增强光线效果，增强嘴唇部分，更注意图像的颜色

和色调,并对整体外观和感觉额外关照。这种处理级别需要特别注意,每张图像需要 45~60 分钟 (图 8.4)。

图 8.3 级别 2

图 8.4 级别 3

8.1.4 级别 4

这个级别包括创意效果例如在对象的脸上添加微妙的光晕,进一步增强头发或者妆容细节,以及黑白转换或颜色分级等颜色处理,使图拥有电影般的质感。此级别允许你为图像添加更个性化的阐释,虽然并非每个客户都需要此类处理,但这种级别的工作可以更加个性化,让你有更多机会在工作时发挥自己的

创意。这个级别所需的时间可能有很大差异,具体取决于想要处理到什么程度 (图 8.5)。

图 8.5 级别 4

8.2 建立肖像润饰策略

即便每个图像都是不同的,基本的肖像润饰也会使用一些相同的方法。使用规划好的方式推进这些工作更能让你的处理更快、更有效率。

在你投入到污点修复和仿制工作时,请花些时间来查看整个图像,在脑中规划一些需要做的工作。一部分润图师发现创建一个空白图层会很有用,使用画笔对需要进行处理的部分做笔记。

在实现你的计划时,请跟随以下几个步骤,以成功完成工作为目标,规划出一个高效的策略。

● 对图像进行评估,以决定需要强调对象的哪些特征,或色调如何改变,从而体现人物最好的状态。主要的处理级别会受最终作品目标的影响。这张图片是中高级肖像还是一张比较随意的照片 (例如生活肖像)?是公司总裁的照片还是在婚礼当天新娘的肖像? 在确定方法以及要进行多大程度的润饰时,每种情况都需要进行权衡。

● 识别并消除让观众的视线远离拍摄对象的干扰。识别这些内容的方法之一是使你的眼睛离焦并注意任何似乎会吸引你注意力的东西。

这些干扰可能是穿过人的脖子的树枝,如图 8.6 所示,或者是与人脸竞争的背景中的明亮斑点。移除干扰会使观众专注于主体,而不是背景 (图 8.7)。

凸起和额外的线条是由姿势、衣服或者多出来的一点体重导致的。当对图像进行评估时，让你的眼睛跟随人的轮廓，并记下任何看起来分散注意力或不讨人喜欢的东西。要找的主要问题是飞散的毛发、衣服的凸起、双下巴、颈部或腋窝附近的皮肤皱褶。

● 增强眼部、嘴唇、鼻子和皮肤等面部特征。眼睛特别重要，因为它们可以非常富有表现力。应注意保持皮肤的自然纹理和形态，使其不会过度模糊和让它看起来有塑料质感。工作的目标应该是减缓细纹、去除瑕疵、使皮肤光滑、使人看起来休闲和放松，如图 8.8 和 8.9 所示。她的眼睛和脸颊下面的线条只是轻轻提亮了一点，鼻子下面的阴影也减少了，前额和肩膀上的高光也被减弱了。此外，从右侧黑色带子下面露出的白色带子也被移除了。

图 8.6　最初的照片

图 8.8　最初图像

图 8.7　移除了干扰背景

● 细化身体、面部和颈部的轮廓。这些部分应该看起来光滑优雅，这样主体看来就比较平整。通常，

图 8.9　完善后的照片

● 优化光线和对焦点，将观者的视线吸引到拍摄对象上，并对拍摄对象的脸部进行提升处理。在图8.10和图8.11的示例中，为将焦点拉回到主体上，背景做了变暗处理，此外，还有一些微妙的减淡和加深处理来突出她头发中的高光并帮助塑造她的脸部。背景稍微变暗不仅让注意力集中在主体上，而且增加了戏剧感。

● 通过缩小图像来评估结果，所以可以一次查看整个图像。花了大量时间处理图像后，还可以暂时休息一下，这样就可以一直保持眼睛的新鲜感。让你信任的人看看图像会非常有帮助，因为当我们如此专注于细枝末节时，很容易错过一些部分，如偏色。如果你正在为客户（例如摄影师或艺术总监）进行润饰处理，请给他们发送 JPEG 以获取反馈，以确保你找对了方向而且能够涵盖他们关心的所有问题。

图 8.10 最初的图像

图 8.11 将焦点拉回主体

8.2.1　在图层中处理

在你花上几分钟对图像进行评估，以及规划需要进行的润饰工作之后，请确保利用 Photoshop 的图层处理功能。这里有三个需要铭记的提示：

● 使用图层让你的工作更轻松。一些润图师通过制作"背景"图层的几个副本使他们的文件变得更大、更笨重，他们在这些副本上进行除斑和润饰处理。一

种更简单的方法是为处理的每个部分创建一个新的空白图层。通过在空白的单独图层上进行润饰，可以更轻松地调整不透明度，擦除一部分内容或重新开始，或使用蒙版将润饰与图像相融合。

● 命名你的图层！通过为图层命名能提醒你关于它们的用途，你能够跟踪哪个图层正在执行哪些操作。在进行那些无可避免的最后关头的调整时，这非常重要。

● 除非确有必要，否则不要展平图层。几乎可以确定的是，你一定会回头调整一些内容。展平图层会将已经完成的工作锁定，并使之后调整更加困难。例外情况是，作为处理的一部分，可能需要模糊或锐化整个图像。如果有可能，请将模糊和锐化处理留在最后一步，并利用智能滤镜提高灵活性。

8.2.2　Dennis 的润饰工作流程

下面概述 Dennis 为客户制作肖像时使用的基本工作流程：

（1）评估图像并做笔记。创建一个名为"润饰"的新图层，用于处理需要移除的所有小东西。

（2）使用"污点修复画笔"或"修复画笔"工具轻松去除需要移除的斑点和瑕疵。更麻烦的区域，例如眼睛或嘴巴周围的线条，请在一个分开的图层上进行处理，这样就可以重新处理这些区域，而不必重新移除那些小斑点。

（3）为那些需要更深程度处理或者需要分开调整强度的部分创建新图层。例如，使用单独图层减少或消除额头的皱纹。通过将这些完全润饰，并降低层的不透明度，你可以更有分寸地减少皱纹。在移除背景中的干扰或清理背景部分时也可以用到。

（4）强调眼睛。使用带有蒙版的调整图层将眼部隔离出来，这样就可以让它们变亮，减少所有可能出现的发红或偏色。小心不要处理过度而变成发光的僵尸眼睛。如有必要，可添加一点锐化效果，以帮助将观众的注意力集中在眼睛上。

（5）使牙齿变亮并校正颜色。使用带蒙版的调整图层可以使牙齿变亮并消除所有变黄或偏色。

（6）进行最终的颜色校正和锐化处理。将这些步骤留到最后可让你对处理进行微调。如果在进行润饰处理之前校正了颜色，可能发现自己处于推拉颜色的环节，或者需要在稍后调整颜色时重新进行润饰。

8.2.3　实际图层工作流程

⬇ ch8_mckenna.jpg

作为在图层中处理的一个例子，让我们看一下这个年轻女性形象的润饰步骤 (图 8.12 和图 8.13)。

(1) 添加一个空白图层，并使用一个小尺寸的、硬边的、颜色鲜艳的画笔来记录并圈出需要解决的所有问题和细节，包括：她脸上的黑斑，她的前额和左脸颊那些飞散的头发，她眼睛中的血丝，以及眼睛下面的阴影 (图 8.14)。

图 8.14　在开始之前花一些时间对需要处理的区域做一些笔记

➕ 提示　将"润饰"注释图层保留在图层堆栈的顶部，并在润饰时打开和关闭图层可见性以查看进度。

(2) 添加一个新图层，命名为"润饰" ("图层" |"新建" | "图层")。这个图层是用来处理那些斑点和痣、飞散的头发的，这些东西将观者的注意力从她的眼神和表情上分散开。

(3) 选择"污点修复画笔"工具。在选项栏中，选择"对所有图层取样"，将取样类型设置为"内容识别"。将画笔的尺寸设置到比要移除的痣稍微大一点的程度。在"润饰"图层上处理，使用"污点修复画笔"工具移除斑点、痣和飞散的头发 (图 8.15)。

如果在你自己的图像上，使用"污点修复画笔"工具没有得到理想的结果，就转换到硬度设置为 75%的"修复画笔"工具或"仿制图章"工具，移除明显的像素污点。

➕ 提示　如果你的选项栏中没有出现"对所有图层取样"按钮，那么你正在使用的是选项栏的狭窄视图。要使用正常模式的选项栏，可打开"编辑"下的"首选项"对话框，选择"界面" |"选项"，取消选中"自动折叠图标调板"，然后单击"确认"按钮。要使更改生效，请重启 Photoshop。

(4) 添加一个新图层，命名为"飞散头发"。这个图层用来移除那些令人分心的飞散毛发。

图 8.12　最初的图像

图 8.13　润饰后的图像

求的强度与你最初设置的强度不同时，就会很方便。

图 8.15 在初步润饰时，对斑点和痣、前额和两颊飞散的头发进行清理

（5）使用"污点修复画笔""修复画笔"、"仿制图章"工具来移除她头部周围飞散的头发（图8.16）。将画笔尺寸设置为比头发稍微宽一点，将"硬度"设置为75%。

（6）添加一个新图层，命名为"眼部下方"，使用"修复画笔"工具，在选项栏中设置为"对当前和下方图层取样"，移除她眼部下方的线条，请从靠近眼部下方的地方取样，当处理到接近她的下睫毛部分时请务必小心，离得太近会产生一些黑色杂斑。

（7）将图层的"不透明度"设置为 40% 使线条柔和一些，但又不是太多以免让这个区域看起来很假（图8.17）。

通过在单独的图层上进行润饰来完全移除线条，可以通过更改此图层的不透明度来调低效果——当客户要

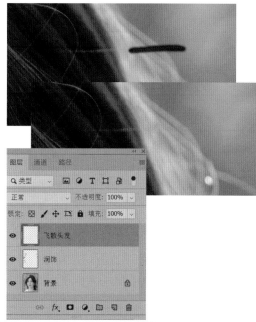

图 8.16 干扰性的飞散头发被移除

之前

100%

40%

图 8.17 在移除眼部下方的线条后将图层的"不透明度"从 100% 调整到 40% 让润饰结果看起来不那么假

(8) 添加一个图层，命名为"清理眼部"。使用小尺寸的"污点修复画笔"工具来移除她白眼球上的红血丝。在很小的要求精准度的区域上操作时，小号画笔就会很好用。图 8.18 所示是最后的结果。

图 8.18 靠近看就会显示出红血丝，然后是使用"污点修复画笔"工具清理白眼球部分后的结果

(9) 要增强她的眼部并使其变亮，首先选中眼部。有一个便捷的选中眼睛的方法就是使用"快速蒙版"和"画笔"工具在她的眼部进行绘制 (图 8.19)。按 Q 进入"快速蒙版"模式。使用将"硬度"设置为 50% 的"画笔"工具，使用黑色在她的眼部进行绘制。

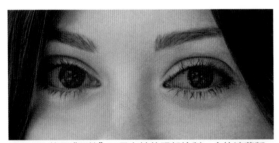

图 8.19 使用"画笔"工具在她的眼部绘制一个快速蒙版

"快速蒙版"模式下的红色的叠加部分指出了非选区部分。然而，正如下例在眼中绘制的部分，和我们需要的相反。

(10) 按 Cmd+I/Ctrl+I 键将快速蒙版反转。按 Q 退出"快速蒙版"模式，将这个临时蒙版转换为选区。

(11) 在选区激活时，添加"曲线"调整图层 ("图层"|"新建调整图层"|"曲线")，命名为"眼部曲线"，然后在"属性"面板中，将 RGB 曲线稍微线上提一点来提亮她的眼睛，如图 8.20 所示。结果应该看起来如图 8.21 所示。

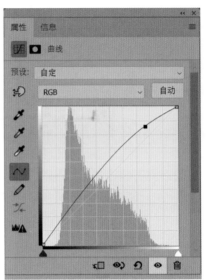

图 8.20 让眼部变亮

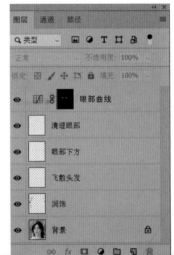

图 8.21 使用"曲线"调整图层提亮后的眼睛

(12) 这个工作流程的最后一步是进行颜色校正。添加两个"曲线"调整图层，命名为"颜色曲线"和"对比度曲线"。

(13) 将"颜色曲线"图层的混合模式设置为"颜色"，在"对比度曲线"图层中将混合模式设置为"明度"。

(14) 选择"对比度曲线"调整图层。在"属性"面板中选择红色曲线。选择"在图像上单击并拖动可修改"工具，将光标扫过她的面部，通过单击在红色曲线上设置点。按向上箭头轻移点进行微调，为图像增添一点红色。选择蓝色曲线，使用"在图像上单击并拖动可修改"工具在蓝色曲线上设置点，然后使用向下箭头轻移这个点，以降低皮肤中的蓝色色调 (图 8.22)。

(15) 选择"对比度曲线"调整图层，在 RGB 曲线上放置两个点：一个四分之三朝向黑点 (左下角)，另一个四分之三朝向白点 (右上角)。上拉白点附近的点，然后下拉黑点附近的点，以增加图像的对比度 (图 8.23)。

最终效果如图 8.24 所示。

图 8.24 经过润饰和颜色校正后的图像

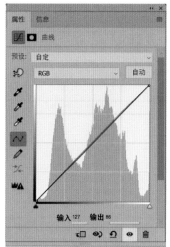

图 8.22 图像的颜色通过添加一点红色减去一点蓝色使整体色温提升

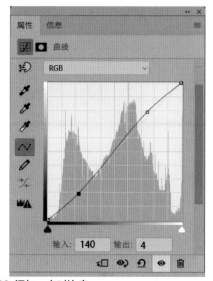

图 8.23 添加一点对比度

选择你的工具和需要处理的部分

每个润饰工具都有自己的优缺点。Dennis 发现"污点修复画笔"工具最易用，通常他会先使用它，然后转换到"修复画笔"工具或"仿制图章"工具。在你无法获得所需的结果时就是转换的时间点。

使用"污点修复画笔"和"修复画笔"工具，要寻找的最大问题是在你正在处理的区域中丢失的纹理 (图 8.25) 以及对比颜色或色调之间的过渡 (图 8.26)。

对于"仿制图章"工具，你需要寻找的最大问题是不正确地与图像匹配的渐变、纹理或颜色 (图 8.27)。

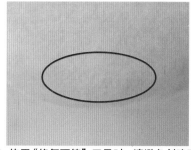

图 8.25 使用"修复画笔"工具时，请避免创建不匹配图像的图案或纹理

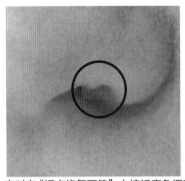

图 8.26　有时在"污点修复画笔"太接近亮色调和暗色调的边界时，会留下一些小斑点

图 8.27　确保你正在进行仿制的颜色、色调和纹理正确地融入图像

8.3　移除干扰

对于完成一个不错的人像摄影作品来说，最重要的步骤之一是留意背景中任何可能将观者的注意力从主体物分散的干扰物。在取景器中观察时，仔细检查整个画框，尝试寻找任何可能将观者的注意力从主体物上分散开的东西。解决这个问题最简单的办法就是要么移动相机，要么让人物移动，从而使干扰最小化。

遗憾的是，你不会一直有移动相机或人物的选项，但是 Photoshop 提供了几种可行的工具。处理干扰的初级方法是：剪裁；对一些内容进行仿制，覆盖在干扰物上；模糊、变暗，或让背景变亮；使用新的背景替代旧的。

8.3.1　空白板的美

在计算机驱动的特殊效果出现前，电影制作人将玻璃板与图像分层放在镜头中。这些板块被小心地放置在相机和场景的其余部分之间，让它们覆盖镜头框架的一个区域，例如山峰或建筑物。

如今，经验丰富的专业摄影师通过拍摄原位置的额外板块来实现类似想法。然后，他们可以遮盖或替换背景中一些不需要的元素。

在公共场所拍照时，这个概念特别便捷，毕竟我们无法控制谁可能会进入画面。

摄影师 Mark Rutherford 在 San Francisco 的大街上拍摄一场竞选画面时就面临这个问题。在图 8.28 中你可以看到有一个穿深色套装的人出现在主体的左边。即便对最有经验的 Photoshop 艺术家来说，通过仿制或者延展背景进行移除也是很有难度的。

图 8.28　模特左边的人为图像添加了干扰元素

Mark 有先见之明，从相同的有利位置和焦点效果中拍下了几张额外的背景照片。其中一块空白板如图 8.29 所示。

图 8.29　白板照片的范围中没有出现路人

Make 能够轻松将这个背景叠加在原图层之上，从而将模特旁的路人隐藏起来（图 8.30）。

图 8.30 在 Photoshop 中将空白板作为图层使用是隐藏左边路人的第一步

⬇ **ch8_suit.jpg**
ch8_plate_1.jpg

(1) 在 Photoshop 中打开模特和空白版的照片。

(2) 在模特的这个图像中，选择"图像" | "画布大小"，选择"相对"，将宽度设置为 1 英寸，单击中间右侧的箭头为图像左侧增加额外的一英寸 (图 8.31)。

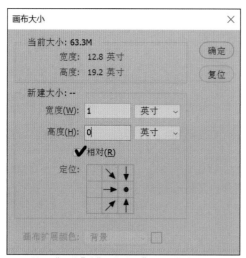

图 8.31 使用"图像" | "画布大小"让画布变得更宽

添加额外的画布可在模特的左边增加更多空间，比我们想要达到的效果更靠近左侧边缘。

(3) 选择"窗口" | "排列" | "双联垂直"，让图像排列显示。

(4) 使用"移动"工具，将空白板图像放在模特图像的上方。重命名空白版图像图层为"白板 1"，然后关闭空白版图像。将"白板 1"图层粗略地移到相应位置上，如图 8.32 所示。

图 8.32 "图层 1"粗略地放在模特照片的上方

(5) 要检查"白板 1"图层和背景的结合程度，可将混合模式更改为"差值"(图 8.33)。使用混合模式可让你更轻松地将"白板 1"图层和"背景"图层调整好相对位置。可通过黑色来辨别这两个图像在何处相匹配，而不同地方则是彩虹色效果。

图 8.33 使用"差值"混合模式来观察"白板 1"中的物体如何和下面图像中的物体相匹配

(6) 选择"白板 1"图层，然后选择"编辑" | "自由变换"。重新调整"白板 1"图层的尺寸，并将位置调整到和"背景"图层最匹配的程度，如图 8.34 所示。将底部边缘中间的控制点向下拖动，从而增加"白板 1"图层的高度，让底部和画布的边缘对齐，然后按 Return/Enter 键。将混合模式更改为"正常"。

没必要花太多时间用于精确定位——这只是个背景，不要把太多注意力放在上面。

(7) 隐藏"白板 1"图层，然后使用"快速选择"工具，设置为"对所有图层取样"，然后选择模特。接着打开"白板 1"图层的可视性，然后选择该图层，选择"图层" | "图层蒙版" | "隐藏选区"。

图 8.34 将"白板 1"放大到可与当前背景相匹配的尺寸

（8）使用"画笔"工具，使用黑色在蒙版的右侧进行绘制，如图 8.35 所示，要格外注意模特的边缘附近，要让这部分的混合尽量整洁。

图 8.35 小心地对"白板 1"使用蒙版，从而让模特显现出来

最后一步是对"白板 1"图层进行颜色校正，让图像密度和颜色能与原始背景更接近。

提示 要快速添加一个调整图层并重新命名和设置混合模式等，请按 Option/Alt 键单击"调整"面板中的"新建调整图层"图标。

（9）选择"图层"|"新建调整图层"|"曲线"，然后命名图层为"颜色曲线"。选择使用之前的图层创建裁剪蒙版来确保调整图层只在"白板 1"图层上生效，并将最终模式设置为"颜色"。

新白板的色彩看起来比图像中的其他部分偏暖，所以我们可通过对第一个颜色调整图层简单地做些改动使其降温。

（10）选择"颜色曲线"图层，然后选择"属性"面板中的红色曲线。在距离白色点三分之一的位置添加一个点，然后稍微向下移动来移除一部分红色。选择

蓝色曲线，在与红色曲线相同的位置上添加一个点，然后移动同样的数量。图 8.36 展现了 Dennis 用来重新定义新白板的色彩，从而和模特图层更匹配以进行精巧的曲线调整。

图 8.36 调整白板 1 的颜色使其和当前背景混合得更自然

（11）通过按 Option/Alt 键单击"调整"面板中的曲线调整来添加另一个"曲线"调整图层。将新调整图层命名为"明度曲线"。将混合模式设置为"明度"，然后再次选择使用之前的图层创建图层蒙版。选择

RGB 曲线，将曲线的中间向上提拉一些，直到亮度和背景中剩下的部分匹配上 (图 8.37)。

图 8.37 使用"曲线"调整图层提亮"白板 1"图层

提示 为确保调整图层只作用于当前下方图层，选择调整图层然后选择"图层"|"创建裁剪蒙版"。或者，按 Option/Alt 键单击调整图层和下方图层的分界线。

8.3.2 提升外貌

Photoshop 让我们看起来比真实世界的自己拥有更具人物特征的外貌。一个静止的图像似乎在说："靠近点看——没人知道你在盯着我看！"难怪我们会在照片中观察到一些东西，而在真实世界中和人相处时却不会。

当面对相片时，所有要做的处理就是光线 (也指色调上的) 和色彩上的调整。当处理一个人物摄影时请牢记一点。大家说的"相机让人长十磅"的原因之一就是使用光线的方式基本上决定着我们的胖瘦程度。

画家可利用当暗部减退时亮部色调显现更直接这一优势。摄影师也一样，通过对光线的细心布置、反光板和背景的关系来充分利用这个优势。

一个经验丰富的润图师在处理人物肖像、使用"减淡" (变亮) 和"加深" (变暗) 以及使用"扭曲"工具时如使用"液化"滤镜来重新定义对象外观，他们会将这些关系牢记在脑中。

8.3.3 提升这对情侣的外貌

让我们看看如何在真实世界的例子中应用这些准则，如图 8.38 和图 8.39 所示。

图 8.38 之前的效果

图 8.39 提升后的效果

在这张照片里，我们看到一对开心的情侣脸上有着灿烂的微笑。能够见证摄影师捕捉到这一真诚的时刻是一件激动人心的事，但正如你所见，男人的笑脸中露出了过多的牙龈，而对于女人，我们可以让她看起来更苗条。在润饰这个图像的过程中我们会用到"液化"滤镜以及减淡和加深图层。

ch8_couple.jpg

(1) 使用"矩形选框"工具对他嘴部附近的区域进行选择，如图 8.40 所示。按 Cmd+Option+J/Ctrl+Alt+J 键将这个区域复制到新图层，命名为"上嘴唇"。

提示 使用 Cmd+Option+J/Ctrl+Alt+J 将选区复制到新图层将打开新的"图层"对话框，这样就可以立刻命名新图层。反方向则是按 Cmd+J/Ctrl+J 键，意味着你需要通过几个分开的步骤来重命名一个新图层。

图 8.40　在把"背景"图层和润饰图层合并为新的复制图层之后，选择他嘴部附近的区域

(2) 选择"上嘴唇"图层，然后选择"图层"|"智能对象"|"转换为智能对象"。

(3) 选择"滤镜"|"液化"。请保选中"显示背景"。然后在"使用"菜单中选中所有图层，在"模式"菜单中选择背后，这样就可以看到嘴部是整个图像的一部分

了。选择"向前变形"工具，将画笔的尺寸设置到大概是下嘴唇宽度的三倍。小心地将他的上嘴唇向下轻移，盖住他的牙龈，如图 8.41 所示，然后单击"确定"按钮。

(4) 当处理这个男人的部分时，让我们将他的眼部提亮一点。按 Q 进入"快速蒙版"模式。使用"画笔"工具，用黑色在他的眼镜镜片上绘制。按 Cmd+I/Ctrl+I 键反转蒙版，然后按 Q 退出"快速蒙版"模式并将蒙版转换为选区。

(5) 添加一个"曲线"调整图层，命名为'提亮眼镜'，然后将 RGB 曲线向上拉动，如图 8.42 所示。

(6) 为保证你的图层之间维持秩序，选择"上嘴唇"和"提亮眼镜"调整图层，然后选择"图层"|"图层组"将它们分组，将这个组命名为"他"。

(7) 接下来处理让女人变瘦的部分，选择"背景"图层和"多边形套索"工具来选择她头部和肩膀的部分，如图 8.43 所示。按 Cmd+Option+J/Ctrl+Alt+J 键将这个选区复制到新图层，命名为"使她变瘦"，将这个图层放在"他"图层组之上。

图 8.41　使用"液化"滤镜将他的上嘴唇轻轻向下移动，盖住更多牙龈

图 8.42 在"曲线"调整图层中对 RGB 曲线进行一点提拉，从而使镜片变亮

(8) 将"使她变瘦"图层转换为智能对象。使用"液化"滤镜，如图 8.44 所示。将"向前变形"工具设置为中等画笔，轻移她脸颊和脖子周围的区域。

(9) 接下来使用加深（变暗）和减淡（变亮）来提升她脸部的形状。创建一个新的"色相/饱和度"调整图层，命名为"塑形 高/暗"。将混合模式设置为"正片叠底"，将"不透明度"设置为 30%。在"属性"

面板中将"饱和度"滑块移到 -40%。选择"塑形 亮/暗"图层然后按 Cmd+I/Ctrl+I 键反转蒙版。使用"画笔"工具，设置为白色，在她的脖子和脸颊周围的蒙版区域进行绘制，如图 8.45 的红色区域所示，这个区域会变暗，从而塑造脖子线条。

图 8.43 使用"套索"工具选择她的头部和肩膀周围的部分

(10) 创建一个新图层，命名为"脸部高光"，将混合模式设置为"柔光"。这是一个减淡（变亮）图层。使用"画笔"工具，将"不透明度"设置在大约 30%~40%，在她的前额、脸颊、腮部周围使用白色绘制，如图 8.46 中的白色区域所示。

图 8.44 使用"液化"滤镜轻移她脸颊和脖子周围的区域

图 8.45 使用"色相/饱和度"调整图层,将混合模式设置为"正片叠底",来使她的脸颊和脖子周围加深,红色的区域指明了在"塑形 亮/暗"图层中进行了画笔绘制的区域

图 8.46 红色区域指出将在面部图层的哪个区域绘制白色,从而使其变亮

(11) 择你添加的这三个图层,然后选择"图层"|"图层组",将新图层组命名为"变瘦"。

(12) 她前额上方的头发有助于协调剩余头发的颜色,使其相匹配。在"变瘦"图层组的上方添加一个新图层,命名为"头发颜色"。将混合模式设置为"颜色"。选择"画笔"工具,在选项栏中将"不透明度"设置为100%。要将剩余头发的颜色作为绘制的颜色,按Option/Alt 键使用"吸管"工具,并对她脸部右侧的头发颜色进行取样。在她前额上方的头发部分绘制颜

色。为避免这个区域看起来过度单色化,将本图层的"不透明度"滑块调整至大约 70%(图 8.47)。

(13) 接下来,我们要提亮她的头发,通过按 D 键将前景色和背景色还原成默认设置。使用"快速蒙版"模式在她前额上方的头发部分建立选区。在选区激活的状态下,添加"曲线"调整图层,命名为"头发颜色曲线",按照图 8.48 中所示调整 RGB 曲线。为了仅对头发区域进行更改,请选择图层蒙版并将其反转。

图 8.47 选择头发颜色

图 8.48 使用"曲线"调整图层后她前额上方的头发被提亮了

(14) 她的眼镜也需要进行一点提亮,重复步骤(13) 这次选中她的眼镜片。将这个图层命名为"眼镜曲线",并将 RGB 曲线向上提,如图 8.49 所示。

(15) 选择"变瘦"图层组和它上方的三个图层,选择"图层"|"图层组",将图层组命名为"她"。

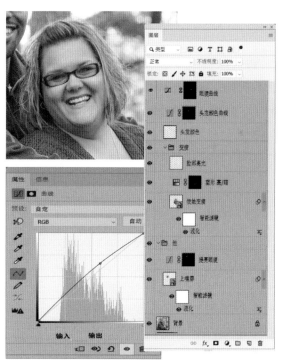

图 8.49 使用另一个"曲线"调整图层让她的镜片变亮

花一些时间来处理颜色和对比度。我们可以看到图像中有一点红色偏色,同样也可使用一点对比度。所以接下来要进行一些全局色彩校正来调整颜色和对比度,从而重新将视觉焦点集中在这对情侣身上。

(16) 添加一个"曲线"调整图层并将混合模式设置为"颜色"。将图层重命名为"颜色曲线"。请确保该图层位于"她"图层组之上。选择红色曲线,向下拉动一点,如图 8.50 所示。

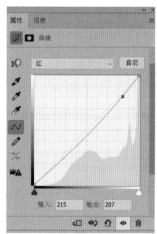

图 8.50 使用将混合模式设置为"颜色"的"曲线"调整图层,将一部分红色从图像中移除

(17) 添加另一个"曲线"调整图层,命名为"明度曲线",将混合模式设置为"明度",从而为图像增添

一点对比度，让图片更亮眼一些。通过将暗部向下推，向上拉一点高光部分，来创建一条柔和的 S 形曲线，如图 8.51 所示。

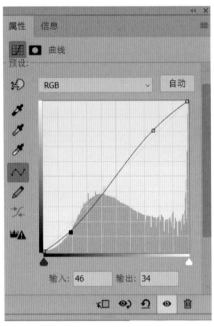

图 8.51 添加另一个"曲线"调整图层，将混合模式设置为"明度"，从而为图像增添一点对比度

(18) 最后将背景提亮一点，这对情侣就更突出了。再添加一个"曲线"调整图层。将图层命名为"背景曲线"。将混合模式保留为"正常"。将 RGB 曲线向上推动一点，如图 8.52 所示。为保证这个图层不影响情侣的部分，选择"背景曲线"图层蒙版，然后使用"画笔"工具在这对情侣的位置上绘制黑色。

大多数人认为"仿制图章"和"修复"画笔是顶级的润饰工具，但是正如你所见，通过处理图像的亮部和暗部来塑形会非常有效率。

8.4　皮肤的重要性

如果眼睛是心灵的窗户，那么皮肤就是每个人独特的生活阅历的窗户。沿着人物的特征 (例如眼睛和表情)，我们会注意到皮肤的反常之处。

这就是润图师们为什么必须要努力地在隐藏斑点、平衡皮肤色调、在不让一个人看起来像塑胶玩偶的前提下柔化皱纹这些事项中保持平衡。

这意味着你对皮肤质感要和对斑点、眼周线条投入同样的注意力。秘诀在于保持质感与对象年龄和摄影类型相匹配。

图 8.52 提亮这对情侣周围的背景

一条关于减淡和加深的注意事项

经验丰富的润图师常使用图层来提亮(减淡)和变暗(加深)图像,从而让皮肤不平整的地方变得平滑。

要实现这点,其中一个方法是创建两个"曲线"调整图层,通过小心地在图层蒙版里绘制来控制效果,使图像变亮和变暗。

另一种你可以减淡或加深的方法是在图像上创建一个新图层,并将混合模式设置为"叠加"或"柔光"。图像要减淡(变亮)的部分用亮色(如白色)绘制在一个空白图层上。要加深,使用更暗的颜色绘制,例如在一个空白图层上绘制黑色。

无论你使用哪种技术,通往减淡与加深图像的成功秘诀就是使用低不透明度和流量的画笔小心地绘制,这样就可以慢慢构建效果,让它更容易与图像的其他部分融合起来。

8.4.1 青春岁月

专门从事高中生高级肖像的摄影师非常了解青少年皮肤带来的挑战。幸运的是,Photoshop 提供了很多工具可用来轻松移除困扰青少年的斑点。

去除斑点的策略涉及一些步骤。第一步是在一个新图层上处理能用"污点修复画笔"工具"修复画笔"工具"仿制图章"工具去除的斑点。第二步使用减淡和加深来解决纹理问题,使面部变得平整(图 8.53 和图 8.54)。

"污点修复画笔"工具可很好地和新的图像信息计算融合在一起,大多数情况下都能处理得很好。当你使用"污点修复画笔"工具处理时,有以下三件事情需要注意(图 8.55)。

● 确保选中"对所有图层取样",这让你可以在空白图层上进行润饰,可以轻松使用擦除或对一个区域重新处理。

● "类型"中有两个选项:"内容识别"和"近似匹配"。通常情况下,"内容识别"在处理暗部和亮部之间的边缘时会做得更好。在这个选项选中的前提下,在暗部到亮部的过渡区域进行绘制通常会得到更好的结果,例如,在白眼球靠近下眼睑的地方。"内容识别"可能造成一点质感的丢失,会需要额外重建一些细微的杂色。

● "近似匹配"选项在融合修复区域与周围的质感上可以做到很好,但如果离暗部和亮部相邻的边界太近,也可能产生一些污点。

图 8.53 **原始图像**

图 8.54 **去除脸上的斑点**

当 Dennis 纠缠在像清理斑点这样的问题时,他选用"内容识别"和"污点修复画笔"工具开始处理,如果他发现了去失的质感,就转换为"近似匹配"。

如果两个选项都没能得到理想结果,他就切换为"修复画笔"工具,在选项栏中设置"源"为"取样",和"对当前和下方图层取样"(图 8.56)。这让他可在空白图层上处理。同时使用工具在下方图层上取样。

⬇ **ch8_teenskin.jpg**

(1) 添加一个新图层,命名为"润饰"。使用"污点修复画笔"工具移除由于瑕疵导致的主要斑点。

(2) 如果融合效果不是很好,尝试转换到"修复画笔"工具,通过按 Option/Alt 键在你想要进行采样的区域上设置取样点,然后在瑕疵斑点上绘制来移除它们。频繁变换取样源的位置可以让你的处理融合得更好,也能避免骇人的蛇皮图案 (图 8.57)。

(3) 在移除掉主要的斑点之后,转向减淡的舞台。添加一个"曲线"调整图层,命名为"减淡曲线",将RGB曲线提拉一点来使图像变亮,如图 8.58 所示。选择图层蒙版,然后按 Cmd+I/Ctrl+I 键来隐藏调整图层的效果。

(4) 使用将"不透明度"和"流量"设置为大约30% 的"画笔"工具,使用白色在蒙版上进行绘制,这样就可以逐渐构建效果,同时让它与周围的环境融合。在处理时放大缩小观看有助于看清哪些区域需要提亮。如果发现你在这步的处理有些过火,可按 X 键来轻松覆盖前景色和背景色,从而撤消图层效果,然后使用黑色重新绘制,达到提亮的效果。

(5) 添加"曲线"调整图层,将 RGB 曲线向下拉动,如图 8.59 所示。命名图层为"加深曲线",然后反转图层蒙版。在"画笔"工具上进行相同的设置,在图层蒙版上用白色绘制,使因为移除了斑点导致的较亮区域暗下来。

添加一点细微的杂色可让润饰痕迹融合得更好,并帮助隐藏由于润饰导致的小瑕疵。

图 8.55 "污点修复画笔"工具的选项

图 8.56 "修复画笔"工具的选项

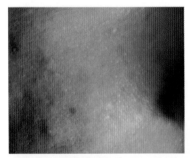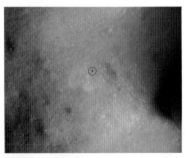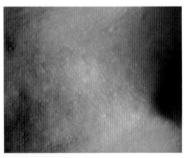

图 8.57 从左到右分别是原图、使用"修复画笔"处理的区域、从同一个区域取样太多次导致的重复图案的例子

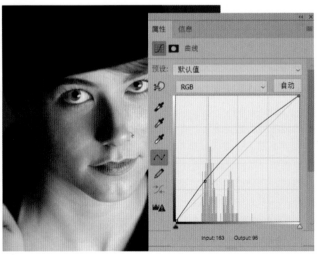

图 8.58 "减淡曲线"图层的设置("属性"面板),红色区域指出该图层的哪些部分被绘制,然后是减淡之后的效果

图 8.59 加深曲线的设置，红色区域指出加深曲线图层的哪些部分被绘制，然后是加深后的效果

(6) 按 Option/Alt 键单击"图层"面板底部的"新建图层"图标来添加一个新图层，将图层命名为"杂色"，将混合模式设置为"叠加"，然后选中选项"填充叠加中性色 (50% 灰)"（图 8.60）。选择"滤镜"|"杂色"|"添加杂色"在图层上添加少量的单色杂色（图 8.61）。单击"确定"按钮。

图 8.60 杂色图层的设置

★ 注意 杂色的正确数量很大程度上取决于图像的分辨率以及当前图像上的杂色数量。对于数码捕捉的图像，这个数值通常是 2%~4%。

8.4.2 成熟的皮肤

随着我们变得成熟，经历会写在脸上，线条和皱纹讲述着我们所处的生活。但那并不意味着我们希望别人看到我们的时候第一眼就会注意到它。

就像青少年的皮肤一样，成熟的皮肤也会为润图师带来挑战：该如何在不让一个人看起来像是做了太多的整容手术的前提下减少脸部的线条。

应对这项挑战的策略和应对青少年皮肤所采取的非常相似。在完成基本的清理后，皱纹是接下来要处理的，可在一个或者多个图层上完成处理。

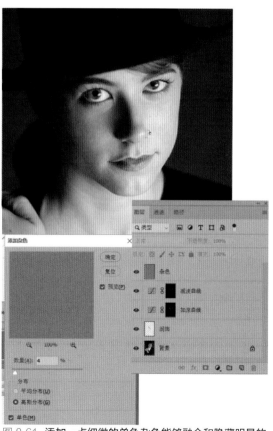

图 8.61 添加一点细微的单色杂色能够融合和隐藏明显的润饰痕迹

在之前的例子中，我们看到了如何使用两个"曲线"调整图层来处理减淡和加深任务。在这个例子中我们将看到如何使用柔光"混合模式进行处理（图 8.62 和图 8.63）。

图 8.62 **最初的图像**

图 8.63 **减少了脸部的皱纹**

(1) 让时间倒流的第一步就是柔化脸上的线条。添加一个新图层，命名为"线条柔化"。使用"修复画笔"工具，在为其取样时，请在干净皮肤附近取样，移除脸上的线条。接着小心处理脸部周围的线条，频繁为你的"修复画笔"设置新的取样点，以免出现重复图案。

润图师通常会为脸部的每个部分使用分开的图层。为简单起见，这里使用一个图层。使用多个图层意味着你可为每个图层轻松地分开设置不透明度，当需要时可进行更精细的调整。

(2) 移除了脸上的所有线条后，请将图层的"不透明度"调整到大约 50% 来减轻效果，让最后的结果更具真实性。我们的目标是在保持对象真实性的前提下改善对象的形象 (图 8.64)。

(3) 我们计划中的下一步是进行一些减淡处理，让皱纹的暗部变亮一些。添加一个新图层，将混合模式设置为"柔光"，将图层命名为"减淡柔光"。选择"画笔"工具，通过按 D 键和 X 键将前景色设置为白色。在选项栏中，将"不透明度"和"流量"都设置为25%，然后在皱纹的暗部和她脸上大的转折部分绘制白色 (图 8.65)。

(4) 使皱纹和脸部大转折的亮部加深可完成本阶段的处理。添加另一个图层，将混合模式设置为"柔光"，然后将这个图层命名为"加深柔光"。正如"减淡柔光"图层一样，使用带有低"不透明度"和"流量"设置的"画笔"工具，用黑色在皱纹的亮部进行绘制 (图 8.66)。

8.4.3 对皮肤色调进行颜色校正

皮肤的颜色是非常值得关注的部分。当处理到颜色校正的部分时，请将全局环境和灯光条件考虑在内。这取决于一天中所处的时间、环境、太阳的角度、照在景色中光线的冷暖，人物的皮肤会对这些条件有所反映。

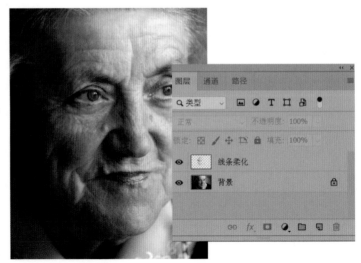

图 8.64 **使用修复画笔润饰了脸部的线条。左边视图的不透明度是 100%，右边视图的不透明度降到 50%，从而使效果更柔和**

图 8.65 在脸上大的转折部分绘制白色

图 8.66 绿色区域指示出哪部分的亮部被加深了,从而起到了平滑她脸上的皱纹和减缓大的转折的作用

例如,对象站在沙滩上,落日的阳光照在他们的脸上,那么在他们的皮肤上就会映射出美丽的温暖光线。而如果对象站在一个下雪的、多云天气下的阴影中,这个对象就会反映出环境中更冷的蓝色光线。这样摄影环境能够让皮肤的颜色稍微偏暖或者偏冷。

尽管在皮肤颜色上采取一点变冷或变暖的调整可产生恰当的结果,对于调节皮肤颜色平衡来说最重要的颜色是绿色/洋红。当皮肤太过泛绿时,对象看起来有些不舒服。而皮肤过于泛红时,对象看起来像是脸红或是遭受了灼伤。这两种情况都不能让人变得美观,所以小心观察此处的平衡是非常重要的。

1. 摆脱偏红

图 8.67 中的这位绅士,他的皮肤经历了不太均匀的上色,有一些部分的洋红偏多,这让他的皮肤看起来像是生气的状态。要解决这个问题,我们会使用到一个提示,师从 Photoshop 权威 Lee Varis,充分利用到在"色相/饱和度"调整图层找到的控件(图 8.68)。

📥 ch8_red_face.jpg

➕ 提示 "色相/饱和度"的默认控件尺寸可能偏小,在色彩范围控制上进行精细调整也许会造成困难。拖动"属性"面板左下方的角落可延展窗口,为你的处理和精细的控制提供更大空间。

(1) 在初步使用"污点修复画笔"工具和"修复画笔"工具进行清理后，添加一个"色相/饱和度"调整图层，并在当前的"色彩范围"菜单中选择"红色"。要更清楚地看到你正在处理哪种颜色，将"色相"滑块滑到最右侧。这会用非常戏剧性的方式转换图像中的红色，哪种颜色正在被影响就会非常明显地体现出来 (图 8.69)。

(2) 将色彩范围中间的滑块稍微向左拖动，选中更多他的脸颊和脖子上的洋红色。通过观察图像上产生的颜色变化，可选择合理的颜色范围 (图 8.70)。

(3) 将里面左侧滑块拖到右边再拖到左边，观察这会如何影响被选中的色彩范围，对里面右侧的滑块执行同样的操作。也对两个外侧的滑块执行相同操作，观察选区如何和他脸上剩下的颜色融合 (图 8.71 和图 8.72)。

图 8.67 皮肤上色不均匀

图 8.68 调整后的效果

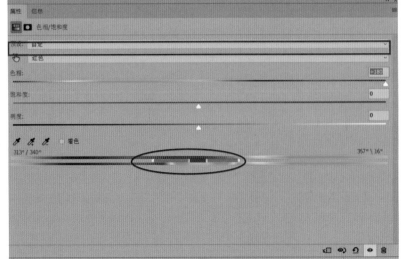

图 8.69 将"色相"滑块移到最右侧就可以清楚地看到哪种颜色会受影响。移动这些滑块能对你需要调整的颜色进行范围上的更改

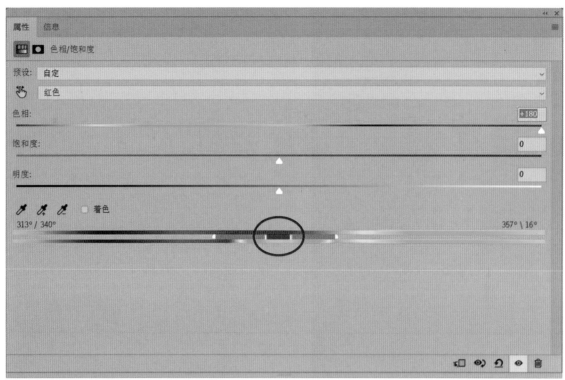

图 8.70 内侧滑块控制着被影响的初级色彩范围

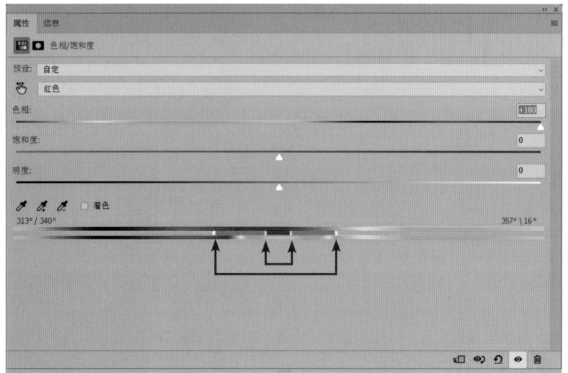

图 8.71 外侧滑块控制着颜色选择范围的羽化程度

图 8.72 在色彩范围选区激活的状态下，你可将注意力集中在有太多洋红的区域上

（4）在色彩范围选区激活的状态下，将"色相"滑块还原到中间位置，然后向右侧轻移，减去一点他脸颊和脖子上的洋红色。在这个例子中，+9 比较合适。将"饱和度"滑块向左滑动，降低一点颜色饱和度，-10 在这里可产生一个不错的结果 (图 8.73)。

提示 请留意随着颜色滑块位置改变的颜色状态，这能让你更好地了解向哪个方向的调整会更适合。如你所见，在色彩范围中，较暖的黄/红色在右边，较冷的洋红 / 红色在左边。

（5）最后，这个调整似乎对他的嘴唇产生了一些影响，选择"画笔"工具然后在图层蒙版上用黑色在他的嘴唇上绘制，来保留原始颜色。

2. 肤色颜色校正

使用第 4 章中讨论的"分开然后取胜"技巧来改善颜色和色调可对肤色进行更好的色彩平衡。

⬇ ch8_blonde.jpg

在进入这个图像的颜色校正环节前，让我们花一些时间评估图像的颜色和色调，来制定一个计划，从而使工作更顺利。

首先我们会注意到全局色彩偏暖，接近橙色。因为橙色是红色和黄色的组合，所以我们可通过减少红色、添加蓝色来解决这个问题。

接下来会发现图像的色调有些扁平。为图像添加一点对比度可让它更亮眼，也更具生机 (图 8.74 和图 8.75)。

在"分开然后取胜"技巧之后就是使用两个调整图层，这样可分开调整颜色和色调 (或对比度)。

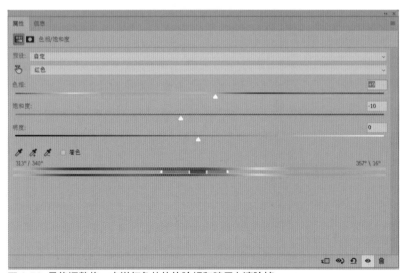

图 8.73 最终调整将一点洋红色从他的脸颊和脖子上清除掉

图 8.74 色调有些扁平

图 8.75 修复后的图像

因为两个调整图层会对校正的不同方面产生影响，因此图层的顺序不重要，哪一层在上面都没有区别。

(1) 添加两个"曲线"调整图层，其中一个的混合模式设置为"颜色"，另一个设置为"明度"。将图层命名为"颜色曲线"和"明度曲线"。

(2) 从"颜色曲线"图层开始，选择红色曲线，然后选择"在图像上单击并拖动可修改"工具，用你的光标在对象的脸上移动，来检查她肤色中哪个主要部分落在红色曲线上。单击她眼睛之间的区域，在曲线上设置一个控制点，然后按向下箭头，将这个点向下轻移一点，将一部分红色从图像中移除 (图 8.76)。

图 8.76 在红色曲线上设置一个控制点后，向下轻移，将一部分红色从图像中移除

(3) 选择蓝色曲线，使用"在图像上单击并拖动可修改"工具在她的皮肤上移动光标，来检查她肤色中哪个主要部分落在红色曲线上。单击她眼睛之间的区域，在曲线上设置一个控制点，然后按向上箭头，将这个点向上轻移一点，为图像添加一点蓝色 (图 8.77)。

(4) 选择"明度曲线"图层，通过在 RGB 曲线高光的四分之一位置上进行提拉，来增添一点细微的对比度从而让图像变亮，如图 8.78 所示。在较暗部分的三分之一处添加另一个点，并将其向下拉一点，让阴影保持稳定。

图 8.77 将蓝色曲线向上提拉来添加一点蓝色

图 8.78 使用"明度曲线"图层提亮图像，同时保持阴影部分的稳定

　　(5) 对牙齿可以进行一些增白处理。按 Q 键（"快速蒙版"模式）然后使用"画笔"工具在她的牙齿上用黑色绘制，然后按 Q 键为牙齿创建选区。

　　(6) 单击"选择" | "反选"。添加一个"曲线"调整图层，命名为"牙齿曲线"。使用"在图像上单击并拖动可修改"工具在 RGB 曲线上添加一个控制点，然后向上提拉一点来使牙齿变亮。选择红色曲线然后减少一些红色。最后，选择蓝色曲线然后向上提拉一点来添加蓝色（图 8.79）。

　　(7) 提亮她的双眼将是颜色校正的最后一步。使用"快速蒙版"在她的眼睛上绘制来建立选区。按 Q 进入"快速蒙版"模式，然后使用黑色在她的眼睛上进行绘制。按 Cmd+I/Ctrl+I 键反转蒙版，然后按 Q 激活选区。添加一个"曲线"调整图层，然后将这个新图层命名为"眼部曲线"。单击 RGB 曲线高光附近的四分之一处，向上提拉一点，让她的眼睛变亮（图 8.80 和图 8.81）。

图 8.79 使用另一个"曲线"调整图层校正牙齿的颜色

图 8.80 使用另一个"曲线"调整图层提亮她的双眼

图 8.81 在进行颜色校正后

8.4.4 增强面部特征

脸上其他部分如眼睛、嘴巴和头发的更多细节，在进行精心的处理后都会得到改善。

1. 眼球的基底

眼睛可以说是一个人脸上最重要的特征。我们能从眼睛中传达的信息中辨认出一个人的情绪和健康状况。通过小心地在眼睛部分进行处理，我们可以让肖像更具

魅力，同时让图像中不重要的东西从注意力中移出去。

众所周知，眼睛是个球体，需要湿润的状态来保持舒适和健康。对眼睛过度的润饰会让它们看起来毫无生机，或是非常乏味。为了避免这种过度处理的外观，请小心保留能让眼睛看起来湿润的高光部分，保留泪腺附近的红色色调(眼睛内侧的角落)和与虹膜上的高光相反方向的亮部区域(图 8.82)。

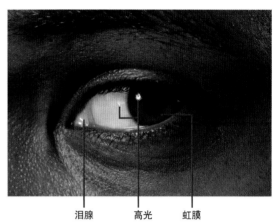

泪腺　　高光　　虹膜
图 8.82 我们的眼睛是不透明的球体，光线可以停留在表面

2. 基本眼部清理

润饰人物眼部通常的处理流程的第一步，就是清除所有红血丝或脱落的睫毛，以及让眼白部分变明亮(图 8.83 和图 8.84)。在虹膜上添加高光让眼睛变得更加生动也是一个不错的选择。

图 8.83 最初的图像

图 8.84 在虹膜上添加高光

⊙ ch8_male_eyes.jpg

(1) 添加一个新图层，命名为"清理眼白"。使用"污点修复画笔"工具，设置为"对所有图层取样"，选中"内容识别"模式，移除眼白部分的红血丝，清除落到眼白上的眼睫毛 (图 8.85)。

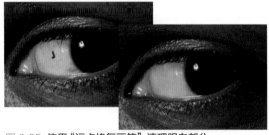

图 8.85　使用"污点修复画笔"清理眼白部分

(2) 第二步是均衡眼白部分的颜色。添加另一个新图层，将混合模式设置为"颜色"，将该图层命名为"均衡眼白颜色"。选择"画笔"工具，设置较低的不透明度 (大约 50%)，在眼睛中最接近白色的区域取样，然后用这个颜色在这两只眼睛上剩下的部分进行绘制 (图 8.86)。

图 8.86　均衡眼白部分的颜色

(3) 要使眼睛变亮，将画笔的"不透明度"设置到 100% 然后按 Q 键进入"快速蒙版"模式，在整个眼部绘制黑色，反转快速蒙版，然后按 Q 键创建选区。

(4) 添加一个"曲线"调整图层。将图层命名为"提亮眼部"。选择"在图像上单击并拖动可修改"工具，移动光标到眼白的部分上，然后在 RGB 曲线上单击来设置控制点。向上提拉 RGB 曲线来稍微提亮眼部。选择红色曲线，稍微向下拖动来移除一些红色。接着选择蓝色曲线，向上提拉一点，以抵消偏黄的颜色 (图 8.87)。

(5) 通过添加一个新图层为虹膜增添一些生命力。将图层命名为"虹膜上的高光 暗 / 亮"。将混合模式设置为"柔光"。使用"画笔"工具，设置为低不透明度，大约 30%，在虹膜的主要部分绘制白色。如果效果看起来过于强烈，降低图层的不透明度 (图 8.88)。

图 8.87　使用"曲线"调整图层提亮眼部

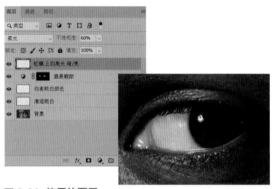

图 8.88　使用的图层

3. 增强眼球和眼睫毛部分

眉毛和睫毛在眼部的整体架构中起到至关重要的作用，能够让一个人的眼睛看起来充满戏剧性和趣味性。为了确保眼部的清洁和明亮，通常要在这些部分的处理上花上一些时间 (图 8.89 和图 8.90)。

(1) 创建一个新图层，命名为"眉毛清理"，然后使用"污点修复画笔"工具，设置为"对所有图层取样"，以及"内容识别"模式，然后清理眉毛的边缘，润饰毛发的高光部分 (图 8.91)。

(2) 添加一个新图层，命名为"眉毛绘制"，使用"画笔"工具，设置为很小的画笔尺寸，小心地在眉毛的颜色上取样。使用短的、弯曲的笔触在眉毛区域绘制更多毛发，来填满它 (图 8.92)。

(3) 选择顶部图层，按 Option/Alt 键然后选择"图层" | "合并可见图层"将所有图层合并为一个新图

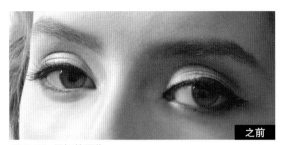

图 8.89 最初的图像

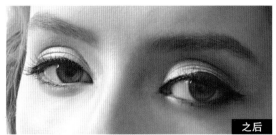

图 8.90 处理后的图像

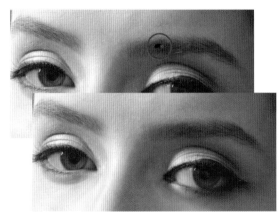

图 8.91 使用"污点修复画笔"工具清理眉毛部分

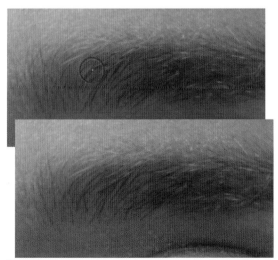

图 8.92 使用"画笔"工具填充眉毛区域,使用非常小的画笔和短的、弯曲的笔触

层。将这个图层命名为"锐化眼部",将这个图层转换为智能对象,选择"滤镜"|"锐化"|"USM 锐化"。将"数量"设置为 60,半径为"10","阈值"为 4,强调眼部中较大的细节。在这个图层中添加图层蒙版,然后在蒙版中用黑色绘制,让锐化后的眼睛边缘和图像剩下的部分融合在一起 (图 8.93 和图 8.94)。

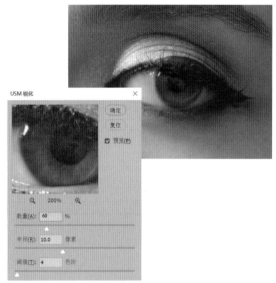

图 8.93 使用 USM 锐化滤镜对眼部进行锐化,使用低数量和高半径

图 8.94 融合效果

(4) 最后的一点润饰就是在她的睫毛上添加一点数码睫毛膏,增添一些戏剧化的润饰效果。添加一个新图层,命名为"睫毛"。将"画笔"工具的宽度设置为和较窄的睫毛一样。从她的睫毛上进行颜色取样,然后寻找那些可加长的睫毛。使用短的、弯曲的笔触,在上下眼睑上添加一些额外的睫毛。

4. 可怕的红眼

有时，我们会遇到那些让对象看起来像恶魔一样的红眼。

在图 8.95 中我们可以看到一对快乐的夫妇出现在他们的婚礼上。正如经常会出现在肖像摄影中的那样，他们的瞳孔中出现了明亮的红色。幸运的是，Photoshop 拥有轻松解决这个问题的方法，可以让我们驱除这种恶魔的感觉，将他们的眼睛重建为正常的样貌 (图 8.96)。

图 8.95 瞳孔中出现明亮的红色

图 8.96 去掉红眼后的效果

这个神奇工具是通过对瞳孔中的红色进行探测和降低饱和度的方式运作的。遗憾的是，如果你有一张宠物照片，而眼睛变成绿色，就必须用"海绵"工具降低绿色眼睛的饱和度。

(1) 要进行无损处理，请复制"背景"图层 (按 Cmd+J/Ctrl+J 键)。

(2) 使用"红眼"工具，一次圈出一个瞳孔来移除红色，如图 8.97 所示。

图 8.97 使用"红眼"工具来修正红色的瞳孔

5. 数码牙科

嘴部通常可以传达出对象的情绪，灿烂的微笑会给人留下好印象。展现一点数码牙科技术是个常见的挑战。这里使用的具体方法就是赋予对方一个灿烂的微笑，而不要那么沉重。正如肖像润饰中的大多数情况，针对光线的处理有很多工作要做。

在图 8.98 中，你可以看到男人的门牙中缝宽一些。通过两个简单的步骤，我们就可以合上这个裂缝，赋予他一个绝佳的亮眼微笑 (图 8.99)。

图 8.98 牙缝过宽

图 8.99 合上裂缝

ch8_teeth.jpg

(1) 使用"套索"工具在他右边的门牙上建立一个选区，然后按 Cmd+J/Ctrl+J 键将选区复制到一个新图层上，将图层命名为"右牙"，然后使用"移动"工具将其向左移动，盖住一半裂缝。在这个图层上添加图层蒙版，使用小号"画笔"工具在蒙版上用黑色进行绘制，让移动后的牙齿边缘和现存的牙齿以及嘴唇融合在一起 (图 8.100)。

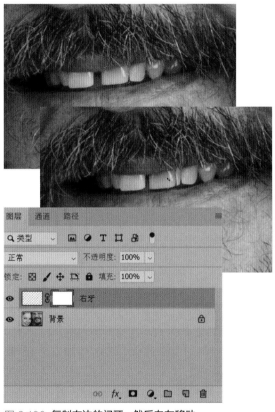

图 8.100 复制右边的门牙，然后向左移动

(2) 选择"背景"图层然后重复步骤 (1)，这次选中左边的门牙然后将图层命名为"左牙"。将这颗牙向右移动来填充两颗门牙之间的缝隙。为这个图层添加图层蒙版，然后使用"画笔"工具，使用黑色在蒙版上进行绘制，让新的牙齿和嘴里剩下的部分融合在一起 (图 8.101)。

在合并完他牙齿中的缝隙后，所有牙齿不是同一颜色的问题就突出显示出来了。

试一试 使用你在之前学到的让眼睛的色彩变均衡和变亮的技术，创建一个将混合模式设置为"颜色"的图层，来均衡牙齿的颜色。添加一个"曲线"调整图层，使用图层蒙版将牙齿隔离出来，提亮牙齿。练习创建两个图层组，一个用来给男人的牙齿做色彩校正，一个给女人的牙齿做色彩校正。

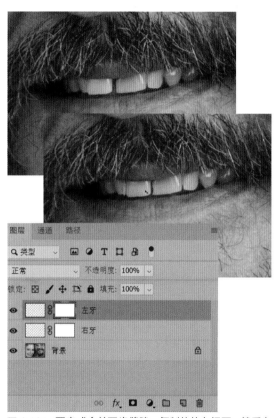

图 8.101 要完成合并牙齿缝隙，复制他的左门牙，然后向右移动

6. 鼻子的数码处理

人的鼻子永远不会停止生长，随着我们变老，它可能成为一个更突出的特征，将我们的注意力从眼睛和嘴巴上分散开。

可通过对鼻子进行复制，然后使用"变形"工具或者"液化"滤镜来减弱鼻子的影响，这通常很有效。一般来讲，在处理肖像摄影时，一些复制操作对于完成任务是必不可少的 (图 8.102 和图 8.103)。

ch8_nosejob.jpg

(1) 使用"矩形选框"工具，在鼻子周围进行选择，稍微多选一点，这样新鼻子和剩余部分就有足够的融合区域。按 Cmd+J/Ctrl+J 键将这个选区复制到新图层。将图层命名为"鼻子"然后转换为智能对象 (图 8.104)。

图 8.102 **处理前**

图 8.103 **处理后的效果**

(2) 选择"编辑"|"变换"|"变形"。在变形的模型中，单击鼻子底部的区域然后向上拉，缩短鼻子。在两个鼻孔上也做一些处理，让它看起来窄一点，如图 8.105 所示。按 Return/Enter 键接受变形。

图 8.104 **使用"矩形选框"工具，在鼻子周围进行选择**

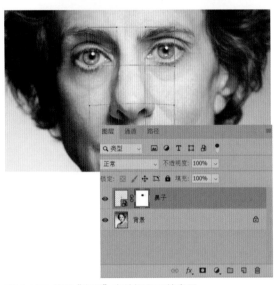

图 8.105 **使用"变形"来缩短和压缩鼻子**

(3) 添加一个图层蒙版，使用带有柔和边缘的"画笔"工具，在这个蒙版的边缘处用黑色进行绘制，让这个新鼻子和脸上的剩余部分融合在一起。请格外注意和眼睛周围融合的方式，确保它们没有变形。

8.4.5　数码手术

表情和姿势可能稍纵即逝，特别是在有拍摄多人时！有时正确的表情和姿势出现在不同的画面中。Photoshop 可让你将两个图像相结合，轻松结合正确的表情与姿势。

当照片中出现两个以上人物时，所有人无法同时微笑这件事是无法避免的。在图 8.106 中，新娘和花童在不同的两帧中呈现完美状态。感谢 Photoshop，新娘能够拥有一个完美时光 (图 8.107 和图 8.108)。

⬇ **ch8_bride1.jpg**
　ch8_bride2.jpg

(1) 在两个图形同时打开的状态下，选择"窗口"|"排列"|"双联垂直"。使用"移动"工具，将花童微笑

图 8.106 新娘和花童的表情都没处在最佳状态

图 8.107 处理之前

图 8.108 合成效果

的照片（新娘 1）放在新娘微笑的照片（新娘 2）之上。确保"花童"图层在顶部，并将其命名为"微笑女孩"。关闭"新娘 1"图像。

(2) 将图层的混合模式更改为"差值"。使用"移动"工具来调整花童头部的位置，让她左边脸颊的边缘线条和另一张重合。理想情况下，女孩脸颊的左侧要与背景中的脸颊对齐，这样能让你接下来进行最小化处理（图 8.109）。当新的头部调整到正确位置后，将混合模式改为"正常"。

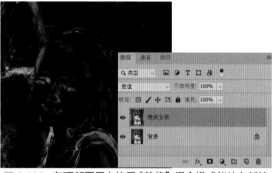

图 8.109 在顶部图层上使用"差值"混合模式能让在新娘图层上调整花童图层的位置变得更容易

(3) 在"微笑女孩"图层上添加一个图层蒙版，按 Cmd+I/Ctrl+I 键将其反转，然后使用黑色填充。这会隐藏图层。使用一个带有柔和边缘的"画笔"工具，在图层蒙版上显现的新部分用白色进行绘制。

在她的头发前后重叠的部分上，使用一个大的画笔创建一个柔和的过渡。在她的下巴和脸颊与新娘的裙子相邻的部分进行放大，然后使用小一点的画笔小心地处理边缘，使其变得锐利，留下一个精巧、干净的边缘（图 8.110）。

图 8.110 图层蒙版的下巴和脸颊的部分应该锐利一些，但头发重叠的部分要柔和一些

➕ 提示 要反转图层蒙版，就像你添加它一样，可按 Option/Alt 键单击"图层"面板底部的"添加图层蒙版"图标。要在添加图层蒙版后将其反转，在蒙版被选中的前提下选择蒙版，然后单击"属性"面板中的"反转"，或者按 Cmd+I/Ctrl+I 键。

(4) 按 X 键切换前景和背景色，使用黑色或白色在蒙版上进行绘制，对过渡区域进行重新定义。在蒙版上处理完显现头部的部分后，女孩头部的左侧还需要做一点处理。添加一个新图层，使用"仿制图章"工具小心地对新娘的头发和裙子进行仿制，使其更自然地融合 (图 8.111)。

图 8.111 在新的头部移动到正确位置并使用蒙版后，女孩头部的左侧还需要做一点处理

8.5 添加创意阐释

润饰进程的级别 4 使用了添加的创意效果，包括一点微妙的发光处理以及颜色提升，这能让图像拥有艺术化的表达效果。在这部分中，润图师可发挥自己的创意，并将他们的作品与其他人的拉开差距。

这些艺术化的表达效果可在数不清的网页中寻找灵感。紧跟潮流，看看用什么能够提升图像的效果，让作品变得出类拔萃。

广告产业网站 www.foundfolios.com 和 www.dripbook.com 都是很好的资源。每年，备受好评的杂志 *Communication Arts* (www.commarts.com) 都会赞助摄影比赛，从世界范围内甄选优秀作品。额外提一句，www.behance.com 和 www.instagram.com 是绝佳的灵感素材来源。

Dennis 结合使用多种技术，为图 8.112 添加了一点创意润饰效果。第一步为模特脸部添加一点光线，让她的皮肤隐隐发光。然后分开色调，将模特提高了一点对比度，同时提亮"背景"图层，来完成最后的处理 (图 8.113)。

图 8.112 原始图像

图 8.113 添加润饰效果

ch8_splittone.jpg

8.5.1 第一步：添加发光效果

(1) 在完成初步的一圈润饰处理后，在"通道"面板中查看红色、绿色、蓝色通道，检查哪个拥有的皮肤色调细节最多。通常是蓝色通道。

(2) 单击"通道"面板中的蓝色通道来选择它（图 8.114）。

图 8.114 **选择蓝色通道**

(3) 将蓝色通道拖到"通道"面板底部的"创建新通道"图标上，来创建一个蓝色通道的副本。

(4) 选择"图像"|"调整"|"曲线"。在"曲线"对话框中，将黑色点拖到大约距离左侧的三分之一处，然后单击"确定"按钮。这会提升频道中的黑色值，有助于约束图像中高光的发光效果（图 8.115）。

图 8.115 **蓝色通道副本中的黑色被加深了**

(5) 按 Cmd/Ctrl 键单击蓝色通道副本将其转换为选区。显示"图层"面板，添加一个新图层，命名为"发光蓝色通道"，将它的混合模式设置为"柔光"。在选区激活的情况下，使用白色进行填充（"编辑"|"填充"）。

(6) 通过按 Cmd+D/Ctrl+D 键取消选择。按 Option/Alt 键单击"图层"面板底部的图层蒙版按钮来创建一个黑色图层蒙版。使用非常柔和的白色画笔，在图层蒙版中对她的脸和脖子上绘制，来显现这些发光的区域（图 8.116）。

图 8.116 **使用蓝色通道的发光效果**

(7) 选择"文件"|"保存为"将文件保存为 Photoshop 文件，请保持文件的打开状态，以继续进行分开的色调调整。

8.5.2 第二步：添加一个分开色调的调整处理

颜色的分开色调处理将阴影颜色转换为一个方向，高光转换为另一个方向。为进行分开色调处理，我们为阴影添加蓝色，为高光添加红色，然后对图像的全局色调进行重新定义。

(8) 添加一个"曲线"调整图层，将混合模式设置为"颜色"，将图层命名为"颜色曲线"。

(9) 选择蓝色曲线，然后将黑色点稍微向上提拉，将白色点向下移动相同的数量。请注意，我将曲线向上提拉的程度已经远远超过"曲线"对话框的范围。

(10) 选择红色曲线，然后将这个曲线的黑色点向右移动，程度和移动蓝色曲线点一样，将白色点向左移动相同的数量。

(11) 要降低图像的饱和度，选择 RGB 曲线，然后将白色点向下拖动到大概范围的三分之一处（图 8.117）。

图 8.117　分开色调颜色曲线

（12）通过另外添加一个"曲线"调整图层为模特增添一点对比度。将混合模式设置为"明度"，然后将图层命名为"明度曲线"。在 RGB 曲线距离顶部大概三分之一处添加一个控制点，稍微向上提拉一点。然后，在距离曲线底部大约三分之一处添加控制点，向下拖动大约相同的数量（图 8.118）。

图 8.118　通过在高光点向上提拉，阴影处降低，为模特增添一点对比度

（13）要让背景不受对比度调整的影响，单击图层蒙版，然后在背景区域上绘制黑色。

（14）添加另一个"曲线"调整图层，将它的混合模式设置为"明度"，然后将图层命名为"背景明度曲线"。将 RGB 曲线向上提拉使图像变亮。

（15）最后，选择为"背景明度曲线"图层设置的图层蒙版，然后在模特的区域上绘制黑色，让这个图层上进行的处理不影响到她（图 8.119）。

＋提示　要同时复制和反转图层蒙版，可按Option/Alt键，同时将一个图层蒙版拖到其他图层的蒙版插槽上。

8.6　在 Lightroom 中润饰肖像摄影

Lightroom 和 Adobe Camera Raw(ACR) 为很多常见的润饰处理提供了强大的工具。要对图像进行无损处理，这些工具包会非常实用，而且，使用它们可以轻易返回处理，如果你想要在之后进行一些额外的提升处理，也可以进行重新编辑。

之所以如此强大，主要因为可将"调整画笔"工具和多种调整功能结合使用，包括曝光、对比度、清晰度和锐化程度。这可以让你同时进行变亮、转换颜色、柔化处理。当你熟悉了这些工具的使用方法，就可以快速完成大量处理，当你需要进行非常快速的润饰工作时，这就会是一个好选项。

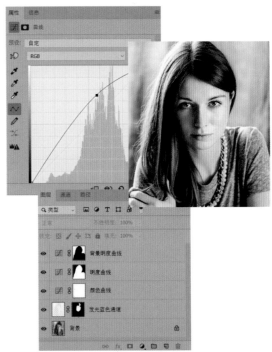

图 8.119　使用另一个"曲线"调整图层使背景变亮

Lightroom 是以对图像进行分类和无损处理而著称。使用"污点去除""调整画笔""描边""半径渐变"工具，你可在 Lightroom 中完成许多标准的肖像润饰任务。

在润饰方面，Lightroom 出类拔萃。在照片中的人物仍然在工作室里时，你可以在建立图像时对其进行多次清理。最好的一点是，Lightroom 会在它的 XMP 文件中保存所有更改，实际层面的图像从未被更改，因此可以在几小时、几天甚至几个月后轻松返回到图像对特定编辑进行更改。

Lightroom 和 Photoshop 有相似的肖像润饰工作流程，最大的不同之处在于 Lightroom 中没有图层。因为 Lightroom 为每个笔触保存信息，调整任何特定的笔触就像重新选择"调整画笔"和"污点去除"工具那样简单，在应用笔触的位置上单击放置大头针将其激活,然后调整滑块或删除笔触(图 8.120 和图 8.121)。

图 8.120 之前的效果

图 8.121 **调整后的效果**

图 8.122 中每个灰色点代表了用过"污点去除"工具的地方。当在"创建"模式下单击"污点去除"工具时,大头针会重新出现。单击任意大头针激活那个点,就可以调整"编辑点"选项,以及笔触的源点。

图 8.122 **叠加在上面的工具用红色圈出,能看到正在使用的工具做的笔触**

在这个例子中,"污点去除"工具用来移除眼睛下

方的线条,这是在"修复"设置被选中的前提下。重新选择点允许你将不透明度滑块调整为 25%,让一部分线条回到画面中,然后为线条创建合理的柔化程度。

对需要调整的污点或线条进行移除或减弱处理后,下一步是选择"调整画笔"工具,然后提亮双眼或改变唇色。

使用"调整画笔"工具可几乎不受限制地完成这项处理。甚至可为笔触添加一点颜色。可通过单击位于颜色选项栏滑块下方的矩形为笔触添加一点颜色(图 8.123)。如果你想同时让一个区域变亮、变柔和,请尝试提高"曝光度"设置,同时调低"清晰度"滑块。

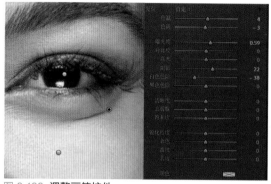

图 8.123 **调整画笔控件**

每次需要调整一些内容时对每个滑块进行调整看起来是一件令人畏惧的事情。好在 Lightroom 可将你最喜欢的调整设置保存为预设。在"效果"菜单中,选择"将当前设置存储为新预设"(图 8.124)。

图 8.124 **可将惯用的调整画笔设置保存并在之后重新使用**

在网络上可找到一些非常棒的 Lightroom "调

整画笔"预设。一个最全面的设置是肖像调整画笔 Mega Pack 1，该画笔由 Kristi Sherk 创建 (www.sharkpixel.com/store/lightroom-presets/portrait-adjustment-brushes-mega-pack-1/)。

要加载本地"调整画笔"预设，打开"首选项"对话框中的"预设"选项卡，然后单击"显示 Lightroom 修改照片预设"按钮。找到本地调整预设，然后将预设复制进去 (图 8.125)。

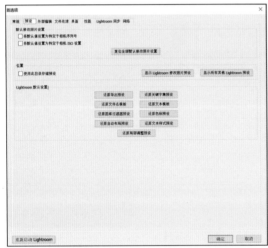

图 8.125　"预设"选项卡

请小心处理模糊效果

一个优秀的润图师会明白，使用一些捷径就能达到很好的效果。当润饰肖像时，重点在于让对象看起来自然又清新，同时避免处理过度导致"塑料皮肤"的外观。对于人类，我们生来就可以辨别他们的面容，而且当有些内容脱离我们的认知，或者人脸上出现不自然的东西时，我们会在辨别时格外敏感。

图 8.126　拙劣的皮肤模糊技术

当今，很多平滑肌肤处理和技术依赖于结合图像的模糊和锐化版本，在网络上都有了提升。在图 8.126 中，柔化过的皮肤和强化特征使用的线条之间的割裂非常明显。这个外观传达了皮肤被过度模糊处理的信号。使用任何技术时的挑战在于，保持足够微妙的效果，以至于没有人会注意到它。

8.7　第三方插件和应用程序

润饰肖像可能会是个挑战。如果要在短时间内处理大量肖像，效率和速度是首要考虑的因素。

要满足以上需求，有几家公司提供了插件或独立应用的强大工具，可以加快你的工作流程。这些解决方案提供包括平滑肌肤、颜色校正甚至是脸部塑型的多级控件，能让你轻松重塑脸部、眼部甚至拉长脖子。

我们在这里主要了解的插件是 Digital Anarchy 的 Beauty Box、Imagenomic 的 Portraiture、On1 的 Perfect Portrait 和 Anthropics Technology 的 Portrait Pro。

在这些插件和应用中达到平滑肌肤的效果要结合"模糊"和"锐化"图层来达到理想的平滑程度，同时还能保持足够的细节，让结果更具真实性。在使用它们时的难度在于保持效果足够微妙，能够使图像得到改善而不至于处理过度，皮肤看起来像是塑料质感。这就是为什么我们强烈推荐你在使用插件之前首先手工进行适当的肖像润饰处理。你对手工技巧越熟悉，就越能更好地使用插件实现写实的效果。

8.7.1　Digital Anarchy 的 Beauty Box

像大多数皮肤润饰插件一样，Beauty Box 提供多种滑块，能让你控制光滑程度、细节保留的程度、对比度和颜色校正。

如果滑块移得太远，很容易导致过度光滑的肌肤，所以请谨慎使用。那就意味着，你可以使用 Beauty Box 改善皮肤的外观 (图 8.127)。

8.7.2　Imagenomic 的 Portraiture

Portraiture 的工作流程从选择皮肤色调开始，所以你可以限制需要进行光滑皮肤的区域。一旦"皮肤色调"(Skin Tones) 图层处理完成，就可以在"细节光滑"(Detail Smoothing) 选项中控制光滑的细节，使用滑块可以进行精细、中等、大块细节的调整。阈值滑块在控制其他所有滑块上扮演重要角色。

界面中包含简单控件，有些限制，但可以帮你快速达到理想效果 (图 8.128)。

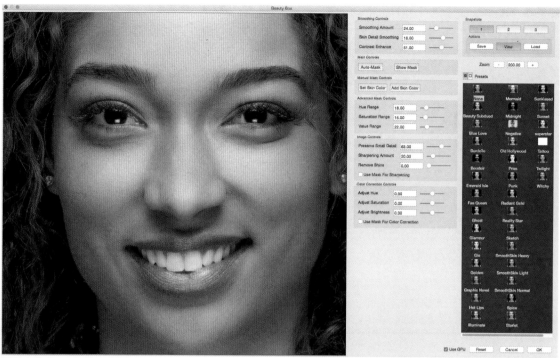

图 8.127　Beauty Box 界面

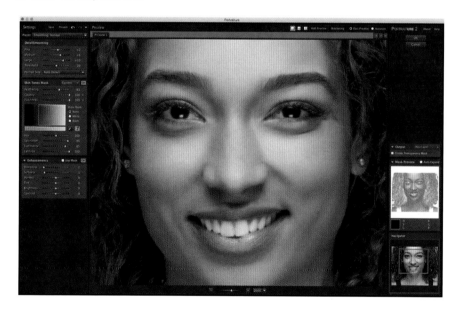

图 8.128　Portraiture
界面

8.7.3　On1 的 Perfect Portrait

使用 Perfect Portrait，首先你要帮助程序识别眼部和嘴唇，移动控制点以确保选中了恰当的区域。

而且对于"平滑"和"颜色校正"工具，Perfect Portrait 也提供了优质的润饰画笔，运作方式类似于 Photoshop 中的"污点修复画笔"工具。首先使用这个工具移除痣和斑点，你可以使用位于平滑控件中的较

低设置（图 8.129）。

一旦眼睛和嘴巴被正确定位后，如果你需要的话，"眼睛和嘴唇"控件能让你进行一定数量的亮白、锐化和颜色增强处理。

当你使用调整实现令人愉悦的效果后，也可以保存属于自己的预设，这能加速你的工作流程——特别是在你应对单镜头的大量图像时。

8.7.4   Anthropics Technology 的 Portrait Pro

如同其他插件，Portrait Pro 首先辨别图像中的面部特征。在图 8.130 中，左边的面板显示蓝色的轮廓线，Portrait Pro 用它来重新定义脸部特征的形状和位置。当你使用面部塑造和皮肤高光控件时，软件会使用这个信息更精确地计算结果，近似于在 3D 模式下处理面部。

图 8.129 Perfect Portrait 界面

图 8.130 Portrait Pro 界面

Portrait Pro 同样包含增强妆容的控件，可以轻松赋予眼部戏剧化的效果，甚至你可以使用几个滑块添加眼线和睫毛膏。

8.8 结语

肖像润饰是具有挑战性的诸多润饰类型之一。以一个好的计划开始，并使用图层处理可以让工作更有条理。总的来说，请记住优秀肖像润饰的目标，就是提升对象的形象，同时让润图师的处理不露痕迹。理想状态下，对方应该能认出他们自己，观者不应该有"这个润饰真不错!"的想法。

第9章

美 容 润 饰

　　理想的完美女性和男性肖像在我们的日常生活中随处可见。我们在杂志封面和广告上都可以看到封面级的完美像素级图像。这些图像通常都很美，但是意识到它们代表的水平经常远超过通常的标准是非常重要的。

　　被很好的基因和健康状况所眷顾，对当今最有名的模特来说都是不够的。越来越多的情况是，你在这些公共场合见到的图像是在 Photoshop 里被处理得非常过度的，每个细节都做到非常完美。正当我们感叹创造魅力图像的手法时，同样会意识到这些图像代表着远超过真实的梦幻世界。美容和时尚杂志还有广告中的图像是多种因素的集合：优质的模特、好的摄影、恰当的光线以及精彩的润饰。本章主要讨论会在这些照片中使用的润饰技术，但在很多方面和第 8 章中讨论的技术没什么大的区别。

　　正如 Dennis 所说，我们在 Photoshop 中使用的技术就像一套基础乐高塑料块，我们对其重新分析计算然后结合起来，以解决图像中出现的挑战。在典型的肖像处理和典型的美容图像处理之间最主要的不同在于处理级别，以及花在照片上的专注程度。对于最高级别，美容润饰要求小心地处理来达到最终效果，是没有任何捷径的。

　　现在我们仔细看一下顶级专家让美丽更完美，以及离完美差一点的美丽会用到的技术。

在本章你将学习以下内容：
- 制定润饰／工作策略
- 平衡皮肤颜色和色调
- 完美的皮肤和头发
- 使用"高低频分离法"改善肤色和肌理
- 通过光线提升脸部的形状

9.1 美容润饰的类型

美容润饰通常分为三个类型：商业、肖像、书籍编辑。商业图像意味着要售卖一些东西，通常是化妆品或皮肤护理产品。这些图像同样会被用在售卖珠宝上，例如展示一个戴着戒指或项链的模特。

对于这些类型的图像，主要的强调工作花在让皮肤和特征看起来绝对完美，而不用去强调模特的个人特征。

美容肖像图像，如图 9.1 所示，是一个名人或模特的肖像，更多的是表现模特的个人特征，同时尽可能地接近完美。再强调一遍，为了让皮肤看起来光洁无瑕，同时保持对象的特征辨识度，在处理上可能要格外小心。

最后是编辑图书用的图像，如图 9.2 所示，在这里，涉猎的类型可能非常广泛。可能是讲述一个故事，无论是单个图像还是一系列图像。这里同样包括简单

地在尽可能完美的光线下展示服装的时尚图像。

很多润图师发现处理编辑图书用的图像充满乐趣，在这里可以发挥更多创意，使用颜色主题和应用"外观"，让这些图像更有趣味性。

9.2 谋划一个处理策略

虽然在工作室准备润饰新图像时，你的第一个冲动可能是赶快开始，动手解决污点问题并尽快清理图像，但非常重要的是向前一步对图像进行评估，确保你处理的程度和客户所需的相同。

9.2.1 为客户工作

无论你是正在润饰照片的摄影师，还是个专业润图师，和客户沟通清楚是必不可少的。可以说在润图师需要的所有技能中，倾听和清楚沟通的能力是最重要的。

在客户描述想要的最终效果时会使用一些模糊的词汇，想要辨别出他们想说的确切含义可能有些难度。

例如，形容"完美肌肤"是客户在美容图像中最常用的词汇，但每个客户想表达的意思可能都不一样。对于其中的一部分可能意味着处理光滑的肌肤上有一些细微的肌理，对另一部分人来说可能指的是"保留每个毛孔"。

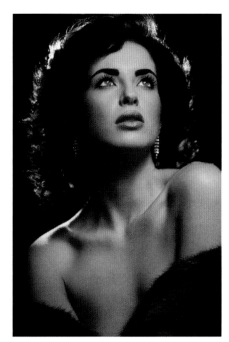

图 9.1 **一个美女肖像的示例**

图 9.2 **图书用的图像示例**

在润饰任何项目时，了解客户和他们的品味是必不可少的，但在进行美容润饰等"高端"项目时更是如此。熟悉他们的目标还可以更容易地为图像添加特定内容提供建议或想法。你的建议通常会被感激！

9.2.2　利润

当 Dennis 收到一张图像作为润饰任务时，他首先要和摄影师或客户进行讨论，尽可能了解他们的视角。然后对照片的主题或客户的品牌做一些快速调研，以便在开始润饰过程之前熟悉客户的审美需求。

这个阶段最重要的部分是确保你对客户希望看到的内容有最清晰的想法。经验丰富的润图师会考虑他们期望工作的时间，并在开始处理之前让客户确认预估的时间。通常，预估会包括对要完成的工作的广泛描述以及商定的最终文件交付截止日期。

很多时候，客户端会为润图提供图像的标记副本，并附有说明他们想要解决的问题的注释 (图 9.3)。这为润图提供各种类型的清单，用于提醒需要完成的处理。

图 9.3 **一个被客户做了标记的图像**

9.2.3　截止日期、批准和修订

由于专业润饰是由截止日期驱动的业务，因此初始工作订单的一个重要部分是确保你知道客户希望何时将最终润饰后的图像传送给他们。你不想在一大早接到一个客户打来惊慌失措的电话，询问他们的图像在哪儿，而这一切发生在你以为还有一些日子才需要完成工作的时候。

此外，有必要估算包含多少轮修订，并对此进行合理限制。正如很多专业润图师所了解的那样，有些客户希望在他们接受最终图像前进行无数次修改。一旦客户发现超出估算中约定的任何修订都会增加成本，他们对简洁的热情会越来越高。

9.2.4　图像权利

最后，一旦工作完成并将润饰后的图像传送给客户，请确保你在网络或作品集中展示工作的许可，这是非常重要的。对于大多数商业润饰项目，客户将希望等到广告活动或杂志传播开始之后，再让润图师公开分享图像。

除了在图像权利方面的讨论，最后还是要回到良好的商业实践上。高利润项目并不容易实现，不要在得到客户允许之前分享图像，那会让他们觉得非常沮丧。

这也包括任何"之前"。虽然许多人喜欢比较之前/之后的效果，这样他们就可以欣赏"之后"图像的润饰，很多时候，照片中的对象或客户有充分的理由不希望未经润饰的图像公布于众。

9.3　美容润饰工作流程

如上所述，用于润饰美容图像的基本技术与第 8 章中介绍的基本技术相同。主要区别在于它们的应用级别以及客户可能对你的工作进行审查的程度。这就是为什么做高端工作意味着不走捷径，并使用声音工作流程，这可以让细化结果更容易。

在第 8 章中我们探讨了使用图层工作，正如你所期待的那样，这种策略在润饰美女和肖像上同样重要。正确地使用图层和图层组能让你更有效地进行处理，同时保持灵活性，以应对顾客可能会要求的任何版本。

9.3.1　大型图像

在图像上处理的第一步就是花一些时间查看照片，眼睛在图像上扫视，看一下有没有格外突出的东西。沿着图像组成的路线观察，看看是否存在干扰，将你的注意力从图像中的"主角"移开。例如，如果照片被用作指甲油广告，你就要注意是否有东西将你的注意力从模特的指甲上移开。

需要考虑的事项有：

- 图像的全局色调和色彩平衡是否正确？
- 模特的姿势在整个身体上是否看起来不协调？
- 身体和衣服的轮廓是否流畅？
- 照片中重要的区域是否正确对焦了？
- 脸部和身体的颜色和色调是否一致？
- 背景中是否有东西成为干扰？

理想情况下，一个经验丰富的摄影师会对一些甚至全部事项"在相机中"核实清楚，包括化妆、光线、姿势和背景，这些内容协调运作才能形成一个优质的图像。但是，如你所想，特别是在一个定位的时尚摄影中，一些细节可能会丢失，或者超出摄影师的控制。

9.3.2　细节

下一步是放大来靠近观察图像，通常放大到100%~200% 视图，然后在图像中滚动，来观察图像中你可能需要处理的所有细节（图 9.4）。

要检查的细节包括：

- 是否有需要被移除的灰尘斑点或者杂散的线条？
- 脸上是否有需要被移除的飘散头发？
- 哪种痣、皱纹或阴影需要被减弱或移除？
- 化妆是否被合理应用了？
- 眼部是否需要进行清理或锐化处理，或者两者都要？
- 是否需要移除干扰性的、超出范围的毛发（除了被当作"横穿的头发"的那种）？
- 下颌线上是否有需要被最小化处理的"桃子毛发"？

随着练习，这个过程会变得更快，形成习惯。目标是尽可能接近摄影师或客户要求的版本，让对象看起来完美无瑕的同时保持润饰不露痕迹。在你开始之前制定一个计划，就算仅仅是在头脑中形成，也会让这一切变得更容易。

9.3.3　工作流程

在润饰美容图像中使用的许多技术和策略和我们在第 8 章中讨论的非常相似。关键在于有效地使用图层，在"空白图层"上进行润饰，使用中性图层或者调整图层进行减淡或加深处理，而且（当然）永远不要更改"背景"图层（也可以被认为是"无损处理"）。

基本的美容润饰流程是：

(1) 处理基本的清理和污点。

(2) 平衡面部对称。

(3) 让肌肤变得完美。

(4) 增强眼部、嘴唇和所需的头发。

(5) 重塑 / 重建身体。

(6) 润饰服装。

(7) 有选择性地平衡颜色 / 色调，来确保面部、脖子和前胸的协调。

(8) 精细调整光线和对焦点。

(9) 准备最终的可交付成果。

9.4　匹配色调、颜色和对比度

有进行美容润饰时一个频繁会遇到的问题就是确保皮肤色调和颜色与面部和前胸一致。在图 9.5 中，模特脸上的妆容比她的肩膀和前胸更亮、颜色更冷。肩膀部分需要进行颜色校正，以和她脸部的颜色和色调更匹配。

润饰这个图像的一个额外目标就是提亮黄色项链，然后让这个图像中的嘴唇真正与项链匹配（图 9.6）。我们可以通过分开选择每个问题区域，然后将每个选区用作图层蒙版，并运行独特的"曲线"调整图层来完成这个目标。

(1) 添加一个空白图层然后使用一个小尺寸的硬边、颜色明亮的画笔进行标记，并圈出需要修正的细节（图 9.7）。注意面部和肩膀的色调不同，皮肤上的一些斑点需要被润饰处理，唇膏的颜色应该和项链相匹配。

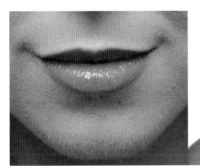

图 9.4　常见图像问题（从左到右）：皮肤上的"桃子毛发"、脸部和身体的皮肤色调不一致、穿过眼睛的毛发

➕ 提示 在图像上做标记时，为不同类型的修正项目使用不同的颜色会有很大帮助。

图 9.5 **处理前的图像**

图 9.6 **使颜色更匹配**

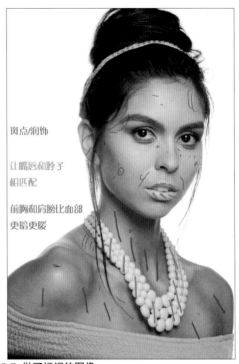

图 9.7 **做了标记的图像**

(2) 使用"快速选择"工具，在肩膀和脖子周围拖动进行选择，如图 9.8 所示。这可以让你独立于面部和项链部分，单独调整肩膀的颜色。

图 9.8 **使用"快速选择"工具选择她的肩膀和脖子**

(3) 但是我们不想同时选择项链，按 Option/Alt 键沿项链拖动取消选择。继续进行所需的选择和反选操作，直到已经选择了肩膀、前胸和脖子，除去了项链、面部或裙子 (图 9.9)。

图 9.9 从选区中删除项链

(4) 在肩膀被选中的状态下，添加一个"曲线"调整图层并将其命名为"肩膀曲线"。激活状态下的选区应该自动添加图层蒙版，请确保只有肩膀部分会被影响。在 RGB 曲线中间添加一个点，向上提拉到肩膀的光线刚好和面部色调相匹配的程度。

(5) 因为肩膀在这些部分中微微发黄，我们需要添加一点蓝色，让颜色更接近她面部的颜色。打开"自动"按钮左侧的"通道"菜单，选择蓝色曲线。在曲线中间部分添加一个点，通过按几次向上箭头将点向上轻移，来添加一点蓝色 (图 9.10)。

图 9.10 使用"曲线"调整图层让肩膀的颜色和色调与面部的颜色更匹配

(6) 下面我们来处理让嘴唇和项链相匹配的部分。按 Q 键进入"快速蒙版"模式，然后选择"画笔"工具。按 D 键将前景色设置为黑色。使用画笔，设置为大概上嘴唇厚度一半的大小，在她嘴唇的选区中绘制。按 Cmd+I/Ctrl+I 键反转快速蒙版，按 Q 键激活选区，然后添加一个"曲线"调整图层。将图层命名为"唇部曲线"。

(7) 使用"在图像上单击并拖动可修改"工具，单击嘴唇，在 RGB 曲线上设置控制点，然后向上提拉，将选区提亮一点。选择蓝色曲线，使用"在图像上单击并拖动可修改"工具来设置一个控制点，向下拉一点，让嘴唇的颜色转换为正黄色。

得到一个正确平衡状态要花上一点耐心，所以可能需要多次在 RGB 曲线和蓝色曲线之间来回调整嘴唇的颜色，以达到想要的效果。最终的曲线调整应该看起来是图 9.11 的状态。

图 9.11 使用"曲线"调整图层转换嘴唇的颜色，使其与项链相匹配

(8) 最后一步是对全局颜色校正添加一点润饰。皮肤色调的饱和度看起来有些过度，也有些过度偏暖。要校正这个问题，再添加一个"曲线"调整图层，然后将混合模式设置为"颜色"。将这个图层命名为"全局颜色曲线"然后选择 RGB 曲线，将左边端点 (在白色点的位置上) 微微向下拖动，大概是十分之一的位置，稍微降低图像的饱和度。

(9) 选择蓝色曲线，然后使用"在图像上单击并拖动可修改"工具，通过单击相机中左侧脸颊高光和阴影之间衬托出颧骨的位置，来设置一个控制点，如图 9.12 所示。

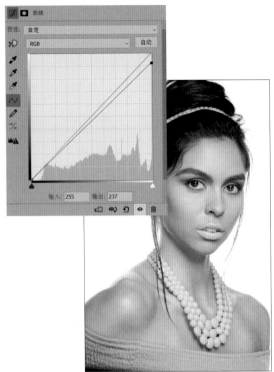

图 9.12 使用"曲线"调整图层，将混合模式设置为"颜色"，为图像添加最终的颜色校正

图 9.13 存在一些瑕疵

图 9.14 完善后的效果

9.5 完美肌肤

确保皮肤看起来光洁无瑕是一个润图师所期待完成的工作中的很大的一个部分。在高端美容图像中，所有的微小细节都投入了更多关注，特别是要保持优质皮肤纹理时。

有趣的是，这通常意味着坚持使用基本技巧，例如修复、仿制、"减淡"和"加深"。请避开使用某种模糊形式来使皮肤变得光滑的滤镜，因为它们不可避免地导致不理想的效果，例如皮肤太光滑（看起来像塑料），或者面部的所有区域的质地太均匀。

我们强烈推荐你阅读第 8 章，特别是"建立肖像润饰策略"一节。在你采用这些更先进的工作流程之前，可借此熟悉准则和要求的基本技术，这样就可以集中在完成美容润饰这项要求更高的任务所需的技能上。

大概所有人都会因为拥有图 9.13 中所示的肌肤和特征而感到骄傲，但在高端美容图像的世界中，还不够极致完美。除了这里和那里的一些小瑕疵，我们可看到嘴唇下方和周围的皮肤有点不均匀。再仔细观察后，图像中左眼睁开的程度不如右眼的问题也变得明显，而且她的嘴唇左边有些向上倾斜。下面将进行完善（图 9.14）。

总结一下程序：

● 仔细检查图像以确定需要进行更改的位置。添加一个新图层，然后标记出需要修正的区域（图 9.19）。

● 为图像中你需要处理的每个区域添加新图层，从移除已经选中的痣和斑点还有其他干扰元素开始。

● Dennis 的首选是使用"污点修复画笔"工具，因为可以用最少的力气清除掉恼人的斑点。再次强调，此处的关键在于小心地观察结果，当你注意到有些东西没能很好地融合时，就切换到另一个工具，通常针对这种问题时，会是"修复画笔"工具（可从第 8 章"选择查看更多有关这个技术的内容）。

● 当润饰飞散的头发（图 9.15）时，通过使用"污点修复画笔"工具或"修复"工具追踪这些干扰的头发。当头发穿过平滑的皮肤色调时，就会运行得很好。但是当头发穿过的区域有大量细节时，例如穿过眼睛。就要花上很多精力来重建被头发遮挡的部分。

图 9.15 **一根头发斜穿过眼睛**

● 当基本的污点和修复处理完成后，下一个要处理的区域就是眼部下方的线条 (图 9.16)。目标就是保持外观的自然，这里的方法应该是调暗线条，使它们不那么引人注目，但仍然存在 (这些线条被减轻的程度是一个很主观的问题，通常最终由客户决定)。

图 9.16 **我们会柔化她眼部下方的皱纹**

● 她的眉毛在靠近额头中间的结尾处有些薄，所以需要通过绘制方式填满它 (图 9.17)。

图 9.17 **这个眉毛有些空缺**

● 她脸上有些区域有明亮的斑点，让她的皮肤看起来不平整。细微的"减淡"和"加深"可将这些恼人的瑕疵处理光滑，那么首先我们使用"曲线"调整图层提亮图像，从而摆脱阴影。然后我们会添加一个图层蒙版，来控制应用会影响哪些部分。

● 因为不是所有的色调让皮肤看起来不平整、充满阴影，通常有必要对一些较亮的色调进行减淡或者"加深"。在照片中，被正确点亮和曝光的区域不会与那些需要进行减淡处理的区域的数量接近。他们中的大多数只是一些小的高光点，吸引了太多注意力或是让皮肤看起来太亮。我们会使用"色相 / 饱和度"图层让图像变暗，然后我们会使用图层蒙版让加深功能只在某些特定区域上应用。

● 对模特的皮肤表面进行光滑处理后，通过将她的嘴唇调整到水平来提升她脸部特征的对称性

(图 9.18) 然后调整左眼来和右眼平衡。

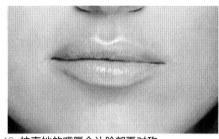

图 9.18 **拉直她的嘴唇会让脸部更对称**

(1) 在图像中添加一个空白图层，然后使用一个小尺寸的硬边画笔来标记需要被修正的地方。图 9.19 展示了 Dennis 在对这个图像开始进行修正之前做的标记。红色的线条和圆圈指出飞散的头发和主要的痣和斑点，蓝色的直线证实她的脸部特征不是很对称。

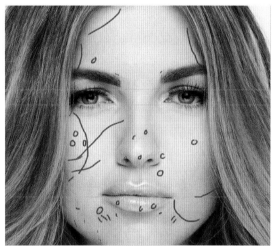

图 9.19 **使用红色进行的标记指示出需要进行修正的区域。蓝色的参考线显示出眼睛不是非常对称，嘴唇稍微向左倾斜**

(2) 新建一个图层并命名为"润饰"，然后，正如第 8 章中所讨论的那样，使用"污点修复画笔"工具，还有"仿制图章"工具来解决那些可以轻松使用这些工具移除的所有的小斑点和小痣，还有飞散的头发。

(3) 使用"污点修复画笔"或"修复"画笔来移除飞散的头发。然而，请小心那些需要移除的头发穿过眼睛的情况，如图 9.20 所示。在皮肤的地方融合得很好，但是和眼睫毛交叉的部分有一根浅灰色的线条，看起来非常糟糕。

(4) 放大到非常接近，然后使用"画笔"工具。要完成对飞散头发的移除，Dennis 使用了"吸管"工具，将取样尺寸设置为"点取样"，来精确地对头发穿过的区域处该有的睫毛和眼线的正确颜色进行取样。

图 9.20 要移除穿过一个区域的毛发例如眼睛的时候，有时有必要使用尺寸非常小的画笔将干扰性的毛发绘制遮住

(5) 要提亮模特眼部下方线条的颜色，创建一个新图层，命名为"眼周线条"。然后使用设置为刚好盖住她眼部下方线条的"污点修复画笔"工具 (在这个例子中 Dennis 使用了 4 像素的画笔)，追踪她眼部下方的线条。再强调一次，此处的目标是仅仅对色调稍微降低，而没必要完全移除它们。图 9.21 展示了更详细的视图，能够看到她的眼部下方经过润饰的区域。

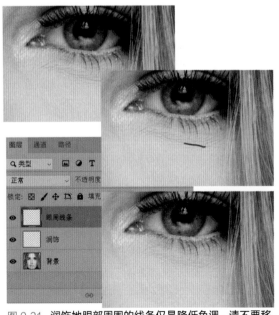

图 9.21 润饰她眼部周围的线条仅是降低色调，请不要移除它们

(6) 要修正眉毛，创建一个新图层，命名为"眉毛"。选择"画笔"工具，设置为接近她眉毛上单根毛发的尺寸——在本案例中是 2 像素。请确保你绘制的毛发和现有的相匹配，按 Option/Alt 键单击一根眉毛毛发对颜色进行取样。使用带有弧度的画笔笔触绘制几根毛发，来填充每个眉毛的结尾处，如图 9.22 所示。

图 9.22 填充她的眉毛看起来比较薄的区域

辅助图层

正如我们在本章和第 8 章中讨论的那样，当尽可能地让皮肤看起来完美时，"减淡"和"加深"是润饰流程中非常重要的一部分。许多人在改进他们的"减淡"和"加深"技术时面临的最大挑战，是辨别出哪些部分需要减淡，而哪些需要加深。

使用辅助图层，基本上就是一个将图像转换为黑白的调整图层，使用尽可能简单的色调展示图像是更亮还是更暗。通过暂时隐藏图像信息，很多用户发现这样可以更容易辨别出不协调的、需要被减弱色调的阴影或高光。

有几种方法可完成处理，但 Dennis 更倾向于接受标记润图师 Pratik Naik 的建议：使用一个将混合模式设置为"颜色"的黑白调整图层。当创建这个图层时，默认设置是可以使用的，不需要在图层的"属性"面板中进行调整 (图 9.23)。

请注意不要改动图像的对比度，这是重要的，因为这会让"减淡"和"加深"效果变得过火。这就是为什么辅助图层的混合模式要设置为"颜色"。

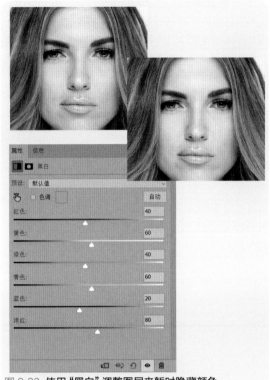

图 9.23 使用"黑白"调整图层来暂时隐藏颜色

（7）要处理较小的阴影区域，创建一个"曲线"调整图层，将其命名为"减淡曲线"。在"属性"面板中，单击靠近 RGB 曲线的中间位置，在曲线上添加一个控制点，稍微向上提拉一点使图像变亮，如图 9.24 所示。为该图层选择图层蒙版，然后按 Cmd+I/Ctrl+I 键进行反转，用黑色填充蒙版。

然后使用白色在蒙版上绘制来使效果显现。为了让你自己对减淡效果控制得更自如，将画笔的不透明度和流量设置为 30%。使用较低的不透明度和流量

可以逐渐构建效果，同时仅对导致皮肤看起来不平滑的阴影进行调整。处理时使用的画笔尺寸要根据你处理的细节有不同的变化。针对较小的细节，你的画笔尺寸应该略小于要提亮的斑点尺寸。针对更大的区域，你将需要更大的画笔，让融合变得更容易。

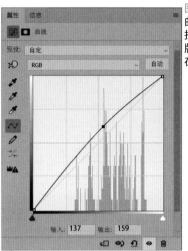

图 9.24 在 RGB 曲线上稍微向上提拉，并使用图层蒙版控制减淡效果会在哪里出现

图 9.25 展示了 Dennis 如何在这个金发女人的图像上使用这个技术。第二个图像中的红色区域指出了 Dennis 在哪些区域使用了减淡效果。请注意在一些地方他是如何使用非常小的画笔的。而在其他地方他使用了更大的画笔来遮住更大的区域。

（8）要减淡过亮的高光，请创建一个新的"色相 / 饱和度"调整图层，将其命名为"加深亮 / 暗"，将混合模式设置为"正片叠底"，将"不透明度"设置到50%。在"属性"面板中将"饱和度"设置为 -40%，如图 9.26 所示（这有助避免在对图像的某些部分进行加深处理时出现的饱和度上升的情况）。

图 9.25 右侧图像中的红色区域显示了哪些地方经过了减淡画笔的处理

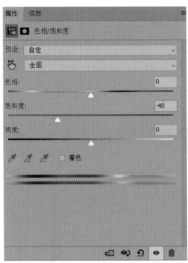

图 9.26 使用"色相 / 饱和度"调整图层，混合模式设置为"正片叠底"来加深或者让皮肤上过亮的色调变暗

为"加深亮 / 暗"图层选择图层蒙版，按 Cmd+I/Ctrl+I 键反转蒙版。确保"画笔"工具和之前一步的设置相通，然后在需要减弱的高光部分使用白色绘制。如果效果看起来过于强烈，你可以降低调整图层的不透明度，或者将画笔的不透明度和流量调低，从而轻松掌握构建效果的速度。

图 9.27 展示了模特在相机中的左眼的放大视图，Dennis 对她眼周皮肤上那些分散注意力的高光进行了变暗处理。

图 9.27 顶部图像展示了眼睛在进行加深处理之前的放大视图，中间图像的红色区域显示了图像的哪些区域经过了加深处理，底部图像是应用了加深处理之后的效果

(9) 她的嘴巴左边比起右边稍微向上倾斜，所以让我们将嘴的两边进行平衡处理。在"图层"面板中，按 Option/Alt 键同时选择"图层"|"合并可见图层"命令将它们合并为一个新图层 (这个图层是暂时的，所以不必烦恼用什么命名它)。

(10) 使用"矩形选框"工具对嘴部周围的区域进行选择。请确保包含了嘴唇附近的宽裕区域，这样将我们编辑的部分和原图像融合就会变得更容易。在选区激活的状态下，按 Cmd+J/Ctrl+J 键将选区复制到新图层。将这个图层命名为"嘴巴"，然后选择"图层"|"智能对象"|"转换为智能对象"(这样做可以使编辑任何扭曲或变形的结果变得更容易)。我们使用合并的图层来完成这个操作，所以你可以删除它来减少文件的大小。

(11) 选择"编辑"|"变换"|"扭曲"命令，然后稍微将她左边嘴角向下拖动将其调整直，如图 9.28 所示。按键盘上的 Enter 键来接受结果。

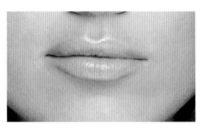

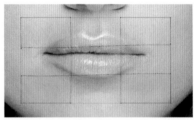

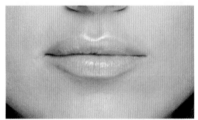

图 9.28 使用"扭曲"命令将左边嘴角向下推动一点

请确保扭曲的图层边缘是不可见的状态，在"嘴巴"图层上添加一个图层蒙版，然后使用"画笔"工具在模特的嘴周用黑色绘制，让图层和图像剩下的部分融合得更自然。

(12) 要调整她左眼的尺寸，按 Option/Alt 键同时选择"图层"|"合并可见图层"命令将所有图层合并为一个新图层。

(13) 使用"矩形选框"工具在左眼周围进行选择。请确保包含了眼部周围的足够区域，这样能够使编辑的部分和图像中剩下的部分融合起来更容易。在选区激活的状态下，按 Cmd+J/Ctrl+J 键将选区复制到新图层。将图层命名为"相机中的左眼"然后选择"图层"|"智能对象"|"转换为智能对象"。

(14) 选择"滤镜"|"液化"命令打开"液化"滤镜。然后选择"向前弯曲"工具然后将画笔设置为和她的瞳孔相同的尺寸。小心地向上微调她的眼睛到睁开到刚好的程度，让它和右眼相平衡，如图 9.29 所示。

(15) 如果在调整后，瞳孔看起来有点被拉长，这个问题很容易就可以解决。选择你在之前步骤完成的

合并图层，然后使用"矩形选框"工具在她的右眼上建立选区。然后按 Cmd+J/Ctrl+J 键将这部分复制到新图层，将图层命名为"相机中的右瞳孔"，然后在"图层"面板中将其移动到"相机中的左眼"图层的上方。

(16) 选择"移动"工具，然后将"相机中的右瞳孔"图层拖动到左眼的位置上。因为在这张照片中她基本是正对着相机的，新的瞳孔应该完全能对应上拉长的那个。然后在"相机中的右瞳孔"图层上添加一个图层蒙版，使用"画笔"工具小心地在图层蒙版上绘制白色，显现出拉长过的瞳孔需要被隐藏的最小面积 (图 9.30)。

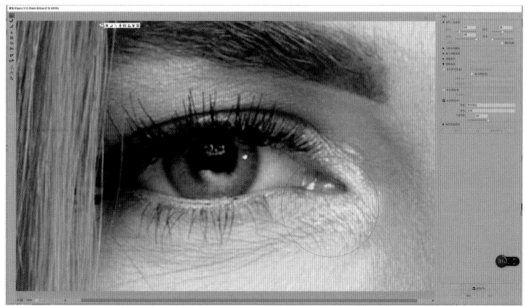

图 9.29 使用"液化"滤镜让左眼睁开一点，提升眼睛的对称度

➕提示 暂时降低"相机中的右瞳孔"图层的不透明度，所以下方的"相机中的左眼"图层就会显现出来。这有助于对齐双眼，当你处理好时，将不透明度的值调回100%。

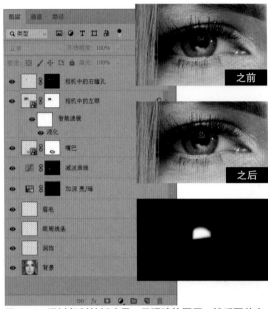

图 9.30　通过复制并新建另一只眼睛的图层，然后覆盖它，和新图层融合在一起，来解决眼睛偏离的问题

9.6　高低频分离法

在过去几年中，高低频分离法成为最新的"令人惊叹的技术"，特别是在所有的皮肤润饰中寻求答案时。这确实是一项强大的技术，但要像手术刀（而不是武士刀）一样使用它。

如果正确地使用，它就会是一个解决问题的高效工具，否则问题可能会更麻烦，或是花上更多时间。但是就像其他强大工具一样，可能也会导致过度使用而留下的不自然的面部效果，和其他的质感别扭地连接在一起，大多数高端客户都不会感到满意（请在第8章的8.6节查看相关信息）。

高低频分离是一个让你将图像的颜色和色调细节分离出来的程序，这样就可以分开处理它们。你可以从相同的两个图层开始处理，其中的一个应用"模糊"处理，另一个很像是应用了"高反差保留"滤镜。

在设置为正确的混合模式后，第二个图层提供了图像中的几乎所有细节。在建立第二个图层时，你会用到"应用图像"命令（在"图像"菜单中），从模糊图层中提取非模糊图层。我们的工作目标是得到一个几乎是中性灰色的图层，但其中包含第一张模糊图像

中丢失的图像信息。这会很实用，因为如果我们将图层混合模式设置为"线性光"，灰色区域会变为不可见，但细节信息会被存储。

将模糊后的图层放在细节图层之下（混合模式设置为"线性光"）结果看起来非常像创建这些图层之前的效果。这里的优点在于通过从细节信息中分离颜色和色调信息，我们可以解决很多除此方法之外很难解决的问题，接下来你就会看到。

模糊后的图层包含色调和颜色信息，通常被称为"低频"图层。而其他图层包含所有精致细节，通常被称为"高频"图层。使用这两个层可以让你提亮阴影并将色调带回到高光区域，而不影响细节。同样可以让你快速润饰线条以及在缺少之处添加皮肤质感。

➕提示 仅在其他方法太过麻烦或耗时的时候使用这个技术。如果你的目标是创建高端商业或书籍编辑用图，永远不要用这个技术替代基本的润饰和减淡加深技术。

用来创建这些图层的程序既简单，又属于高级技术型，这就解释了为什么很多 Photoshop 动作可以简化进程，自动为你完成步骤。一旦你熟练掌握了创建这两个图层使用的技术，它就会成为你的本能，让你对最后的结果的全局状况控制得更加得心应手。

在图 9.31 中，对象前额的高光和他的鼻尖有些抢眼。让这些区域变暗的同时保持原有的细节通常会很有挑战，通过频繁地分离会让处理变得更轻松。

同时，他眼部下方的暗部和线条可以使用通常的手段进行润饰和减淡处理，但是你要冒着丢失皮肤纹理的风险。高低频分离可以在这里帮上忙，如图 9.32 所示。

9.6.1　创建"高低频分离"图层

(1) 在开始高低频分离法的进程之前，请完成所有你能做的基本润饰。会让本技术更像一把锋利的手术刀，而不是笨重的锤子。

(2) 打开"图层"面板，然后选择目前你创建的所有图层。按 Option/Alt 键同时选择"图层"|"合并可见图层"命令将所有图层合并为一个新图层。通过按 Cmd+J/Ctrl+J 键复制这个图层。将第一个图层命名为"低"，第二个为"高"。请确保在"图层"面板中，"高"图层紧邻"低"图层的上方。

(3) 在"图层"面板中同时选中"高"和"低"图层，然后通过选择"图层"|"图层组"命令将其放到一个组中。将该图层组命名为"高低频分离"。

图 9.31 原始图像

图 9.32 完善后的图像

(4) 在"图层"面板中选择"低"图层，然后通过选择"滤镜"|"模糊"|"高斯模糊"命令在图层上应用"高斯模糊"滤镜。模糊的数量由多个因素决定，最重要的一个就是你要决定失去多少皮肤细节。其他因素 (如图像的分辨率) 也会影响模糊所需的数量。

Dennis 选择为"高斯模糊"滤镜添加三个像素，如图 9.33 所示。你需要添加的数量可能会有所不同，取决于你正在处理的图像的分辨率。

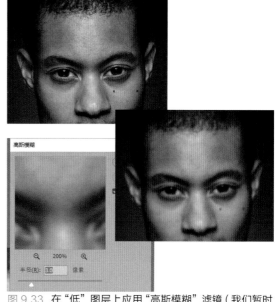

图 9.33 在"低"图层上应用"高斯模糊"滤镜 (我们暂时关闭"高"图层的可见功能)

(5) 接下来是充满趣味的部分：创建细节图层。在"图层"面板中选择"高"图层然后选择"图像"|"应用图像"。这会打开如图 9.34 所示的对话框 (如果你的对话框中的选项和这里展示的不完全匹配，也不必担心)。

图 9.34 "应用图像"命令可用来创建"高低频分离"技术中的细节图层

(6) 在"应用图像"对话框中，你正在处理的文件在"源"菜单下应该是默认选择的状态。接下来在"图层"面板中选择"低"，数据测量会基于这个图层进行。"通道"菜单应该保留 RGB 设置，以确保我们使用了模糊后的"低"图层中的全部信息。在"混合"菜单中选择"减去",将"不透明度"设置为100%。

"缩放"数值限制在1~2之间。在此处请设置为2(小于2的数值对于正确运行高低频分离图层来说会太过强烈)。因为我们的目标是处理基本上是灰色,但保留了在模糊环节中丢失的细节的图层。将"补偿值"设置为128,或中性灰色,然后单击"确定"按钮,最后效果如图9.35所示。

图9.35 在"减去"操作之前和之后的"高"图层

(7) 通过将"高"图层的混合模式设置为"线性光"来完成程序中的这一部分。如果已经正确处理了这些图层,那么在"图层"面板中打开或关闭"高低频分离"图层组时,应该看不到任何差异。

9.6.2 使用"高低频分离"图层进行处理

在图像分离为"低"和"高"频两个部分时,请花些时间来分开检查每个图层。很多用户对图像的模糊外观感到熟悉,而没有很多人能够辨认出高频图层的外观,看起来很像,但不太一样,最后的结果可以从"高反差保留"滤镜中得到。

"线性光"混合模式就像"正片叠底"和"柔光"混合模式一样会影响到下方图层的对比度。上方图层亮度高于50%灰色的部分会让图像变亮,比50%灰色暗的部分会让更低的图层变暗。"线性光"混合模式比"正片叠底"混合模式的效果更强烈,当它用于结合"高"图层和模糊后的图层时,它会添加恰好数量的细节,复制原始图像的外观。

现在边界的色调和颜色从图像的细节和质感中分离出来了,很多处理就变得容易多了。例如,你可以轻松通过在"低"和"高"图层之间添加一个图层的方式降低目标前额上过亮的区域,你可以在上面绘制一点颜色。这样可以保证那些区域中的质感全部不会受到影响。添加更多图层来处理阴影、颜色斑点等问题。请记住Dennis的话,针对你需要处理的不同问题分别使用不同图层。

同样,你可在"高"图层上使用"修复"或"仿制"这样的润饰技术,来简单地添加或移除细节,而不影响图像的颜色或色调。

9.6.3 使用"高低频分离"技术处理皮肤

首先是一句警告:使用这个技术很容易处理过火!在使用它的时候,请将两条法则铭记于心:细微的改变会有更好、更自然的结果,不要在低频图层中添加更多模糊效果。最后的一条最常导致图像留下不自然的外观。

(1) 在"图层"面板中选择"低"图层,然后添加一个新图层,命名为"减弱高光",我们会用它来解决对象前额和鼻子上的过亮的高光问题。

(2) 选择"画笔"工具,然后将不透明度和流量都设置到大约30%。这样就可以逐渐在图层上绘制,在与面部剩余部分融合时会更自然。按Option/Alt键然后在你要处理的区域附近的皮肤颜色上进行取样。调整画笔尺寸,让它恰好覆盖在你要调低色调的区域上。针对这个图像中的前额部分,Dennis使用了140像素的画笔,如图9.36所示。柔和地在包含过亮高光的前额上绘制颜色,将足够的色调添加回图像,同时保持前额的形状。

图9.36 Dennis使用了140像素的画笔将一些色调添加到包含过亮高光的前额上

(3) 要处理他鼻尖上的高光,请让画笔小一些(Dennis使用了40像素的画笔),柔和地绘制一些色调,将高光减弱一些。如果在这些区域绘制色调之后,你感觉处理得有些过火,请调整图层的不透明度来减弱效果。图9.37展示了在经过高光减弱处理之后的前额和鼻子区域。

(4) 在"减弱高光"图层上方添加一个新图层,然后命名为"眼部下方"。你将使用这个图层提亮他眼部下方的暗部区域,除了这种情况,我们会对更亮的颜色进行取样来进行绘制,其他与步骤1中的方法差不多相同。

图 9.38 **为提亮眼部下方使用分开的图层，这样就可以调整效果的强度**

(7) 在"图层"面板中选择"高"图层，然后按 Cmd+J/Ctrl+J 将进行复制，通过按 Cmd+Option+G/Ctrl+Alt+G 键将这个图层作为原始"高"图层的蒙版剪切，将混合模式设置为"正常"。在对他的眼部下方的色调进行了很好的调整后，我们还需要对那个区域中的线条进行处理。

(8) 选择"修复画笔"工具，然后将取样模式设置为"当前图层"，将画笔尺寸设置为刚好覆盖住线条，大约 10 像素。然后按 Option/Alt 键单击他的脸颊，对质感部分进行取样，然后在线条上绘制几次来消除它们。请根据需要重置取样区域，以避免意外取样到痣或者其他不想要的纹理。

(9) 最后将这个图层的不透明度降低到大约 50%将足够的线条带回图像中，来保持自然的外观效果。大多数情况下这些线条只需要被最小化，如图 9.39 所示，不要完全消除。

9.6.4 使用"高低频分离"抚平皱纹

通常这是一个非常有效的皮肤润饰技术，在遇到像抚平衣服皱纹这样的项目时，"高低频分离"是非常强大的工具。其他抚平皱纹的方法包括"减淡"和"加深"，或使用"修复画笔"大量处理，但正确地使用"高低频分离"可在短时间内创造奇迹。

抚平衣服和布料上的皱纹是润图师经常面临的问题。在图 9.40 和图 9.41 中你可以看到暗色的贴腿长裤上的皱纹已经被"高低频分离"方法抚平了。其步骤和刚才使用的十分相似。

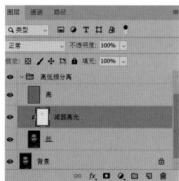

图 9.37 **通过在"低"图层上方的新图层上绘制，来减弱前额和鼻尖上的高光**

(5) 选择"画笔"工具，然后调整画笔尺寸，这样就可以使用一到两个笔触轻松包含眼部下方的区域（在本案例中大约 30 像素）。按 Option/Alt 键然后在他眼睛下方的暗部之下的脸颊上，对稍亮的颜色进行取样。将画笔设置为较低不透明度（30%~40%），使用较亮的颜色在他的眼部下方绘制。请注意融合绘制的部分，避免面部的改变过于明显。

(6) 最后，细微地进行处理来完成自然的外观效果，降低"眼部下方"图层的不透明度，直到足够的原图色调和颜色返回到图像中，让这个区域看起来足够自然。针对这个图层，Dennis 使用了 30% 的不透明度，你可在图 9.38 中看到最后的效果。

图 9.39　要减弱他眼部下方的线条，在"高"图层的副本上使用"修复画笔"然后根据需要降低图层的不透明度

图 9.40　长裤上有皱纹

图 9.41　抚平了皱纹

(1) 在"图层"面板中选择"背景"图层，然后按两次 Cmd+J/Ctrl+J 键。将第一个副本命名为"低"，第二个命名为"高"(图 9.42)。同时选中这些图层，然后按 Cmd+G/Ctrl+G 键将它们放进一个图层组中。将这个图层组命名为"高低频分离"。

图 9.42 创建两个"背景"图层的副本，然后将它们放进一个图层组

(2) 选择"低"图层，然后为其添加足够的高斯模糊，以消除贴腿长裤上的较锐利的皱纹。在本案例中 Dennis 将"半径"设置为 4.0 像素，如图 9.43 所示。

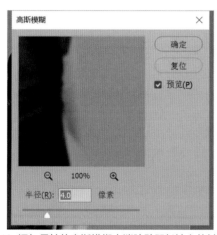

图 9.43 添加足够的高斯模糊来消除贴腿长裤上的皱纹

(3) 现在选择"高"图层，然后选择"图像"|"应用图像"。在"图层"菜单中选择"低"图层，在"混合"菜单中选择"减去"，最后，将"缩放"设置为 2，"补偿值"设置为 128，如图 9.44 所示，单击"确定"按钮。

"高"图层现在看起来应如图 9.45 所示。将这个图层的混合模式设置为"线性光"，然后打开"高低频分离"图层组，再关闭。如果图层创建的方式是正确的，在你关闭和打开时应该看不到差别。

图 9.44 使用"应用图像"命令从"高"图层中抽出"低"图层

图 9.45 "高"图层将保留图像中的所有精细细节

(4) 选择"低"图层，然后添加一个新图层。将这个图层命名为"抚平皱纹"。可使用"画笔"工具在这个图层上进行绘制，移除主要的皱纹。暂时关闭"高"图层(有助于看清当前的操作)，请确保选中了"抚平皱纹"图层。

(5) 选择"画笔"工具，然后将画笔的不透明度设置为相关的较低数值，Dennis 喜欢的数值在 30%~40% 之间。这能让绘制融合得更微妙，而不是彻底改变图像。放大到足够靠近的程度观察皱纹，然后按 Option/Alt 键单击在皱纹的上方或下方的颜色进行取样。轻柔地用几条笔触将这个颜色绘制在模糊的皱纹上，直到和周围区域很好地融合在一起。继续用这个方法处理衣服，直到抚平了衣服上的皱纹，如图 9.46 所示。

图 9.47 在皱纹的模糊部分被抚平后，皱纹现在看起来更锐利了

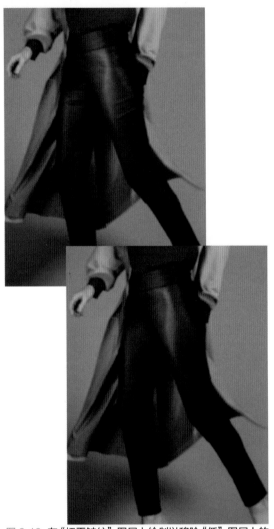

图 9.46 在"抚平皱纹"图层上绘制以移除"低"图层上的皱纹

打开"高"图层，你会看到现在在图像中出现了锐利的皱纹，如图 9.47 所示。这是因为皱纹中较为锐利部分的细节信息存于"高"图层中。在下一步中，我们也会抚平这些皱纹。

(6) 选择"高"图层，然后按 Cmd+J/Ctrl+J 键制作一个副本。通过按 Cmd+Option+G/Ctrl+Alt+G 创建从这个"高"图层的副本到原始图像的剪贴蒙版，然后将混合模式设置为"正常"（在"高"图层的副本

(7) 关闭除了"高"图层和其副本之外的所有图层，这样可以更清楚地看到需要被润饰的皱纹。然后在"高"的副本图层被选中的情况下，选择"修复画笔"工具，按 Option/Alt 键单击一条皱纹的相邻区域，然后小心地将皱纹融入环境里。

请多次切换每个图层检查你的工作进程。当你对高效处理的抚平皱纹操作感到满意时，切换"高低频分离"图层组的开关状态，来检查工作成果。

因为随时都能完美抚平衣服上的皱纹不像是真实世界的情况，所以以下面重建一些原始的皱纹，这能让图像看起来更自然。在这个案例中，将"高低频分离"图层组的不透明度降到大约80%，现在看起来棒极了，如图 9.48 所示。

(8) 皱纹被抚平后，她腿部和髋部附近的小起伏变得有些突出。在"高低频分离"图层组的上方添加一个新图层，命名为"减弱起伏"。然后使用"仿制图章"工具，小心地对突出的小起伏进行润饰。你处理的最后结果应该看起来如图 9.49 所示。

图 9.48 降低"高低频分离"图层组的不透明度来实现更自然的外观效果

图 9.49 做了平滑处理的贴腿长裤的靠近视图

9.7 增强光线

精修图像的最后步骤之一就是通过调整高光和暗部的外观,为图像添加一点戏剧性效果。在完成润饰、皮肤处理、颜色校正后,通过几个快速步骤来增强光线可以让图像变得更精彩。

在照片中的处理如图 9.50 和图 9.51 所示,这通常涉及为面部高光区域添加一点微妙的发光效果、为头发添加一点对比度。通常,头发的高光和阴影部分也会被调整一点。

添加一点发光效果

可通过多种方法为图像添加一点发光效果,但最常用的技术涉及对其中的一个通道的副本进行操作,通常是蓝色通道,以强调亮暗色调的分布。用来在新图层上创建选区的通道被白色填充。新图层的混合模式设置为"柔光"。让我们仔细看看该操作是如何完成的。

图 9.52 展示了这个金发女人的照片的红色、绿色和蓝色通道。让我们单独看看脸部的高光区域,脸部阴影最多的通道通常是最适合集中注意力的地方。大多数图像中会是蓝色通道,和此处一样。

(1) 打开"通道"面板,将蓝色通道拖到面板底部的"创建新通道"图标上,创建蓝色通道的副本 (图 9.53) (这种复制通道的技术通常称为"拉通道")。

之前

图 9.50 原始图像

图 9.52 查看红色、绿色和蓝色通道，看看哪个通道拥有皮肤区域的最多阴影

图 9.53 从复制蓝色通道开始

之后

图 9.51 增强光线后的效果

(2) 选择蓝色通道的副本，然后选择"图像"|"调整"|"曲线"。因为你的目标是将这个通道中的高光区域独立出来，因此可以使用"曲线"命令进行快速调整，夸张处理高光和暗部区域。

(3) 在"曲线"对话框中，将曲线上的黑色点拖动到底部边缘上大约左起三分之一的距离处，将更多的暗部数值更改为黑色 (图 9.54)。

(4) 回到"图层"面板，添加一个新图层，命名为"发光"。将混合模式设置为"柔光"。然后按 Cmd/Ctrl 键单击蓝色通道的副本，将其作为选区读取 (通道上的较亮部分会决定选中的区域)。请确保在"图层"面板中选中"发光"图层，选区被填充为白色。

图 9.54 使用"曲线"对话框让蓝色通道副本中的暗部数值降低，并将高光区域独立出来

(5) 对选区取消选择，然后选择"图层"|"图层蒙版"|"隐藏全部"，添加一个图层蒙版。因为我们希望效果只作用在她的面部，所以使用"画笔"工具在你想要显现发光效果的脸部区域上用白色进行绘制。完成这个步骤时，请确保画笔的不透明度和流量被设置为100%。请记住不要让发光处理影响到她的眼睛，这样她的眼白部分就不会过亮。

接下来，因为效果可能太过强烈，所以将图层的不透明度下调至大约60%。在你为她的面部添加发光效果后，效果应该类似于图 9.55。

图 9.55 在面部添加柔光效果之后的效果

9.7.1 为头发添加光线

关于增强光线的下一步就是"润饰"她头发上的高光。通过类似于为她的面部添加发光效果而使用的技术，做一些小的变动，就可以轻松实现这一点。在本案例中，将寻找那个可以提供最便于将头发高光独立出来的通道。她头发的颜色和色调会影响我们所选择的通道，但是对于金发来说，通常是蓝色通道。

(1) 打开"通道"面板，选择蓝色通道，然后选择"图像"|"调整"|"曲线"，打开"曲线"对话框。我们的目标是让头发的阴影区域变暗，同时不要让高光变暗太多，所以将"曲线"对话框中的黑色点向右拖动，如图 9.56 所示。请注意，此时对黑色点移动的程度没有在"添加发光效果"部分那样多。

图 9.56 使蓝色通道变暗一点，这样可以带出一些她金发中的高光

(2) 按 Cmd/Ctrl 键单击蓝色通道副本的2 通道，将其作为选区读取。添加一个新的"曲线"调整图层，将这个图层命名为"她头发上的高光"，将混合模式设置为"滤色"。

她头发中的高光通过这个图层被提亮了，但是效果显现在整个图像中，所以我们需要添加另一个蒙版，将效果限制在她的头发上。

(3) 选择"她头发上的高光"，选择"图层"|"图层组"。然后单击"图层"面板底部的图层蒙版图标，为这个图层组添加蒙版。通过按 Cmd+I/Ctrl+I 键反转图层蒙版。选择"画笔"工具，并将前景色设置为白色。在她头发上你想要让提亮效果显现的部分对应的图层蒙版上进行绘制，如图 9.57 所示。

图 9.57 将"她头发上的高光"放在图层组中，以控制显现效果的区域

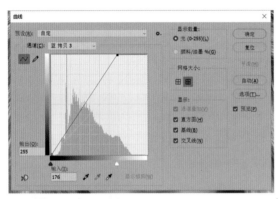

图 9.58 将白色点向左拖动，迫使蓝色通道副本中的较亮数值转换为白色，然后反转该通道

9.7.2 为暗部添加一点对比度

让图像变得精彩的最后一步，就是通过稍微降低暗部亮度一点，来添加一点戏剧感的润饰效果。正如在整个程序中的其他步骤一样，我们在蓝色通道副本上完成这个处理。此处的不同点在于，不使用通道独立高光区域，而使用这个副本独立图像中的暗部。

(1) 再制作一个蓝色通道的副本，然后选择"图像"|"调整"|"曲线"，打开"曲线"对话框，将曲线

的白色点拖动到顶部上方距离右侧大约三分之一处，迫使通道中更多的较亮色调成为白色，如图 9.58 所示。由于我们希望将此效果保留在高光区之外，请按 Cmd+I/ Ctrl+I 键将通道反转。

(2)Cmd/Ctrl 键单击"通道"面板中的反转通道，然后选择"图层"|"新建调整图层"|"曲线"。将该调整图层命名为"增强光线曲线"，然后将混合模式设置为"柔光"。在这个案例中，"柔光"混合模式为实现效果发挥了作用，所以没必要对曲线本身进行任何调整。请确保将这个图层拖动到你在之前步骤创建的图层组上，这样你的图层组蒙版就不会影响到这个图层。

(3) 因为效果有些过火，所以将图层的不透明度调至 40% 来减弱强度。最后的图像如图 9.59 所示。

图 9.59 加深一点暗部为图像添加了最后一点润饰

9.8 结语

美容润饰建立在润饰肖像时所开发的技能之上，但更需要注重细节，平衡图像各部分的颜色和色调，同时保持皮肤的真实质感。因此，尽管这些技术与我们在第 8 章中介绍的技术非常相似，但它们的应用程序是以更谨慎的方式完成的。我们的最终目标是制作一个完美而真实的无瑕图像。

第10章

产品、食品和建筑润饰

美丽的图像中包含种类数量广泛的对象。在最后两章中，我们讨论了美容，因为它适用于人物图像。我们将介绍三种不同的图像：产品、食品和建筑。

这些类型中的每一个不仅涉及优质的摄影，还涉及大量的润饰处理。我们将介绍用于润饰这些图像的一些典型技术。

就像拍摄人物一样，在这些图像中的润饰都是关于照明和细节的。许多技术类似于前面章节中介绍的内容——它们只是适用于不同的主题。

在本章中，你将学习以下主题：

- 在产品周围创建剪切路径
- 移除和替换产品上的标签
- 为产品创建阴影
- 使食品摄影令人垂涎欲滴
- 移除房地产照片中不需要的对象
- 结合建筑照片中的曝光以平衡窗户和室内

10.1 产品润饰

产品摄影与美容和时尚摄影类似。首先要尽可能地让对象看起来洁净、充满趣味，以达到促进销售的效果。润饰产品的对象范围可轻松占用一本书的篇幅，但是产品润图师最常面临的任务之一就是剥离产品(制作剪切路径)，清理它并替换标签。

除了我们在早些的章节中讨论过的工具和技术，产品润饰频繁而大量地使用了"钢笔"工具。一般情况下，"钢笔"工具用来沿着产品绘制路径，然后可以制作一个洁净的蒙版，"剥离"出产品，然后重新定义任何需要被选择性地清理或提升的部分。

下面用一个简单的瓶子图像来看看如何解决这些挑战(图 10.1)。

"钢笔"工具的威力

对于本书，我们假设你已经熟悉了"钢笔"工具。如果想了解更多关于这个强大工具的功能以及如何使用它们的信息，可以参阅 Katrin 撰写的 *Photoshop Masking & Compositing* 第 12 章中的 Pen Tool Power 部分。你可通过打开 Web 浏览器并转到 www.peachpit.com/store/photoshop-masking-compositing-9780321701008 来轻松下载本章的副本。

要访问正确的章节，请执行以下步骤：

(1) 单击"示例内容"选项卡，大约在页面的中间位置。

(2) 单击"第 12 章"(有一个微弱的高亮显示它是一个链接)，打开书籍的"文件列表"页面。

(3) 在"文件列表"页面上，单击 Pentool Webfiles.zip 和 PSMaskingCompositing_Pentool.pdf。

在这次拍摄中所做的工作包括：将瓶子的图像首先剥离出来，将其放在新背景上，然后用两个新标签替换旧标签。此外，盖子需要替换为不能看到标签的盖子，并且需要对颜色和光线进行增强处理，以使照片更精彩(图 10.2)。

📥 ch10_bottle.jpg
ch10_bottle top.jpg
ch10_bottle_background.jpg
ch10_KEP-labels.psd

在开始工作之前，先花一些时间考虑需要完成这些任务应该使用的策略。将瓶子"剥离"会用到蒙版，而且会使用几个图层来移除和替换标签，之后给瓶子

换一个新盖子。

图 10.1 简单的瓶子图像

图 10.2 处理后的效果

10.1.1 将瓶子放在新背景上

我们需要少量图层，可使用带有蒙版的图层组以及各种图层。通过在图层组上使用蒙版，只需要一个蒙版，就可以确保我们在瓶子上所做的处理仅影响瓶子本身。

(1) 在 Photoshop 中打开 ch10_bottle.jpg。由于我们已经决定使用图层组，因此先将"背景"图层转换

为常规图层并将其放在图层组中。

(2) 双击"图层"面板中的"背景"图层。打开"新建图层"对话框后，将此图层命名为"瓶子"。选择"瓶子"图层后，按 Cmd+G/Ctrl+G 键将其置于图层组中。将此组命名为"瓶子组"。

(3) 现在我们继续制作瓶子的蒙版。选择"钢笔"工具并在瓶子周围绘制一条路径，如图 10.3 所示。完成路径的绘制后，转到"路径"面板，双击"工作路径"名称，然后将其重命名为"轮廓"。

图 10.3　**将瓶子放进自己的图层组中，然后使用"钢笔"工具沿着它绘制路径**

➕ **提示**　为每个路径指定一个描述性名称，以帮助你记住它的用途。对于使用大量路径的图像来说，这将特别方便。

(4) 在"路径"面板中选择轮廓路径后，打开"面板"菜单并选择"建立选区"。在"建立选区"对话框中，选择你想要为选区应用的羽化量（图 10.4）。理想的羽化量在很大程度上取决于图像的分辨率，图像越大，可能需要的羽化量就越大。这种情况下，1 像素的羽化半径应该可以正常运作。

图 10.4　**使用"建立选区"对话框将路径转换为选区**

(5) 转到"图层"面板并单击"添加图层蒙版"按钮，将选区转换为图层蒙版，如图 10.5 所示。

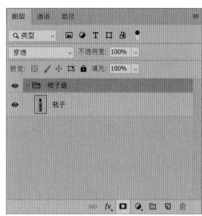

图 10.5　**将选区转换为图层蒙版**

一旦制作了"瓶子组"的蒙版，就需要检查边缘以确保蒙版"恰到好处"。Dennis 发现，最好的方法之一就是在图层后面加上一层明亮对比色的图层，以便更容易看到可能需要解决的任何缝隙或需要被处理的蒙版的部分。

(6) 选择"图层"|"新建图层"，命名新图层为"蒙版测试"，然后单击"确定"按钮。

(7) 将前景色设置为红色，然后按 Option+Delete/Alt+ 空格键，使用前景色填充"蒙版测试"图层。转到"图层"面板并将"蒙版测试"图层拉到"瓶子组"的下方，这样就可以看到瓶子位于红色的上方。

现在在瓶子后面有一个强烈对比的颜色，通过放大以及平移瓶子，查看可能属于原始背景的任何部分，来检查蒙版的准确度。使用图层蒙版上的"画笔"工具校正图层蒙版中的任何错误。当确定图层蒙版正常运作时，通过将"蒙版测试"图层拖到"图层"面板底部的垃圾桶图标上来删除它。

(8) 在瓶子很好地使用了蒙版后，就可以将其拖动到背景中为这张照片所用。打开文件 ch10_bottle_background.jpg，然后在"图层"面板中选择"背景"图层。按住 Shift 键，同时将"背景"图层从瓶子背景图像拖到瓶子窗口的选项卡上。确保新的"背景"图层位于"图层"面板中的"瓶子组"下方，并将其命名为"背景"。

⭐ **注意**　将图层从一个图像拖动到另一个图像时按 Shift 键，可确保复制的图层处于目标图像的居中位置。

(9) 在移除瓶子上的旧标签之前，请确保瓶子干净整洁。创建一个新图层，将其命名为"润饰"，并确保在"图层"面板中选择它时按 Cmd+Option+G/

Ctrl+Alt+G 键,将其剪切到"瓶子"图层。

然后使用"污点修复画笔"工具"修复画笔"工具和"仿制图章"工具放大和润饰任何不应出现在漂亮、干净瓶子上的杂散斑点。

10.1.2 替换标签

清理瓶子后,我们将使用"瓶子"和"润饰"图层的合并副本,它将为我们移除旧标签提供一种简单的方法。

(1) 在"图层"面板中选择两个图层,然后按 Cmd+Option+E/Ctrl+Alt+E 键将它们合并为副本。默认情况下,此图层将被命名为"润饰"(合并),因为这只是一个临时图层,所以不需要重命名它。

(2) 确保在"图层"面板中选择了"润饰"(合并)图层,然后使用"矩形选框"工具绘制一个选区,覆盖标签上部和下部之间的空白区域,如图 10.6 所示。

图 10.6 使用"矩形选框"工具选择标签的上部和下部之间的区域

(3) 在选区激活的状态下,通过按 Cmd+J/Ctrl+J 键复制这部分的合并图层到一个新图层。将这个新图层命名为"丢失标签",并通过选择"图层"|"智能对象"|"转换为智能对象"将其转换为智能对象,一旦这步完成,就可以丢弃"润饰"(合并)图层,让你的图层堆栈更高效。

(4) 选择"编辑"|"自由变换"来拉长"丢失标签",使其覆盖全部旧图标,如图 10.7 所示。比所需长度再拉长一点有助于隐藏这个拉长图层的边界,这样可以与瓶子融合得更好。

(5) 为这个图层添加一个图层蒙版,然后使用"画笔"工具在这个图层蒙版上绘制黑色,将这个图层和瓶子的剩余部分融合。

因为我们拉长了这个图层,所以需要放大来观察效果。在这个案例中,可使用"高斯模糊"滤镜来解决问题。因为"丢失标签"图层是智能对象,所以如果在之后需要对模糊进行改动,那么对这个滤镜进行的模糊处理就可以轻松被调整。

图 10.7 拉长"丢失标签"图层,隐藏旧图标

(6) 选择"滤镜"|"模糊"|"高斯模糊";然后使用足够的"模糊"来隐藏拉长的像素。图 10.8 中展示了在本案例中 4.0 像素这个数量比较合适。

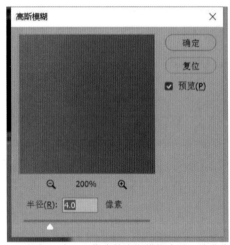

图 10.8 添加一个 4.0 像素的高斯模糊有助于隐藏像素拉长后的外观

因为瓶子上的灯光略微靠向底部,所以拉伸的"丢失标签"图层的上部明显比瓶子的上部更暗,因此我们需要将其变亮以使其更好地匹配。

(7) 在"图层"面板中选择"丢失标签"图层后,通过选择"图层"|"新建调整图层"|"曲线"来添加"曲线"调整图层。将此图层命名为"提亮盖子曲线",然后选用之前的蒙版创建剪切蒙版,以使此"曲线"调

整图层仅影响"丢失标签"图层。在 RGB 主曲线的中间附近添加一个点，然后向上拉，使"丢失标签"图层的上半部分与瓶子上部的密度相匹配。图 10.9 显示我们不需要拉得太多。

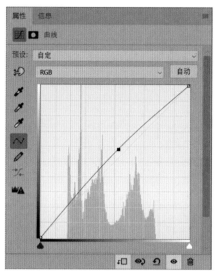

图 10.9　使用"曲线"调整图层提亮"丢失标签"的上部，使其与瓶子上部的密度相匹配

(8) 为这个图层选择图层蒙版，并通过按 Cmd+I/Ctrl+I 键将其反转来隐藏它。然后使用"画笔"工具在图层蒙版上绘制白色，使用一个大尺寸的画笔，800 像素左右，来显现图层上部的提亮效果，使其与瓶子的剩余部分融合得更好。

10.1.3　替换瓶子盖子

(1) 在添加新标签前，需要替代瓶子的黑色盖子。打开文件 Ch10_Bottle Top.jpg。在"图层"面板中选择"瓶子盖"中的"背景"图层，然后按 Shift 键，同时将这个图层拖到瓶子图像的上方。将这个图层命名为"盖子"。

(2) 请确保"盖子"图层在"瓶子"图层组中的堆栈顶端。这会确保我们覆盖了旧瓶盖。当安排一个图层的位置时，它应该能帮助我们看清所有需要排列的图层。而现在，按 Shift 键单击"瓶子"图层组的蒙版来关闭它。

(3) 选择"瓶子"图层，然后将混合模式设置为"差值"。之后使用"移动"工具，并用箭头键将它轻移到合适位置，如图 10.10 所示。

(4) 将盖子放置在正确位置后，将混合模式切回为"正常"，然后重新在"瓶子"图层组上打开图层蒙版。现在需要为新的瓶盖制作一个蒙版，而它只覆盖旧瓶盖，而不是处理完毕的瓶子。使用"钢笔"工具沿新瓶盖绘制一条路径。从路径创建选区，然后将选区转换为"盖子"图层的图层蒙版。

图 10.10　左边的图像显示了瓶盖的位置有些偏移，而右边的显示瓶盖在正确的位置上

(5) 要清理新瓶盖，创建另一个图层并将其命名为"润饰"。将其剪切到"瓶盖"图层，然后使用"污点修复画笔"工具和"仿制图章"工具来清理新瓶盖。

10.1.4　添加新标签

(1) 打开文件 ch10_KEP-labels.psd，你会看到两个图层，每个都包含不同的标签。考虑到这两个标签都需要按照瓶子的形状进行变形，并放在同样的位置上，我们可通过同时调整它们的位置来省下可观的工作量。通过将标签放在一个单独的智能对象中，每个标签放在不同的图层中，就可以提高效率。

(2) 请确保只有一个标签图层处于可见状态（所以我们一次只能看见一个），在"图层"面板中选中两者，然后选择"图层"|"智能对象"|"转换为智能对象"。将智能对象重命名为"标签"。

(3) 复制"标签"智能对象并将其粘贴到瓶子图像中。将其放置在瓶子的上方，然后选择"编辑"|"自由变换"来放大标签，使其和瓶子完美贴合。

(4) 下来，需要将标签变形，使其和瓶子的弧度相符，看起来真的像上面的一部分。选择"编辑"|"变换"|"变形"，然后在选项栏的"变形"菜单中选择"拱形"（图 10.11）（选择"拱形"能够提供一个标准的变形方式，而不是造成很多弯弯曲曲的痕迹，让标签看起来变形得很奇怪）。

默认的"拱形"变形曲线在标签上呈现错误的方向，但是调整"弯曲"值（也在选项栏中）可以校正这个问题。一个正的"弯曲"值（默认状态下就是正值）将标签向上变形。因为我们需要向下变形，贴合瓶子的形状，所以需要一个负值。

(5) 我们只需要一点细微的变形，所以数值 -8 会比较合理。

因为瓶子的透视问题，瓶子底部的弧度大于顶部，我们需要调整标签底边的变形程度，这样就可以更贴合瓶子的弧度。

(6) 再次打开"变形"菜单，然后选择"自定"来显现变形的控制点和模型。针对底部曲线的控制点位于第二和第三条垂直线的尾端。将两个控制点都向下轻移，让标签底部的曲线弧度更大一点 (图10.12)。当你对标签和瓶子的贴合程度感到满意时，按 Return/Enter 键应用变形结果。

在应用变形处理后，你的标签应该如图10.13 所示。

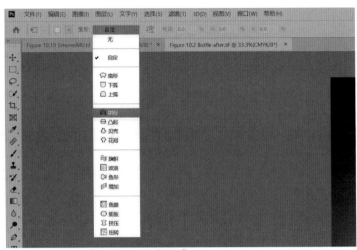

图 10.11 在"变形"菜单中选择"拱形"

图 10.12 拖动变形模型底部的控制点来提高靠近瓶子底部的弯曲程度

10.1.5 调整光线

最后一步就是让标签真的看起来像是瓶子上的一部分，所以标签上的光线要和瓶子上的光线相匹配。

正如我们讨论的那样，一点加深或减淡处理会让"对象"变暗或变亮，以模仿光线对其造成的影响。因为我们的标签是黑色的，我们不需要真的让它变暗。在这个案例中所需的是为标签添加一点高光，以匹配瓶子上垂直方向的高光。

图 10.13 在应用变形处理后，你的标签应该更好地和瓶子底部的线相贴合

(1) 添加一个新图层，命名为"提亮"，然后请确保将其剪切到"标签"图层。将它的混合模式设置为"叠加"。然后选择"画笔"工具，将尺寸调整到和瓶子左边的高光的宽度相匹配的程度，大约 300 像素。请确保前景色是白色，之后在瓶子高光对应的标签上绘制一个"光线"笔触。当光线被添加到标签上，看起来应该如图10.14。

现在需要为瓶子添加一点阴影，这样看起来像是真的放在背景中的"桌子"上。

图 10.14 在标签上添加一点高光

仔细看那些包含真实物体的照片，那些照片中的阴影部分能够帮助我们想象我们的阴影该是什么样子的。在这个案例中我们将创建一个相似的向下简单阴影。这些阴影通常包含两部分：一个柔和的从对象上散发出来的阴影，和一个标志着物体和桌子产生了联系的暗一些、重一些的影子。用两个图层来重建这种阴影会很容易，一个用来做柔和阴影，一个做重阴影。

(2) 按 Cmd/Ctrl 键单击"图层"面板中的"瓶子"组的"图层蒙版"图标来创建选区。然后选择"背景"图层，创建一个新图层，命名为"柔和阴影"，然后使用黑色填充。制作一个该图层的副本，命名为"重阴影"。在"图层"面板中将"重阴影"放在"柔和阴影"的图层上方，然后暂时关闭其可见功能。

(3) 选择"柔和阴影"图层并添加"高斯模糊"来模糊阴影。我们的目标是让它看起来精致柔和，所以使用的数值是 40 像素。然后选择"移动"工具通过按向下箭头键几次将阴影向下轻移。

(4) 在"图层"面板中选择"重阴影"图层，然后添加一个较小数量的"高斯模糊"，大约 10 像素。在"移动"工具选中的前提下，向下轻移一点，所以我们可以捕捉到足够部分的模糊边缘，让它看起来像真正的阴影。

查看结果后，我们看到阴影的强度需要被降低一点。通过降低一点图层的不透明度可以实现效果。

(5) 将"柔和阴影"图层的不透明度设置为 40%，"重阴影"图层的不透明度设置为 60%。

(6) 现在可以观察到阴影分布在瓶子的各个方向，

而不是仅在底部紧邻桌子的地方出现。要修正这个问题，在"图层"面板中同时选中两个阴影图层，然后通过按 Cmd+G/Ctrl+G 键将它们放进图层组。将这个图层组命名为"阴影"。

(7) 按 Option/Alt 键单击"图层"面板底部的"添加图层蒙版"图标为"阴影"图层组添加一个图层蒙版 (按住 Option/Alt 键将自动用黑色填充蒙版，隐藏阴影部分)。

(8) 通过选择 300 像素的画笔然后在瓶子底部的蒙版上用白色绘制使阴影部分显现出来，请确保影子在桌子上面而不是在瓶子周围出现。如果你的重阴影在瓶子的一侧出现得太多，添加一个图层蒙版到它的图层上，然后在蒙版上绘制黑色来隐藏不需要的部分。

此时图像看起来应和图 10.15 相似。

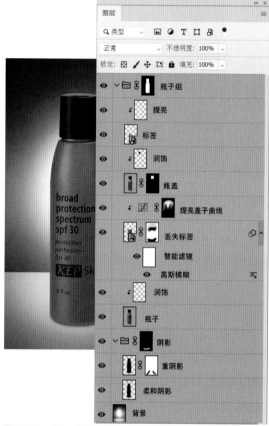

图 10.15 在一个图层组中使用两个图层，我们可以添加一个柔和阴影和一个重阴影，让它看起来就像瓶子真的放在桌子上

我们的瓶子看起来还是有点笨拙。可以通过提高瓶子的饱和度和对比度让图像更精彩。这可以通过添加两个调整图层轻松做到：一个"色相 / 饱和度"图层和一个"曲线"图层。

(9) 我们只希望对瓶子部分提升效果，所以在添加调整图层之前请确保选中"标签"图层上的"提亮"

图层。选择"图层"|"新建调整图层"|"色调饱和度"，然后将"饱和度"滑块调到 +20。

(10) 选择"图层"|"新建调整图层"|"曲线"。因为我们不希望这个图层影响饱和度，所以将混合模式设置为"明度"。然后在 RGB 曲线上设置两个控制点：一个在从底部向上升的四分之一处，这是阴影；另一个放在向上升的四分之三处，这是高光。将阴影点向下拉，高光点向上拉，如图 10.16 所示。

图 10.16 为将"曲线"调整图层的混合模式设置为"明度"的瓶子添加一点对比度

现在所有一切都看起来非常好，但是不知你是否还记得在我们的瓶子上需要两个不同的标签。请记住我们的"标签"智能对象是由两个图层构成的，每个标签都有一个。

(11) 在一个单独的智能对象中放置这些图层的好处在于，想切换图标时，所有需要做的就是双击"图标"智能对象。这会将智能对象作为分开的文件打开，包含两个图层："KEP 广谱"和"KEP 全强度"，如图 10.17 所示。到目前为止，可见图层是"KEP 广谱"。

图 10.17 "标签"智能对象包含两个图层，每个标签都有一个

(12) 关闭"KEP 广谱"的可视功能，打开"KEP 全强度"图层的可视功能。然后按 Cmd+S/Ctrl+S 键保存更改。这会自动更新智能对象，使用新标签替代瓶子上那个旧的。因为这些图层每一个都按照正确的方式排列了，当我们转换图标时，它们就会在瓶子上处于正确的位置上。图 10.18 展示了使用两个图标的瓶子的最终效果。

图 10.18 通过在"标签"智能对象中更改活跃图层切换图标

10.2 食品润饰

食品润饰可以成为一门学科。有一类润图师将他们全部的事业倾注在为食品添加看上去更诱人的润饰上。食品润饰的目标，正如美容和产品润饰一样，就

是让对象看起来尽可能优质。正如一位润图师 / 博主所说："你想要让你的观众感觉到饿!"

现在你可能猜到了,润饰这类照片会用到的技术和工作流程和我们在这本书中所见到的非常相似。最后的 Photoshop 文件的复杂程度根据我们所需处理的不同有非常大的差别,但通常会使用图层来清理飞散的小点,以及使用带有蒙版的调整图层来校正或增强颜色。额外的元素也许可以用来帮助遮盖一些内容,或者补充一些内容,让最后的结果成为杰作。

在第 9 章中,我们看到了和客户沟通的重要性。良好的沟通在这里一样重要,因为润图师可以在很多方向上进行处理,去深入了解摄影师或客户对目标的预想会有巨大的帮助。

摄影师 Teri Campbell 提供了一个非常好的例子,可以证明做好摄影师想要的标记能提供多大的帮助。图 10.19 展示了一个 Teri 发给 Dennis 的做好标记的照片,这些标记给了他关于 Teri 对于这张照片的预想的非常清晰的想法。

图 10.19 一个为润饰而做了标记的图像,由摄影师 Teri Campbell 完成

这张标记好的图像附的说明提到:"这个图像需要处理的最大问题就是在培根上添加红色。我也认为棉花糖夹心饼干上的全麦饼干有点太冷 / 乏味,特别是和背景中的那个对比的时候——我们可能需要添加一点温度和密度处理"。

客户要求的大部分处理都涉及色彩校正。难免总是存在需要清理的飞散小点或瑕疵。正如之前的示例,第一步是打开图像,放大,这样就可以 100% 查看图像,仔细查看它,然后自己做一些笔记,记下可能需要做什么。

例如,当放在灯光下时,巧克力往往会出现白色斑点。为使巧克力看起来尽可能令人满意,需要对这些斑点进行清理。无论何时有食物,一定会出现面包屑。某些情况下,就像这个照片一样,一些面包屑使

食物看起来很诱人,但是太多就会使桌子看起来看起来很乱。

润图师的大部分工作是在要留下的东西和要取出的东西之间取得平衡。在图 10.20 中,Dennis 已经圈出了许多需要润饰的斑点和杂散碎屑。根据图像最终要展示的大小,你可能会有进一步的打算。

图 10.20 红色圆圈表示需要清理斑点和杂散碎屑的位置

图 10.21 和图 10.22 展示了棉花糖夹心饼干在清理杂散碎屑和对一些颜色进行调整之前和之后的效果。

图 10.21 调整前的效果

图 10.22 调整后的效果

⬇ ch10_smores.jpg

(1) 在 Photoshop 中打开图像的状态下，创建一个新图层作为清理工作使用，将其命名为"润饰"。

(2) 选择"污点修复画笔"工具，请确保"内容识别"和"对所有图层取样"在选项栏中内是被选中的状态，正如我们在第 8 章中讨论的一样。放大到 100% 视图来观察你在图像上的处理，从左上角开始滚动查看画面比较合理，来润饰你不想要的污点和杂散碎屑。如果你在"污点修复画笔"工具中没有得到想要的结果，切换到"修复画笔"或者"仿制图章"工具。如果你要处理非常精微的细节，可放大观察。完成图像处理后，缩放回原样，这样你就可以看到图像的更多内容，以及是否存在突出的、分散注意力的其他内容。

(3) 现在我们继续处理，提升培根的效果。按 Q 键进入"快速蒙版"模式。选择"画笔"工具，然后按 D 键将前景色设置为黑色。将画笔尺寸设置为大约 200 像素，硬度设置为 0，确保蒙版的边缘柔和过渡。

(4) 使用"画笔"工具在三明治中的培根上绘制黑色。因为"快速蒙版"的默认模式是用红色显示黑色，你应该看到半透明的红色覆盖在培根上，如图 10.23 所示。当覆盖完培根后，通过按 Cmd+I/Ctrl+I 键将其转换为快速蒙版，然后再按一次 Q 键将其转换为选区。

图 10.23 使用"快速蒙版"模式为培根绘制选区

(5) 在选区激活的状态下，通过选择"图层"|"新建调整图层"|"自然饱和度"，添加一个"自然饱和度"调整图层。将这个图层命名为"培根自然饱和度"。然后将"自然饱和度"滑块调到 +32，"饱和度"滑块调到 +35，如图 10.24 所示。

➕ 提示 "自然饱和度"可以智能地增加图像中较柔和的颜色的饱和度，并且不会影响更饱和的颜色。

图 10.24 使用"自然饱和度"调整图层提升培根的饱和度

(6) 更多的一点光线能够使培根看起来更美味，因为在创建"自然饱和度"调整图层时，我们已经为培根创建了选区，可按 Cmd/Ctrl 键单击培根的"自然饱和度"调整图层的蒙版来重新加载选区。

(7) 通过选择"图层"|"新建调整图层"|"色阶"添加一个"色阶"调整图层，将这个图层命名为"培根色阶"。然后将黑色点滑块调制 11，中间滑块调到 1.20，白色点滑块到 230，如图 10.25 所示。

图 10.25 使用"色阶"调整图层提亮培根

接下来把注意力集中到棉花糖三明治上的全麦饼干上。就像客户所要求的那样，全麦饼干需要变得更暖一点。要完成它，我们将再次用到"快速蒙版"在饼干的两个部分上绘制选区。

(8) 按 Q 键，然后使用"画笔"工具在底部的饼干上绘制黑色 (图 10.26)。当已经覆盖了全部饼干后，通过按 Cmd+I/Ctrl+I 键反转蒙版，然后按一次 Q 键激活选区。

图 10.26 使用"快速蒙版"模式在全麦饼干上绘制选区

(9) 在选区激活的状态下，通过选择"图层"|"新建调整图层"|"曲线"来添加一个"曲线"调整图层。将这个图层命名为"全麦曲线"。在"通道"菜单中选择红色("自动"按钮的左侧)，然后将曲线的中间向上提拉一点，为饼干添加一点红色。接下来通过选择蓝色通道然后向下拉一点来移除一些蓝色。最后为了避免饼干过亮，选择 RGB 通道然后将曲线的中间向下拉一点。当你处理完毕时，"属性"面板看起来如图 10.27 所示。

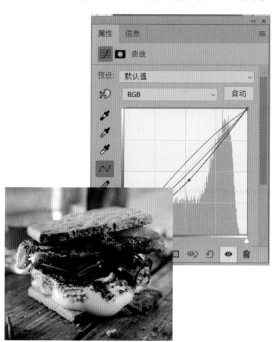

图 10.27 使用"曲线"调整图层为全麦饼干添加一点温度

关于这个图像的最后一点处理是通过在这里和那里添加一点光线使它更加诱人。在第 9 章关于美容润饰的讨论中，润饰工作流程的最后一步是增强照明。我们的目标是相同的——通过有选择地减弱细节，可以提高食品形象的感染力，使它更加不可抗拒。

(10) 添加一个"曲线"调整图层并将其命名为"减淡曲线"。然后在 RGB 曲线的中间添加一个控制点，然后向上提拉一点，如图 10.28 所示。

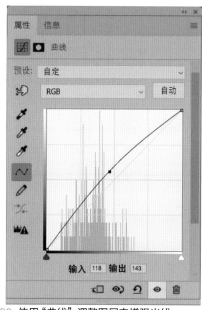

图 10.28 使用"曲线"调整图层来增强光线

(11) 通过反转"减淡曲线"图层蒙版来隐藏图层效果，然后选择"画笔"工具。按 D 键，将前景色设为白色。在选项栏中，将不透明度和流量设置在 20%~30%，然后在蒙版上想要提亮一点的区域上用很小尺寸的画笔绘制白色。

根据要突出显示的特征部分，画笔的大小会有相当大的变化。某些情况下，可能会使用非常小的画笔——可能是 8 到 10 个像素——来强调巧克力块上的高光。当提亮饼丁边缘的光线时，你的画笔会更大——可能是 50 或 60 像素。图 10.29 显示的红色区域就是 Dennis 将此效果添加到图像中的部分。

图 10.29   红色区域就是 Dennis 使用这个图层做减淡处理的地方

使用"减淡"图层提升光线效果是处理这个图像的最后一步。回顾一下，经过快速清理后，我们使用几个调整图层为培根添加了生机，提升了全麦饼干上的颜色的温度，并在巧克力、培根和全麦饼干添加了额外的光线 (图 10.30)。

10.3   建筑润饰

我们几乎每天都能见到建筑照片。从房地产列表到以建筑大师和建筑师的作品为特色的高端杂志，这种类型的摄影可能是最常见的一种。

这些照片的用途分为两种基本类型：房地产，用于炫耀和出售房产，旨在展示空间的美丽和建造的精湛。

通常，这两个子类型的预算差别很大。通常用于房地产的照片会有更小的预算，这可能意味着你被要求在照片上做更多的基本工作——例如，移除"待售"标志或头顶的电线。

同时，建筑照片可能涉及更多方面。这可能意味着组合不同的曝光，例如一个用于室内，一个用于窗户，以产生平衡，在相机内实现这些内容是具有挑战性的。

此处，我们来看一下每个例子。第一张照片是一个漂亮居所的视图，需要移除"待售"标志。第二张是一个带有大面积滑动窗户的房间的室内照片，需要合成两次曝光以获得适当平衡的照片。

10.3.1   房地产照片：移除"待售"标志

在 图 10.31 中，我们看到一个漂亮的待售房屋。像这样的照片通过强调最佳角度描绘室内和室外，来吸引买家。

像这样的照片润饰要求通常相当简单，因为客户通常没有大量的润饰预算。一般包括去掉右侧的"待售"标志和左侧的电线等。图 10.32 展示了最后的图像。

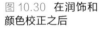
图 10.30   在润饰和颜色校正之后

图 10.31 处理前的照片

图 10.32 润饰后的效果

频繁地移除元素意味着要小心地重建建筑、篱笆之类的部分。理想情况下，摄影师会拍摄"白板"来包含你想要移除的内容后面的东西，而在你无法利用这些白板时，你要格外注意细节，以及建筑上的图案或特征点，这样就可以重建丢失的部分。

让我们快速浏览一下标志，看看目标是什么。

在图 10.33 中，我们可以清楚地看到面临的挑战。幸运的是，标志覆盖了隔壁房屋的一部分，所以不必担心主体房屋的特征。但如果希望我们的处理不留痕迹，仍需要特别注意。

图 10.33　我们需要移除的标志的特写视图

在移除标志时需要重建三个部分。使用"仿制图章"工具可以轻松重建像灌木丛这样的东西。但车库门和车库侧面有明显的特征，必须重新创建。我们有一些关于这些特征的小样本。仔细观察后，就可为"待售"标志旁的支柱右侧的车库门提供足够素材。

看起来我们应该能够直接对车库门左侧的建筑物侧面进行仿制，并将它延伸到灌木丛能够覆盖的地方。

➕提示 处理更复杂的任务时，例如移除"待售"标志，请将处理分为几步，并为每个步骤使用不同的图层。

⬇ ch10_home.jpg

第一步是重建被标志所覆盖的车库门。可以看到，标志右侧的白色支柱和车库门的框架形成了一个矩形。

(1) 使用"钢笔"工具，沿着左侧支柱右侧和门框内侧的支柱边缘创建一条路径。

在图 10.34 中，红线表示 Dennis 绘制路径的地方。

图 10.34　使用"钢笔"工具绘制定义车库门的路径

(2) 按 Cmd/Ctrl 键单击"路径"面板中的路径，将其转换为选区。然后添加一个新图层并将其命名为"车库门"。在选区激活的状态下，单击"图层"面板底部的"添加图层蒙版"按钮，将选区转换为图层蒙版，以便轻松控制仿制发生的位置。

(3) 选择"仿制图章"工具，然后选择一个小尺寸的画笔，在这个案例中是 11 像素。找到一个可用作仿制源的点。它应该包含容易定义的特征部分，和你想要仿制的区域中的点相似。这里，窗户的左上角到柱子的右侧正好匹配上窗户的左上角到柱子的左侧，如图 10.35 所示。

图 10.35　通过小心地对齐使用"仿制图章"工具时的素材源和目标点

(4) 要重建被标志挡起来的门上的窗户，按 Option/Alt 键单击源点，然后开始绘制柱子左侧的对应点。请留意支柱右侧的源光标。当绘制得太靠近柱子时（当柱子的碎片开始出现在你的画笔下时），按 Option/Alt 键再次单击源点以重置仿制源。

通过在门上重复此过程继续重新绘制窗户，请记住，我们将在顶部添加另一个包含仿制的灌木丛图层。图 10.36 展示了 Dennis 如何重建这部分图像。

下一步是继续重建标志后面的区域。车库门旁边的棕色隔板需要向下延伸一点，并且需要重建灌木丛。当我们在灌木丛中添加内容时，它们会盖住我们刚刚重新创建的车库门的一部分。

图 10.36 继续重建刚好足够的门，这样就可以在门上铺上灌木丛来盖住标志

(5) 添加另一个图层并将其命名为"门框和灌木"。再次使用"仿制图章"工具小心地重建沿车库门向下的壁板，使其延伸到车库门的窗户线下方一点。然后，使用标志左侧的灌木丛作为源，继续向上仿制灌木丛来盖住标志剩下的部分，同时注意要与其他灌木丛融为一体。请不要担心灌木丛的顶部，我们将在下一步中处理这个问题。图 10.37 展示了 Dennis 如何建立这个区域。

图 10.37 添加另一个图层并继续构建标志所覆盖的区域

最后一点润饰是建立新灌木的顶部，使其看起来自然、有生机。请花点时间放大一下，研究灌木丛的自然边缘，特别是沿着灌木丛的顶部，这里是你需要匹配的地方。这些边缘往往是不均匀的，有一些树枝和树叶伸到这里和那里。使用圆形画笔重新创建将会出现问题。

这是 Photoshop 在"画笔"面板("窗口"|"画笔")中提供的选项能派上用场的地方。首先，我们需要找到一个完整叶子形状的画笔。在默认的 Photoshop 画笔中，有一个看起来像枫叶的形状，如图 10.38 所示。由于灌木丛上的叶子非常小，所以只需要进行一点调整就能完成。尽管通常认为这些是我们在使用"画笔"工具时的东西，但我们也可以在"仿制图章"工具中使用这些画笔。

图 10.38 枫叶形画笔是 Photoshop 附带的画笔之一

➕提示 要在 Photoshop CC 2018 中查看这些画笔，你可能需要手动加载它们。打开"画笔"面板，打开"面板"菜单(在右上角)，然后选择"常用画笔"。然后你应该可以找到这里使用的画笔，叫做 Scattered Maple Leaves。

由于我们正在为灌木丛寻找更随意，自然的绿叶边缘，需要调整的第一件事是我们选择的画笔的尺寸和间距。画笔尺寸应该非常接近灌木上实际的叶子大小。

(6) 请确保选择了"仿制图章"工具和叶子画笔。要测量尺寸，请将光标悬停在将构建灌木的图像上，以查看画笔的大小是否匹配。在这个案例中，Dennis 将大小设置为 7 像素。要在每片叶子之间创建更多空间，请将画笔的"间距"调高到 100%。

确保打开"形状动态"。这会改变画笔的大小和角度，有助于我们看到不同大小的叶子的自然分布。单击"散布"选项将其打开，并将"散布"设置为 450%，"数量"设置为 4，"数量抖动"设置为 100%。这些设置有助于将叶子以更随意的方式放置。

要自由控制画笔的不透明度，请选择"传递"，然后在"不透明度抖动"区域中，从"控制"菜单中选择"钢笔压力"(请注意，这只适用于使用带有压力感应平板电脑的触控笔，例如 Wacom 制造的触控笔)。图 10.39 展示了我们用于设置画笔的选项。

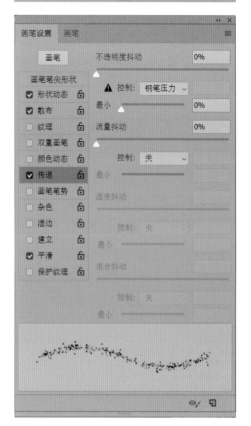

图 10.39 使用这些设置的叶子画笔来完成一个自然的效果

(7) 开始向上仿制灌木，根据需要重建灌木的顶部。请记住要多次重新设置取样点，这样就不会形成可识别的灌木特征的明显仿制痕迹。

请确保添加几根"枝条"向上延伸到仓库门上。这可以帮助隐藏在重建仓库门时出现的瑕疵，并让顶部的灌木更可信。图 10.40 展示了 Dennis 用来遮盖标志而重建的灌木的靠近视图。

图 10.40 使用"仿制图章"工具仿制灌木的顶端

最后一步就是移除相片中非常靠左的、从房子后面延伸出来伸到灌木丛中的电线。干净的蓝色天空让

这步变得简单。

(8) 在这个区域处理之前请确保将"仿制图章"工具重置到初始画笔设置上，然后将大小设置到大约 15 像素。然后添加一个新图层并命名为"丢失电线"。

按 Option/Alt 键单击房顶边缘没有电线的地方来选择你的仿制源，然后在延伸出房子边缘的线上找到一个点，这将是你的目标点（图 10.41）。

(9) 单击目标点，然后按住 Shift 键同时单击电线的另一个端点，刚好是在消失在树后的临近点上。这会导致"仿制图章"工具的笔触绘制一条直线，挡在电线上。

在另外两根电线上重复操作这步。然后小心地使用"仿制图章"工具继续清理电线碰到树丛的地方。以这个方式继续处理延伸到左边树后的电线，直到它们完全消失。

当你处理完毕，图像应如图 10.42。

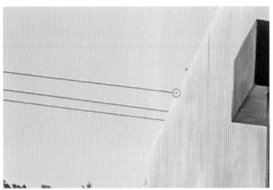

图 10.41 对齐取样点和目标点，使用房顶的边缘来保持房顶线条的平直

图 10.42 移除标志和电线后

10.3.2 内部相片：结合曝光

在拍摄室内时，经常需要结合两个场景的图像：一个曝光用于室内，另一个曝光用于窗口。这要求你在图像的两个区域之间取得良好平衡。如果摄影师使用三脚架来固定相机位置，那么在Photoshop中组合这些不同图像是相对简单的事情（图10.43和10.44）。

图 10.43 处理之前

图 10.44 处理之后

ch10_interior.jpg
ch10_window.jpg

(1) 在室内照片和窗口照片都打开的情况下，安排一下窗口位置，以便可以同时看到两个图像。在窗口照片处于激活状态时，找到"图层"面板。按住Shift并将"背景"图层拖到室内图像上并释放鼠标按钮。这会将窗口图像添加为室内图像文件中的新图层。将此新图层命名为"窗口"。

按住 Shift 键排列两个图像，使其中心对齐。如果相机没有在照片之间移动，就意味着所有内容都以正确方式排列。

(2) 要仔细检查两个图层之间的对齐方式，请在"图层"面板中选择"窗口"图层，然后将混合模式设置为"差值"。此混合模式可以更轻松地查看两个图层的对齐方式。这种情况下，由于两个图层的曝光不同，图像不会完全变黑，但如果任何特征没有正确对齐，

你就会看到清晰的轮廓。这些图像在大多数情况下是对齐的，但是花园里植物周围的发光边缘显示它们可能在曝光的同时在风中晃动（图10.45）。如果沿直线出现任何明显的边缘，则可通过选择"移动"工具并按箭头键将顶层微调到位使图层对齐。正确排列图层后，将混合模式改回"正常"。

接下来的任务是沿着窗口周围绘制一条路径，我们可以用它来制作图层蒙版。

图 10.45 使用"差值"混合模式来确保图层被正确对齐

(3) 选择"钢笔"工具，仔细地在窗户周围绘制，只围绕框架的玻璃面。请务必捕捉最左边窗口下角的植物大叶子上的小洞。保存此路径并将其命名为"窗口"。在图10.46中，红线表示Dennis描绘的用于此步骤的路径。

(4) 通过在"路径"面板中选择"窗口"路径，打开"面板"菜单，然后选择"创建选区"，将"窗口"路径转换为选区。在"创建选区"对话框中，将"羽化半径"设置为1，然后单击"确定"按钮以激活选区。激活选区后，在"图层"面板中选择"窗口"图层，然后单击面板底部的"添加图层蒙版"按钮，将所选内容转换为图层蒙版。现在图像看起来应如图10.47。

➕提示 从路径创建图层蒙版后，最好放大以检查蒙版的边缘，并确保没有不需要的光晕或需要清理的区域。可以根据需要在蒙版上使用"画笔"工具仔细地绘制黑色或白色来修饰边缘，以确保一切都恰到好处。

查看这张合成图像，我们已经非常接近目标了。通过对图层进行少量色彩校正，我们将获得完成的图像。

(5) 在"背景"图层上方添加一个"曲线"调整图层，这样我们就可以稍微降低一点房间的颜色温度。将此图层命名为"室内曲线"。在"曲线属性"面板中，从"通道"菜单中选择"红色"，在曲线中间添加一个点，然后将其向下拉一点。接下来选择蓝色通道并向上拉一点。图10.48展示了Dennis对他使用的曲线所做的调整。

图 10.46　红线显示了使用"钢笔"工具创建的路径

将此图层命名为"椅子曲线"。这个调整图层，就像我们刚刚制作的那样，应该在"背景"图层之上，在"窗口"图层之下，这样它会影响房间而不会影响窗户。

图 10.47　使用了蒙版的"窗口"图层

照射在桌子、椅子和右边的墙壁上的光线比房间其他部分的光线更温暖。这是一种非常常见的情况，特别是在室外的窗户和室内灯光混合照明的房间里。Photoshop 可以让我们轻松统一光线。

（6）使用"钢笔"工具沿着桌子和椅子周围描绘路径。保存此路径并将其命名为"桌子和椅子"。然后按住 Cmd/Ctrl 键单击"路径"面板中的路径将其转换为选区。激活选区后，添加另一个"曲线"调整图层。

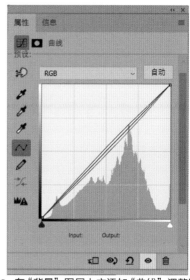

图 10.48　在"背景"图层上方添加"曲线"调整图层，以降低房间颜色的温度

由于这边的光线比较温暖，我们需要通过减少红色同时添加一点蓝色来使其冷却。选择红色通道并将曲线中间稍微向下拖动，然后选择蓝色通道并向上拖动比红色通道稍微多一点的程度，如图 10.49 所示。

现在更明显的是，桌子和椅子附近的墙壁也受到温暖的光线的影响。这里，温暖的灯光温度随着房间其他部分的照明交替而缓缓下降。所以下面我们将使用柔和的蒙版融合校正。

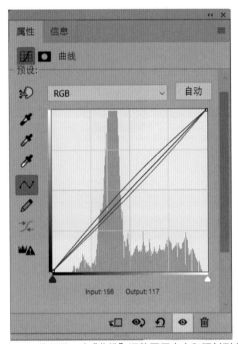

图 10.49　使用另一个"曲线"调整图层来中和照射到右侧椅子和桌子的较暖光线

（7）单击 Q 键进入"快速蒙版"模式，并使用一个大约 350 像素宽的大的柔和画笔。在墙的远边，你会注意到较暖的光线着色的地方涂上黑色（确保在此步骤中将"画笔"工具的不透明度和流量设置为100%）。按 Cmd+I/Ctrl+I 键反转快速蒙版，再次单击 Q 键将蒙版转换为选区。现在添加另一个"曲线"调整图层并将其命名为"墙曲线"。打开"属性"面板，对曲线进行类似于之前一步中的曲线调整（同样的光影响了这个区域，因此调整几乎相同）。

使房间和窗户达到适当平衡的最后一步是为"窗口"图层添加一点颜色调整。这次我们在提高颜色温度的同时也使它变亮一点。

（8）在"图层"面板中选择"窗口"图层。然后添加一个新的"曲线"调整图层。在"新建图层"对话框中，选中"使用前一图层创建剪贴蒙版"，使此图层仅影响"窗口"图层，如图 10.50 所示。将此新图层命名为"窗口曲线"。

图 10.50　将新的"曲线"图层剪切到"窗口"图层

（9）通过将 RGB 曲线的中间向上拉一点来进行所需的调整。然后从"通道"菜单中选择红色，并在曲线中间添加一个点。使用键盘上的向上箭头键稍微轻移一下。选择蓝色通道完成调整，下拉曲线的程度比向上移动 RGB 曲线稍微多一点。完成后，曲线应如图 10.51 所示。

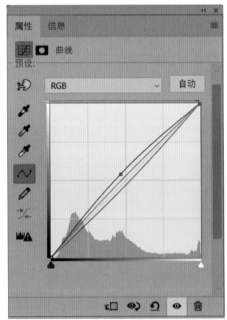

图 10.51　使用"曲线"调整图层调整"窗口"图层的颜色和亮度

通过完成色彩校正，透过窗户看到的景色和房间内部的样子应该达到很好的相互平衡（图 10.52）。

图 10.52 **房间和窗口被调整到平衡状态**

10.4 结语

在本章，我们了解了如何润饰产品、食品和建筑照片。尽管对象千差万别，但都需要使用文件来构建基本内容 (构建图层文件)，需要使用润饰工具 (如"修复画笔"和"仿制图章"工具)，以及进行颜色校正。

正如 Dennis 喜欢说的那样，Photoshop 技术就像是基本的砖块，我们可以将它们组合在一起并重新配置，来合成或增强图像，从而创建一些非常优秀的艺术品。关键在于了解各种工具及其熟悉其用途，同时还要训练你的眼睛，以确认是否获得了想要的结果。

附　录

贡献者

如果没有以下这些才华横溢的专业人士慷慨分享他们的图像和技术，本书就不会如此丰富。在此对于以下名单中的各位表示感谢，谢谢他们允许分享自己的图像，这些图像包含在随书的下载文件中。

Sonya Adcock
Sonya Adcock Photography
Fine art photography
Pennsylvania, USA
sonyaadcockphotography.com
sonyaadcockphotography@gmail.com

David Blattel
David Blattel Photography
Topanga, CA
davidblattel.com
david@davidbattel.com

Teri Campbell
Teri Studios
Cincinnati, OH
teristudios.com
sherry@teristudios.com

Alan Cutler
PhotoRescuer
Photograph & document restoration;
　　semi-professional photography
Potomac, MD
Photo & Document restoration:
　　www.photorescuer.com
Photography: alanjcutler.zenfolio.com
alancutler@verizon.net

Allen Furbeck
Allen Furbeck—Painting and Photography
New York, NY
af111.photoshelter.com
mail@allenfurbeck.com

Marko Kovacevic
Marko Kovacevic Photography
Brooklyn, NY
www.markokovacevic.net
mk@markokovacevic.net

Bobbi Lane
Design X
Carver, MA
bobbilane.com
bobbi@bobbilane.com

Richard Lynch
Propictrix
Articulated image correction
Gandia, Spain
photoshopdocs.com
photoshoplayers@gmail.com

Rod Mendenhall
Rod Mendenhall Fine Art Photography
www.rodmendenhall.com
www.rodmendenhall.com/Other/About-RMP

Operation Photo Rescue
Worldwide non-profit volunteer organization that
　　restores images damaged by natural disaster
President Margie Hayes, El Dorado, KS
www.operationphotorescue.org

Phil Pool
Omni Photography
Digital portraiture and wedding photography,
　　image restoration
West Burlington, IA
www.omniphotobyphil.com
www.omniphotobyphil.com/contact.html

Mark Rutherford
Mark Rutherford Photography
www.mrutherford.com
www.mrutherford.com/contact

Mark Segal
Mark D. Segal Photography
Toronto, Ontario, Canada
markdsegal.com

mgsegal@rogers.com

William Short

William Short Photography

Architectural, editorial, and documentary
　photography

Los Angeles, CA

www.williamshortphotography.com

bill@williamshortphotography.com

George Simian

Commercial photography and education

Los Angeles, CA and Bali, Indonesia

georgesimian.com

georgesimian.com/contact

Amanda Steinbacher

Amanda Steinbacher Photography, LLC

Newborn and Milestone Photography

North Central PA

amanda@steinbacher.photography

John Troisi

Freelance landscape photography

Williamsport, PA

humblejn@comcast.net

Lorie Zirbes

Retouching by Lorie

Old photo restorations & full color tints, creative
　montages, portrait & commercial retouching

www.retouchingbylorie.com

artistlz@aol.com

图像贡献者

感谢以下这些摄影师、博物馆和公司，他们允许我们将图像用在本书中。正是因为你们的慷慨和理解，才使本书的出版成为可能。

Tom P. Ashe

Beckleman Family

Blanco Family

David Blattel

Brent Bigler

Browne Family

Buck Family

Teri Campbell

Cyan Jack

Claster Family

Dante Dauz

Davis Family

Rick Day Photography

Eckhart Family

Ehrman Family

Alexander P. Eismann

Eismann Family

Goldberg Family

Hall Family

Haskett Family

Hemmendinger Family

Hendrick Family

Pamela J. Herrington

Hildenbrand Family

Hill Family

Houser Family

Hunsinger Family

Cari Jansen

Kaminsky Family

Pavel Kubarkov/
　Adobe Stock

Julia Kuzmenko-McKim

Mody Family

Moss Family

Scott Nathan

Anthony Nex

Ogurcak Family

Palmer Family

Piper Family

The Right Image

Smith Family

Stephen Rosenblum

Grace Rousso

School of Visual Arts
　(SVA) Photography
　Department

George Simian

Bernie Synoracki

Wiedersheim Family